高等教育"十三五"应用型人才培养规划教材

大学数学

主　编　邓敏英　胡　芳
副主编　陈　芸　洪　欢
主　审　何　穗

北京理工大学出版社
BEIJING INSTITUTE OF TECHNOLOGY PRESS

内 容 提 要

　　为了适应应用型、实践型人才目标的要求，以"弱化证明、掌握概念、强化应用"为指导思想，遵循"以应用为目的，以必须够用为度"的原则编写本书．本书内容共分六章：一至三章内容重点培养学生的数学素养，奠定必要的数学基础；四至五章为应用数学，体现数学与专业接口，为专业服务，提高数学应用能力；六章内容体现数学应用，拓展学生思维，提高学习数学的积极性．本书特别适用于计算机应用、计算机网络、建筑工程技术、工程造价、机械电子、电子商务、财务管理、物流管理、市场营销等专业的专科学生．

图书在版编目（CIP）数据

　　大学数学／邓敏英，胡芳主编. — 北京：北京理工大学出版社，2019.12（2020.1重印）

　　ISBN 978 – 7 – 5682 – 8067 – 9

　　Ⅰ．①大…　Ⅱ．①邓…②胡…　Ⅲ．①高等数学 – 高等学校 – 教材　Ⅳ．①O13

　　中国版本图书馆 CIP 数据核字（2020）第 005516 号

出版发行／北京理工大学出版社有限责任公司

社　　　址／北京市海淀区中关村南大街 5 号

邮　　　编／100081

电　　　话／（010）68914775（总编室）

　　　　　　（010）82562903（教材售后服务热线）

　　　　　　（010）68948351（其他图书服务热线）

网　　　址／http：//www.bitpress.com.cn

经　　　销／全国各地新华书店

印　　　刷／三河市天利华印刷装订有限公司

开　　　本／787 毫米×1092 毫米　1/16

印　　　张／14　　　　　　　　　　　　　　　　责任编辑／多海鹏

字　　　数／330 千字　　　　　　　　　　　　　文案编辑／孟祥雪

版　　　次／2019 年 12 月第 1 版　2020 年 1 月第 2 次印刷　　责任校对／周瑞红

定　　　价／42.00 元　　　　　　　　　　　　　责任印制／李志强

前　言

为了适应应用型、实践型人才目标的要求，我们在认真总结、分析并吸收同类高等院校教学改革经验的基础上，遵循"以应用为目的，以必须够用为度"的原则，结合我们多年从事高等数学方面的科学研究与教学改革经验及同类教材的发展趋势，针对专科各理工专业及经济类、管理类专业所需数学知识编写完成本书．本书是适宜高等专科学生学习大学数学课程的教材．

本书在编写时，力求应用性强，应用面广，语言简单通顺，加大信息量，渗透现代数学思想．本书注意从实际问题中引入概念，注意把握好理论推导的深度，注重基本运算能力、分析问题和解决问题的培养，贯彻理论联系实际的原则，深入浅出，通俗易懂，便于教师讲授，学生学习．

本书内容共分三个部分共六章．第一部分：基础数学，重点培养学生的数学素养，奠定必要的数学基础，包括第一、二、三章内容．第二部分：应用数学，体现数学与专业接口，为专业服务，提高数学应用能力，包括第四、五章内容．第三部分：公共选修课程，体现数学应用，拓展学生思维，提高学习数学的积极性，包括第六章内容．

本书由邓敏英、胡芳任主编，陈芸、洪欢任副主编．第一章由洪欢编写，第二、三、六章由邓敏英编写，第四章由陈芸编写，第五章由胡芳编写．邓敏英统稿全书．何穗在本书的总体设计和规划方面提出了很多富有建设性的意见，并审阅全部书稿．

在编写过程中，我们得到武汉生物工程学院教务处及计算机信息工程学院领导老师的大力支持与协作，同时还得到北京理工大学出版社的指导和帮助，在此一并表示感谢！

由于编者水平有限，书中不妥与错误之处在所难免，敬请专家、同人和广大读者批评指正，以便我们修订时提高．

编　者

目 录

第一章

函数与极限

函数是微积分学研究的主要对象,极限概念是微积分学一个最基本、最重要的概念. 一方面,它是建立微积分学的基础;另一方面,极限的思想和分析方法将贯穿微积分学的始终.

本章将简要介绍实数,函数的概念及其性质,函数的复合与初等函数,常用的经济函数,然后着重讨论函数的极限和函数的连续等问题,为进一步学习微积分知识奠定基础.

1.1 函数

1.1.1 实数

在中学阶段,我们已经学习了实数的基本知识,本小节将复习并加深实数的相关知识,为学习微积分打基础.

1. 绝对值

实数 x 的绝对值定义为:$|x| = \begin{cases} x, & x \geq 0, \\ -x, & x < 0. \end{cases}$

$|x|$ 表示数轴上点 x 到原点 O 的距离.

绝对值的主要性质有:

(1) $-|x| \leq x \leq |x|$;

(2) $|x| \leq a \Leftrightarrow -a \leq x \leq a (a > 0)$;

(3) $|x| \geq a \Leftrightarrow x \geq a$ 或 $x \leq -a (a > 0)$;

(4) $|x+y| \leq |x| + |y|$;

(5) $|x-y| \geq |x| - |y|$;

(6) $|xy| = |x||y|$;

(7) $\left|\dfrac{x}{y}\right| = \dfrac{|x|}{|y|}(y \neq 0)$.

2. 区间

在微积分中，区间是最常用的一类实数集合，设 a 与 b 为两个实数，且 $a < b$，则

$(a,b) = \{x \mid a < x < b, x \in \mathbf{R}\}$，称为开区间；

$[a,b] = \{x \mid a \leqslant x \leqslant b, x \in \mathbf{R}\}$，称为闭区间；

$(a,b] = \{x \mid a < x \leqslant b, x \in \mathbf{R}\}$，$[a,b) = \{x \mid a \leqslant x < b, x \in \mathbf{R}\}$ 分别称为左开右闭区间、左闭右开区间，通称它们为半开区间.

除以上有限区间外，还有下列无限区间：

$(-\infty, +\infty) = \mathbf{R}$；

$(a, +\infty) = \{x \mid x > a, x \in \mathbf{R}\}$；$[a, +\infty) = \{x \mid x \geqslant a, x \in \mathbf{R}\}$；

$(-\infty, b) = \{x \mid x < b, x \in \mathbf{R}\}$；$(-\infty, b] = \{x \mid x \leqslant b, x \in \mathbf{R}\}$.

3. 邻域

邻域是微积分研究中的一个重要概念. 数学中不少概念，除原始概念外，都需要借助于其他概念来定义，邻域概念便是这种由概念串（点、距离、实数、集合等）所定义的概念.

设 x_0，δ 为两个实数且 $\delta > 0$，则 $(x_0 - \delta, x_0 + \delta) = \{x \mid |x - x_0| < \delta\}$ 称为 x_0 的 δ 邻域，记为 $U(x_0, \delta)$，它表示在实数轴上与点 x_0 的距离小于 δ 的点的集合，称 x_0 为该邻域的中心，δ 为该邻域的半径，如图 $1-1$ 所示.

将邻域 $U(x_0, \delta)$ 的中心 x_0 去掉所得数集

$$(x_0 - \delta, x_0) \cup (x_0, x_0 + \delta) = \{x \mid 0 < |x - x_0| < \delta\}$$

称为点 x_0 的去心 δ 邻域，记为 $\mathring{U}(x_0, \delta)$，如图 $1-2$ 所示.

图 $1-1$ 图 $1-2$

有时称 $(x_0 - \delta, x_0)$、$(x_0, x_0 + \delta)$ 分别为 x_0 的左邻域和右邻域.

1.1.2 函数的概念

具体来说，函数描述了自然界中数量之间的关系，函数思想通过提出问题的数学特征，建立函数关系型的数学模型，从而进行研究. 它体现了"联系和变化"的辩证唯物主义观点.

我们在观察某运动现象时，会遇到许多不同的量. 有的量在整个考察过程中数值保持不变，称为常量；而整个考察过程中数值发生变化的量，称为变量. 重点研究变量之间所确定的依赖关系. 具有这种关系的变量我们说形成函数关系，下面给出函数的定义.

定义 1 设 x、y 为变量，D 为非空实数集，如果对于 D 中的每一个数 x，按照一定的法则 f，变量 y 都有唯一确定的值与它对应，则称 f 是定义在 D 上的函数，记作 $y = f(x)$，D 是函数的定义域，x 为自变量，y 为因变量.

对于一个确定的 $x_0 \in D$，与之对应的 $y_0 = f(x_0)$ 称为函数 y 在点 x_0 处的函数值，全体函

数值的集合称为函数 f 的值域，记为 $f(D)$，即 $f(D) = \{y | y = f(x), x \in D\}$.

在平面直角坐标系中取自变量 x 在横轴上变化，因变量 $y = f(x)$ 在纵轴上变化，则平面点集 $\{(x, y) | y = f(x), x \in D\}$ 称为定义在 D 上的函数 $y = f(x)$ 的图形.

一个函数 $y = f(x)(x \in D)$ 是由它的定义域 D 和对应法则 f 所确定的，与自变量、因变量用什么符号无关，若两个函数的定义域和对应法则相同，就说它们是相同的函数，即函数的两要素是定义域和对应法则. 如 $f(x) = 1$ 与 $g(x) = \sin^2 x + \cos^2 x$，它们的定义域和对应法则一样，只是表示形式不同而已，实际上是同一个函数.

一般来说，函数的定义域是由所考虑问题的实际意义确定的. 但在数学上一般性讨论时，常常只给出函数的表达式，而没有说明实际背景，这时函数的定义域就是使表达式有意义的自变量的变化范围.

例1 求函数 $y = \ln x - \sqrt{x^2 - 4}$ 的定义域.

解 要使函数有意义，必须令 $x > 0$，且 $x^2 - 4 \geqslant 0$.

解不等式得 $x \geqslant 2$.

所以，函数的定义域为 $D = \{x | x \geqslant 2\}$，$(D = [2, +\infty])$.

函数的表示法一般分为表格法、图形法和解析式法.

下面介绍几个函数的例子.

例2 绝对值函数

$$y = |x| = \begin{cases} x, & x \geqslant 0, \\ -x, & x < 0. \end{cases}$$

定义域：**R**；值域：$[0, +\infty)$；图像如图 1-3 所示.

例3 符号函数 $y = \operatorname{sgn} x = \begin{cases} -1, & x < 0, \\ 0, & x = 0, \\ 1, & x > 0. \end{cases}$

定义域：**R**；值域 $\{-1, 0, 1\}$；图像如图 1-4 所示.

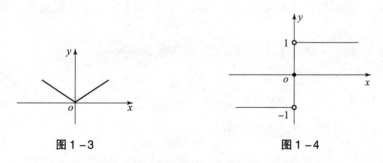

图 1-3   图 1-4

例2、例3 中的函数在自变量 x 的不同取值范围内，自变量 x 和因变量 y 的对应关系要用不同的数学式子来表示. 一般在函数的定义域内，用两个或两个以上的数学式子分段表示的函数叫分段函数. 应该注意，不要将分段函数误解为是几个函数. 它是一个函数，只不过在不同定义范围内，它的对应关系要用不同的数学式子来分段表示罢了.

例4 取整函数 $y = [x]$，$x \in \mathbf{R}$.

定义域：**R**；值域 **Z**；图像如图 1-5 所示.

例 5 设函数

$$f(x) = \begin{cases} \sin x, & -4 \leqslant x < 1, \\ 1, & 1 \leqslant x < 3, \\ 5x - 1, & x \geqslant 3. \end{cases}$$

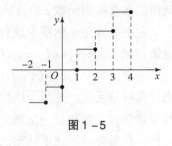

图 1−5

求 $f(-\pi)$，$f(1)$，$f(3.5)$ 及函数的定义域.

解 因为 $-\pi \in [-4, 1)$，所以 $f(-\pi) = \sin(-\pi) = 0$；

因为 $1 \in [1, 3)$，所以 $f(1) = 1$；

因为 $3.5 \in [3, +\infty)$，所以 $f(3.5) = 5 \times 3.5 - 1 = 16.5$；

函数 $f(x)$ 的定义域为 $[-4, +\infty)$.

例 6 某市市内家庭固定电话的收费标准规定如下：每次通话，首 3 分钟收费 0.20 元，以后按每分钟 0.10 元计费，尾数不满一分钟的按 1 分钟计费. 以 t（以分计）表示通话时间，以 y（以元计）表示需付的通话费，试将 y 表示为 t 的函数.

解 $y = f(t) = \begin{cases} 0.20, & 0 < t \leqslant 3, \\ 0.30, & 3 < t \leqslant 4, \\ 0.40, & 4 < t \leqslant 5, \\ \cdots \end{cases}$

或写成 $y = f(t) = \begin{cases} 0.20, & 0 < t \leqslant 3, \\ 0.20 + 0.10\{[t-3] + 1\}, & t > 3, \ t \neq 4, \ 5, \ 6, \ \cdots, \\ 0.20 + 0.10(t-3), & t = 4, \ 5, \ 6, \ \cdots, \end{cases}$

其中 $[t-3]$ 是取整函数.

1.1.3 函数的性质

1. 奇偶性

设函数 $f(x)$ 在关于原点对称的区间 D 上有定义，若对任意的 $x \in D$，有 $f(-x) = f(x)$ 恒成立，则称 $f(x)$ 为偶函数；若对任意的 $x \in D$，有 $f(-x) = -f(x)$ 恒成立，则称 $f(x)$ 为奇函数.

偶函数的图形关于 y 轴对称，奇函数的图形关于原点对称.

例 7 讨论下列函数的奇偶性：

(1) $f(x) = \dfrac{e^x + e^{-x}}{2}$；   (2) $f(x) = x^3 + x^2 - 2$.

解 以上两个函数的定义域都关于原点对称.

(1) $f(-x) = \dfrac{e^{-x} + e^x}{2} = f(x)$，故 $f(x) = \dfrac{e^x + e^{-x}}{2}$ 是偶函数；

(2) $f(-x) = (-x)^3 + (-x)^2 - 2 = -x^3 + x^2 - 2$，故 $f(x) = x^3 + x^2 - 2$ 是非奇非偶函数.

2. 单调性

设函数 $f(x)$ 在区间 D 上有意义，设区间 $I \subset D$，若对任意的 x_1，$x_2 \in I$，当 $x_1 < x_2$ 时，恒有 $f(x_1) < f(x_2)$（或 $f(x_1) > f(x_2)$），则称函数 $f(x)$ 在区间 I 上是单调递增（或递减）的.

相应地，I 称为函数 $f(x)$ 的单调增加（或减少）区间. 单调增加函数，单调减少函数统称为单调函数. 例如, $y = x^2$ 在 $(-\infty, 0)$ 内单调减少, 在 $(0, +\infty)$ 内单调增加, 但它不是单调函数; $f(x) = x^3$ 在 **R** 内是单调增加函数.

3. 周期性

设函数 $f(x)$ 在区间 D 上有定义, 若存在一个常数 T, 使得对任意的 $x \in D$, $x + T \in D$, 有 $f(x) = f(x + T)$, 则称 $f(x)$ 是以 T 为周期的周期函数, 满足上式的最小的正数 T 称为 $f(x)$ 的最小正周期.

一般所说的函数的周期是指它的最小正周期. 例如, 三角函数 $y = \sin x$, $y = \cos x$ 以 2π 为周期, $y = \tan x$, $y = \cot x$ 以 π 为周期. $y = A\sin(\omega x + \varphi)$ 以 $\dfrac{2\pi}{\omega}$ 为周期.

周期函数的图像在每个周期内有相同的形状.

4. 有界性

设函数 $f(x)$ 在区间 D 上有定义, 若存在一个正数 M, 使得对所有的 $x \in D$, 恒有 $|f(x)| \leqslant M$, 则称 $f(x)$ 在 D 上是有界函数, 否则称它无界.

例如, $y = \sin x$, $y = \cos x$ 在 **R** 上均有界; $y = \dfrac{1}{x}$ 在 $[1, 3]$, $(1, +\infty)$ 内均有界, 但在 $(0, 1)$, $(0, +\infty)$ 内均无界.

1.1.4 复合函数和反函数

1. 复合函数

定义 2 设函数 $y = f(u)$ 的定义域为 D_f, 函数 $u = \varphi(x)$ 的值域为 $R(\varphi)$, 若 $D_f \cap R(\varphi) \neq \varnothing$, 则称 $y = f[\varphi(x)]$ 是由 $y = f(u)$ 与 $u = \varphi(x)$ 构成的复合函数, 变量 u 称为中间变量.

有些复合函数的中间变量可以有两个或更多. 比如, 函数 $y = \sqrt{\lg(x^2 + 1)}$, 是由 $y = \sqrt{u}$, $u = \lg v$ 和 $v = x^2 + 1$ 复合而成的, 这里有两个中间变量 u 和 v.

把一个复合函数分成不同层次的函数, 叫作复合函数的分解. 合理分解复合函数, 在微积分中有着十分重要的意义. 分解的步骤是从外往里, 评判分解合理与否的准则是, 观察各层函数是否为基本初等函数或者多项式. 比如函数 $y = \sqrt{\lg(x^2 + 1)}$ 分解的各层函数依次为 $y = \sqrt{u} = u^{\frac{1}{2}}$, $u = \lg v$, $v = x^2 + 1$, 分别为幂函数、对数函数和多项式, 这样的分解就是合理的.

例 8 分析下列函数是由哪些函数复合而成的:

(1) $y = 3^{\ln x}$;　　　　　　　　(2) $y = \sin(e^{x^2})$.

解 (1) $y = 3^{\ln x}$ 是由 $y = 3^u$, $u = \ln x$ 复合而成的;

(2) $y = \sin(e^{x^2})$ 是由 $y = \sin u$, $u = e^v$, $v = x^2$ 复合而成的.

2. 反函数

定义 3 设函数 $y = f(x)$ 值域是 M, 若对于 M 中的每一个 y 值, 存在唯一确定的 x 值 (满足 $y = f(x)$) 与之对应, 则得到了一个定义在 M 上的以 y 为自变量, x 为因变量的新函数, 记为 $x = f^{-1}(y)$, 称其为 $y = f(x)$ 的反函数, 此时称 $y = f(x)$ 为直接函数.

习惯上，用 x 表示自变量，用 y 表示因变量，通常将 $y = f(x)$ 的反函数改写为 $y = f^{-1}(x)$，$y = f(x)$ 与其反函数 $y = f^{-1}(x)$ 在其定义域内具有相同的单调性，在同一直角坐标系中，它们的图像关于直线 $y = x$ 对称.

1.1.5 初等函数

1. 基本初等函数

我们把以下六类函数统称为基本初等函数. 它们是常值函数、幂函数、指数函数、对数函数、三角函数和反三角函数.

（1）$y = C$（C 为常数），定义域：$\mathbf{R}$，值域：$\{C\}$. 图像如图 1-6 所示.

（2）幂函数.

$y = x^{\alpha}$（$\alpha \in \mathbf{R}$），定义域和图像随 α 的取值不同而不同，如图 1-7 所示.

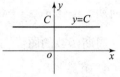

图 1-6

（3）指数函数.

$y = a^x$（$a > 0$，$a \neq 1$），定义域：$\mathbf{R}$，值域：$(0, +\infty)$，图像如图 1-8 所示.

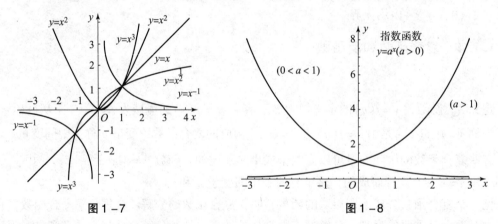

图 1-7

图 1-8

（4）对数函数.

$y = \log_a x$（$a > 0$，$a \neq 1$），定义域：$(0, +\infty)$，值域：$\mathbf{R}$，图像如图 1-9 所示.

当 $a = 10$ 时，$y = \log_{10} x$，简记为 $y = \lg x$，称作常用对数.

当 $a = e$ 时，$y = \log_e x$，简记为 $y = \ln x$，称作自然对数.

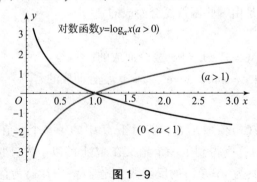

图 1-9

（5）三角函数.

$y = \sin x$，定义域：$\mathbf{R}$，值域：$[-1, 1]$，是以 2π 为周期的有界奇函数.

$y = \cos x$，定义域：$\mathbf{R}$，值域：$[-1, 1]$，是以 2π 为周期的有界偶函数.

$y = \tan x$，定义域：$\left\{ x \left| x \neq k\pi + \dfrac{\pi}{2}, k \in \mathbf{Z} \right. \right\}$，值域：$\mathbf{R}$，是以 π 为周期的奇函数.

$y = \cot x$，定义域：$\{ x | x \neq k\pi, k \in \mathbf{Z} \}$，值域：$\mathbf{R}$，是以 π 为周期的奇函数.

它们的图像如图 $1-10(\text{a})$，图 $1-10(\text{b})$ 所示.

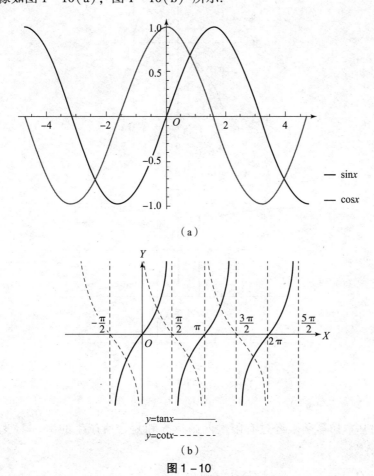

（a）

（b）

图 $1-10$

此外，三角函数还有正割函数 $y = \sec x = \dfrac{1}{\cos x}$，余割函数 $y = \csc x = \dfrac{1}{\sin x}$.

（6）反三角函数.

$y = \arcsin x$，定义域：$[-1, 1]$，值域：$\left[-\dfrac{\pi}{2}, \dfrac{\pi}{2} \right]$.

$y = \arccos x$，定义域：$[-1, 1]$，值域：$[0, \pi]$.

$y = \arctan x$，定义域：$\mathbf{R}$，值域：$\left(-\dfrac{\pi}{2}, \dfrac{\pi}{2} \right)$.

$y = \operatorname{arccot} x$，定义域：$\mathbf{R}$，值域：$(0, \pi)$.

它们的图像如图 $1-11(\text{a})$，图 $1-11(\text{b})$ 所示.

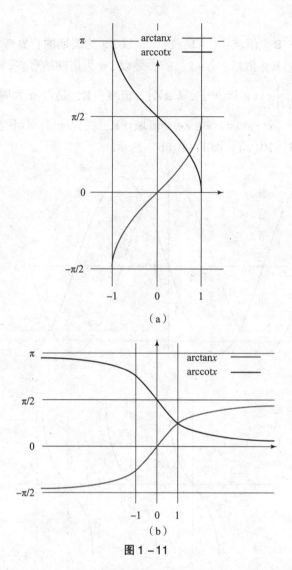

图 1 — 11

定义 4 由基本初等函数经过有限次四则运算和复合所产生的由一个表达式表示的函数，称为初等函数.

例如：$y = \sqrt{1 - 2x^2}$，$y = e^{\sin x}$ 均是初等函数.

1.1.6 常用的经济函数

（1）需求函数.

需求指消费者在某一特定的时期内，在一定的价格条件下对某种商品具有购买力的需要. 如果价格 P 是决定需求量 Q 的最主要的因素，则可认为 Q 是 P 的函数，称为需求函数，记作 $Q = Q(P)$.

一般地，需求量随价格的上升而减少，因此，需求函数 $Q = Q(P)$ 是单调减少函数. 市场统计资料表明，常用的需求函数有以下几种类型：

①线性需求函数：$Q = a - bp (a, b > 0)$.

②二次需求函数：$Q = a - bp - cp^2 (a, b, c > 0)$.

③指数需求函数：$Q = ae^{-bp} (a, b > 0)$.

例9　设某商品的需求函数为 $Q = -ap + b (a, b > 0)$，讨论 $p = 0$ 时的需求量和 $Q = 0$ 时的价格.

解　$p = 0$ 时 $Q = b$，它表示价格为零时的需求量为 b，称为饱和需求；

$Q = 0$ 时 $p = \dfrac{b}{a}$，它表示价格为 $\dfrac{b}{a}$ 时，无人愿意购买此商品.

（2）供给函数.

供给量指在一定价格水平下，生产者愿意并且能够售出的商品量. 如果不考虑价格以外的其他因素，则商品的供给量 S 是价格 p 的函数，称为供给函数，记作 $S = S(p)$.

一般地，供给量随价格的上升而增大，因此，供给函数 $S = S(p)$ 是单调增加函数. 常用的供给函数有线性函数，二次函数，指数函数等.

如果市场上某种商品的需求量与供给量相等，则该商品处于市场平衡状态，这时的商品价格 p_0 称为市场平衡状态，如图 1 - 12 所示.

当市场价格 $p > p_0$ 时，供应量增加而需求量减少，这时出现的"供过于求"状态，会使价格下降；当市场价格 $p < p_0$ 时，供应量减少而需求量增加，这时出现的"供不应求"状态，会使价格上升. 市场价格的调节就是这样实现的.

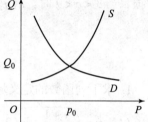

图 1 - 12

例10　某种商品的供给函数和需求函数分别为 $Q_s = 25p - 10$，$Q_d = 200 - 5p$，求该商品的市场均衡价格和市场均衡数量.

解　由均衡条件 $Q_d = Q_s$ 得

$$200 - 5p = 25p - 10$$

解得 $p_0 = 7$，$Q_0 = 165$.

即市场均衡价格为 7，市场均衡数量为 165.

（3）成本函数.

产品成本是以货币形式表现的企业生产和销售产品的全部费用支出，产品成本可分为固定成本和变动成本两部分. 所谓固定成本，是指在一定时期内不随产量变化的那部分成本；所谓变动成本，是指随产量变化而变化的那部分成本. 总成本是产量的单调增加函数：

$$C(q) = C_0 + C_1(q)$$

生产 q 个单位产品时的平均成本为 $C = \dfrac{C(q)}{q}$.

例11　已知生产某种产品的总成本函数为 $C(q) = 1\,000 + \dfrac{q^2}{8}$，求生产 100 个该产品时的总成本和平均成本.

解　由题意，求产量为 100 时的总成本

$$C(100) = 1\,000 + \frac{100^2}{8} = 2\,250$$

平均成本为 $AC(100) = \dfrac{2\,250}{100} = 22.5$.

（4）收入函数.

收入函数是销售价格与销售量的乘积，若价格为 p，销售量为 q，总收入为 R，则有

$$R(q) = pq$$

（5）利润函数.

总利润等于总收入与总成本的差，于是利润函数为

$$L(q) = R(q) - C(q)$$

例 12 已知某产品的成本函数为 $C(q) = 2q^2 - 24q + 81$，需求函数为 $q = 12 - p$（p 为价格），求该产品的利润函数，并说明盈亏情况.

解 由题意得，收入函数为 $R(q) = pq = (12 - q)q = 12q - q^2$，所以利润函数为

$$L(q) = R(q) - C(q) = -3q^2 + 36 - 81 = -3(q^2 - 12q + 27)$$

又由 $L(q) = 0$ 可得盈亏平衡点 $q = 3$，$q = 9$. 易知，当 $q > 9$ 或 $q < 3$ 时，$L(q) < 0$，说明亏损；当 $3 < q < 9$ 时，$L(q) > 0$，说明盈利.

习题 1.1

1. 求下列函数的定义域：

（1）$y = \dfrac{\sqrt{x+1}}{x} + \ln(2-x)$；

（2）$y = \arcsin(x-3)$；

（3）$y = \ln\dfrac{1-x}{1+x}$；

（4）$y = \begin{cases} x-1, & x \leqslant 1 \\ x^2, & 1 < x \leqslant 3. \end{cases}$

2. 判断下列函数的奇偶性：

（1）$f(x) = 5$；

（2）$f(x) = x^3 + x^2$；

（3）$f(x) = \ln\dfrac{1+x}{1-x}$.

3. 设 $f(x) = \begin{cases} \dfrac{x^2-1}{2}, & x \geqslant 1 \\ 1, & x < 1. \end{cases}$ 求 $f(-1)$，$f(1)$，$f(0)$，$f(3)$.

4. 指出下列函数是由哪几个简单函数复合而成的：

（1）$y = \arccos(\ln x)$；

（2）$y = \ln\sin^2 x$；

（3）$y = e^{\sqrt{x}}$；

（4）$y = e^{e^x}$；

（5）$y = (1 + \lg x)^5$；

（6）$y = 2\cos^2 x$.

5. 某厂生产产品 1 000 t，定价为 130 元每吨，当售出量不超过 700 t 时，按原定价出售，超过 700 t 的部分按原价的九折出售，试将收入表示成销售量的函数.

6. 某服装厂生产衬衫的可变成本是每件 15 元，每天的固定成本是 2 000 元，若每件衬衫售价为 20 元，则该厂每天生产 600 件衬衫的利润是多少？无盈亏产量是多少？

1.2 极限的概念

1.2.1 数列的极限

1. 数列的概念

公元前 4 世纪，我国春秋战国时期哲学家庄子（约公元前 369—前 286）的哲学名著《庄子·天下篇》一书中有一段富有哲理的名句："一尺之棰，日取其半，万世不竭." 意思是指一尺的木棒，第一天取它的一半，取得 $\frac{1}{2}$ 尺；第二天再取剩下的一半，即得 $\frac{1}{4}$ 尺；第三天再取第二天剩下的一半，即得 $\frac{1}{8}$ 尺；可以一天天地取下去，而木棒是永远也取不完的. 将每天剩余的木棒长度写出来就是数列：$\frac{1}{2}$，$\frac{1}{4}$，$\frac{1}{8}$，…，$\frac{1}{2^n}$，…. 可以看出，当 n 无限增大时，$\frac{1}{2^n}$ 无限接近于 0.

下面举几个数列的例子.

例1 数列 $\frac{1}{2}$，$\frac{1}{4}$，$\frac{1}{8}$，$\frac{1}{2^n}$，…，其通项为 $a_n = \frac{1}{2^n}$，记为 $\left\{\frac{1}{2^n}\right\}$.

例2 数列 0，$\frac{3}{2}$，$\frac{2}{3}$，$\frac{5}{4}$，$\frac{4}{5}$，…，$1 + \frac{(-1)^n}{n}$，…，其通项为 $a_n = 1 + \frac{(-1)^n}{n}$，记为 $\left\{1 + \frac{(-1)^n}{n}\right\}$.

例3 数列 2，2，2，…，2，…，其通项为 $a_n = 2$，记为 $\{2\}$.

例4 数列 1，-1，1，-1，…，$(-1)^{n+1}$，…，其通项为 $a_n = (-1)^{n+1}$，记为 $\{(-1)^{n+1}\}$.

例5 数列 2，4，6，…，$2n$，…，其通项为 $a_n = 2n$，记为 $\{2n\}$.

在理论研究或实际探索中，常常需要判断数列 $\{a_n\}$ 当 n 趋于无穷大时通项 a_n 的变化趋势，即数列的极限问题.

2. 数列极限的定性描述

例2 中的数列 $\left\{1 + \frac{(-1)^n}{n}\right\}$，当 n 无限增大时，通项 $a_n = 1 + \frac{(-1)^n}{n}$ 无限接近于常数 1，则称数列以 1 为极限.

由以上分析，可得数列极限的概念.

定义1 设有数列 $\{a_n\}$，若当 n 无限增大时，a_n 无限趋近于常数 a，则称 a 是数列 $\{a_n\}$ 的极限，记为

$$\lim_{n\to\infty} a_n = a \text{ 或 } a_n \to a(n \to \infty)$$

此时，亦可称数列 $\{a_n\}$ 收敛于 a，若这样的常数 a 不存在，则称数列 $\{a_n\}$ 发散.

数列的收敛或发散的性质统称为敛散性.

例1 和例2 中的数列是收敛的，分别记作

$$\lim_{n \to \infty} \frac{1}{2^n} = 0, \quad \lim_{n \to \infty} 1 + \frac{(-1)^n}{n} = 1$$

例 3 中的数列 $\{2\}$ 各项均为相同的常数，这样的数列称为常数列．显然数列 $\{2\}$ 以 2 为极限，记作 $\lim_{n \to \infty} 2 = 2$．可见常数列的极限仍是该常数．

例 4 中的数列 $\{(-1)^{n+1}\}$，当 $n \to \infty$ 时，通项 $a_n = (-1)^{n+1}$ 反复取 -1 和 1 两个数值，显然该数列是发散的．

例 5 中的数列 $\{2n\}$，当 n 无限增大时，通项 $a_n = 2n$ 也无限增大，不以任何常数为极限，因而是发散的．不过为了叙述方便，对于这种特殊情形，我们称它的极限为 $+\infty$，记作

$$\lim_{n \to \infty} 2n = +\infty$$

类似地，数列 $\{-2^n\}$ 无限变化的趋势记作 $\lim_{n \to \infty} (-2^n) = -\infty$．

1.2.2 函数的极限

为使我国国民经济持续发展，需要研究我国人口变化趋势．如若建立了适合我国国情的某种人口模型，问：当迫近于 2020 年时我国人口将如何变化？又如，随着工业化的发展，如不采取环保措施，环境状况将越来越恶化，物种灭绝的趋势又是怎样的？这些问题都涉及函数极限问题．现在研究函数极限．此处将按照 $x \to \infty$ 和 $x \to x_0$ 的不同变化情形来研究函数的极限以及函数极限的性质．

1. 当自变量 $x \to \infty$ 时函数的极限

自变量 $x \to \infty$ 是指 x 沿 x 轴 $|x|$ 无限变大，自变量 x 的绝对值无限变大的情况有多种，规定不同的记号表示不同的情形：

$x \to +\infty$，表示 $x > 0$，$|x|$ 无限变大，即 x 沿 x 轴的正方向向右无限变远；

$x \to -\infty$，表示 $x < 0$，$|x|$ 无限变大，即 x 沿 x 轴的负方向向左无限变远；

$x \to \infty$，既表示 $x \to +\infty$，又表示 $x \to -\infty$，即等价于 $|x| \to +\infty$．

一般地，我们有如下定义.

定义 2 如果当 x 的绝对值无限增大时，函数 $f(x)$ 趋向于常数 A，则称函数 $f(x)$ 当 x 趋于无穷大时以 A 为极限．记作

$$\lim_{x \to \infty} f(x) = A \quad \text{或} \quad f(x) \to A \, (x \to \infty)$$

若 x 取负值且其绝对值 $|x|$ 无限增大时，函数 $f(x)$ 趋向于常数 A，则称函数 $f(x)$ 当 x 趋于负无穷大时以 A 为极限．记作

$$\lim_{x \to -\infty} f(x) = A \quad \text{或} \quad f(x) \to A \, (x \to -\infty)$$

若 x 取正值且无限增大时，函数 $f(x)$ 趋向于常数 A，则称函数 $f(x)$ 当 x 趋于正无穷大时以 A 为极限．记作

$$\lim_{x \to +\infty} f(x) = A \quad \text{或} \quad f(x) \to A \, (x \to +\infty)$$

显然，$\lim_{x \to \infty} f(x) = A$ 的充分必要条件是 $\lim_{x \to +\infty} f(x) = \lim_{x \to -\infty} f(x) = A$．

自变量 x 的绝对值无限变大时，函数 $f(x)$ 可能存在极限也可能不存在极限，以例子来说明．

观察函数 $f(x) = \dfrac{1}{x}$ 当 $x \to \infty$ 时的变化趋势.

当 $x \to \infty$（包括 $x \to -\infty$，$x \to +\infty$）时，函数 $f(x) = \dfrac{1}{x}$ 无限趋近于常数 0，如图 1 – 13 所示.

考查函数 $f(x) = \arctan x$ 当 $x \to \infty$ 时的变化趋势.

如图 1 – 14 所示，当 $x \to +\infty$ 时，函数 $f(x) = \arctan x$ 无限趋于常数 $\dfrac{\pi}{2}$，所以

$$\lim_{x \to +\infty} \arctan x = \frac{\pi}{2}$$

当 $x \to -\infty$ 时，函数 $f(x) = \arctan x$ 无限趋于常数 $-\dfrac{\pi}{2}$，所以 $\lim\limits_{x \to -\infty} \arctan x = -\dfrac{\pi}{2}$.

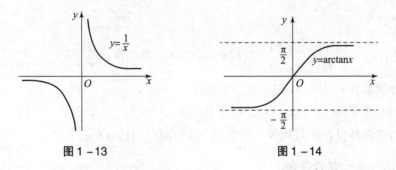

图 1 – 13　　　　　　　　　　图 1 – 14

故 $\lim\limits_{x \to +\infty} \arctan x \neq \lim\limits_{x \to -\infty} \arctan x$. 即函数函数 $f(x) = \arctan x$ 当 $x \to \infty$ 时极限不存在.

2. 自变量趋于有限值 x_0 时函数 $f(x)$ 的极限

自变量 $x \to x_0$ 是指沿 x 轴 x 从 x_0 的两侧向 x_0 无限接近，记

$x \to x_0^+$（或 $x \to x_0 + 0$）表示 x 从 x_0 右侧趋近于 x_0；

$x \to x_0^-$（或 $x \to x_0 - 0$）表示 x 从 x_0 左侧趋近于 x_0.

定义 3　设函数 $f(x)$ 在点 x_0 的某去心邻域内有定义（即在点 x_0 处可以无定义），A 是常数. 若当 x 无限趋近于 x_0 时，$f(x)$ 无限趋近于 A，则称 A 是 $f(x)$ 当 $x \to x_0$ 时的极限，记为

$$\lim_{x \to x_0} f(x) = A \text{ 或 } f(x) \to A(x \to x_0)$$

类似地，若当 $x \to x_0^+$（$x \to x_0^-$）时，$f(x)$ 无限趋近于 A，则称 A 是 $f(x)$ 在 x_0 的右极限（或左极限），记为

$$\lim_{x \to x_0^+} f(x) = A(\text{或} \lim_{x \to x_0^-} f(x) = A)$$

函数 $f(x)$ 的左右极限统称为单侧极限.

由上述定义，容易得到：$\lim\limits_{x \to x_0} f(x) = A$ 的充要条件是 $\lim\limits_{x \to x_0^+} f(x) = \lim\limits_{x \to x_0^-} f(x) = A$.

它常被用来判别函数 $f(x)$ 在 x_0 的极限是否存在，如果左极限和右极限至少有一个不存在，或者存在但不相等，则函数极限不存在. 对于一些简单的函数，它在某点 x_0 处的极限可通过函数的图像观察得到.

例6 通过函数图像求出下列函数的极限：

（1） $\lim\limits_{x \to x_0} C$（$C$ 为常数）；

（2） $\lim\limits_{x \to 1} \dfrac{x^2 - 1}{x - 1}$.

解 由函数图像（见图 $1-15$，图 $1-16$）可知：

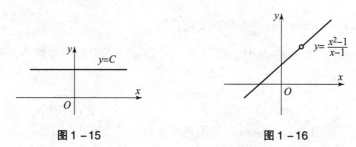

图 $1-15$　　　　　　　　　　图 $1-16$

（1） $\lim\limits_{x \to x_0} C = C$；

（2） $\lim\limits_{x \to 1} \dfrac{x^2 - 1}{x - 1} = 2$.

例7 设 $f(x) = \begin{cases} x + 2, & x \geqslant 1, \\ 3x, & x < 1. \end{cases}$ 试判断 $\lim\limits_{x \to 1} f(x)$ 是否存在.

解 先分别求 $f(x)$ 当 $x \to 1$ 时的左、右极限：

因为 $\lim\limits_{x \to 1^-} f(x) = \lim\limits_{x \to 1^-} 3x = 3$；$\lim\limits_{x \to 1^+} f(x) = \lim\limits_{x \to 1^+} (x + 2) = 3$，

即左、右极限各自存在且相等，所以 $\lim\limits_{x \to 1} f(x)$ 存在，且 $\lim\limits_{x \to 1} f(x) = 3$.

例8 判断 $\lim\limits_{x \to 0} \mathrm{e}^{\frac{1}{x}}$ 是否存在.

解 当 $x \to 0^-$ 时，$\dfrac{1}{x} \to -\infty$，故 $\mathrm{e}^{\frac{1}{x}} \to 0$，即 $\lim\limits_{x \to 0^-} \mathrm{e}^{\frac{1}{x}} = 0$；

当 $x \to 0^+$ 时，$\dfrac{1}{x} \to +\infty$，故 $\mathrm{e}^{\frac{1}{x}} \to +\infty$，即 $\lim\limits_{x \to 0^+} \mathrm{e}^{\frac{1}{x}} = +\infty$.

左极限存在，而右极限不存在，由充要条件可知 $\lim\limits_{x \to 0} \mathrm{e}^{\frac{1}{x}}$ 不存在.

习题1.2

1. 观察下列数列的变化趋势，并写出收敛数列的极限：

（1） 5，-5，5，$\cdots$，$(-5)^{n-1}$，$\cdots$；

（2） $\dfrac{1}{3}$，$\dfrac{3}{5}$，$\dfrac{5}{7}$，$\dfrac{7}{9}$，$\cdots$，$\dfrac{2n-1}{2n+1}$，$\cdots$；

（3） $\dfrac{1}{3}$，$\dfrac{1}{6}$，$\dfrac{1}{9}$，$\cdots$，$\dfrac{1}{3n}$，$\cdots$；

（4） $-\dfrac{1}{2}$，$\dfrac{2}{3}$，$-\dfrac{3}{4}$，$\dfrac{4}{5}$，$\cdots$，$(-1)^n \dfrac{n}{n+1}$，$\cdots$.

2. 求下列函数的极限：

（1） $\lim\limits_{x \to \infty} 5$；

（2） $\lim\limits_{x \to -\infty} 3^x$；

（3） $\lim\limits_{x \to +\infty} 3^{-x}$；

（4） $\lim\limits_{x \to \infty} \mathrm{arccot}\, x$.

3. 设 $f(x) = \begin{cases} x^2 + 2, & x > 0, \\ 0, & x = 0, \\ x^2, & x < 0, \end{cases}$ 画出函数图像并观察 $x = 0$ 处，$f(x)$ 的单侧极限和极限.

4. 函数 $f(x)$ 在 $x = x_0$ 处有定义，是 $x \to x_0$ 时 $f(x)$ 有极限的 (　　).

A. 必要条件   B. 充分条件

C. 充要条件   D. 无关条件.

5. 左右极限都存在是函数 $f(x)$ 在 $x = x_0$ 有极限的 (　　).

A. 必要条件   B. 充分条件

C. 充要条件   D. 无关条件

1.3　无穷大和无穷小

无穷小量与无穷大量反映了自变量在某个变化过程中函数的两种特殊的变化趋势，绝对值无限增大和绝对值无限减少. 下面用极限定义无穷大量与无穷小量这两种常用变量.

1.3.1　无穷大量

有一类变量，从变量的变化状态来看也有一定的趋势，但不是趋于某一常数，而是在变化过程中其绝对值无限变大. 这种变量称为无穷大量.

定义 1　在某个变化过程中，绝对值无限增大的变量称为无穷大量，简称无穷大. 记作

$$\lim f(x) = \infty$$

例如，当 $x \to 1$ 时，$\left| \dfrac{1}{x-1} \right|$ 无限增大，所以当 $x \to 1$ 时，$\dfrac{1}{x-1}$ 是无穷大，即

$$\lim_{x \to 1} \frac{1}{x-1} = \infty$$

说明：

（1）无穷大量必须是变量，一个很大的数如 $10^{2\,016}$ 不是无穷大量.

（2）变量在变化过程中绝对值越来越大且可以无限大时，才能称为无穷大. 例如，当 $x \to \infty$ 时，$f(x) = x\sin x$ 的值可以无限增大，但不是越来越大，所以它不是无穷大.

（3）变量是否为无穷大量一定要考虑变化过程，同一个变量在不同的变化过程中，情况会不同. 如当 $x \to \infty$ 时，x^2 是无穷大量，但当 $x \to 0$ 时，x^2 是无穷小量.

1.3.2　无穷小量

在实际问题中，经常会遇到极限为零的变量. 例如，当关掉电动机的电源时，转子的转动就慢下来，最后停止运动. 再如，单摆离开铅垂位置而摆动，由于空气阻力和摩擦力的作用，它的振幅越来越小，到后来单摆就慢慢地停下来了. 在这些变化过程中，转子的转速、单摆的振幅都逐渐变小并趋向于零. 对于这种变量，给出下面的定义.

1. 无穷小量的概念

定义 2　在某一变化过程中，以零为极限的变量称为无穷小量，简称无穷小，常用 α，β，γ 等表示.

例如，当 $x \to \infty$ 时，$f(x) = \dfrac{1}{x}$ 是无穷小量；当 $x \to 1$ 时，$g(x) = x^2 - 1$ 是无穷小量；当

$x \to \dfrac{\pi}{2}$ 时，$h(x) = \cos x$ 是无穷小量．数列作为函数的特例，也有无穷小量，$\dfrac{1}{n}$ 和 $\left(\dfrac{1}{2}\right)^n$ 都是 $n \to \infty$ 时的无穷小量．

说明：

（1）无穷小量是以零为极限的变量，一个很小的数 $10^{-2\,009}$ 不是无穷小量．

（2）"0" 符合无穷小量的定义，是特殊的无穷小量．

（3）变量是否为无穷小量一定要考虑变化过程，同一个变量在不同的变化过程中，情况会不同．如当 $x \to 0$ 时，$\sin x$ 是无穷小量，但当 $x \to \dfrac{\pi}{2}$ 时，$\sin x$ 不是无穷小量．

应当特别说明，无穷小量不仅在解决实际问题中具有现实意义，而且在微积分的逻辑体系中具有理论意义．微积分的许多重要概念都以极限为基础，而极限与无穷小量有着极为密切的联系，这种联系表现为下面的定理，称为变量、极限与无穷小量的关系定理，证明从略．

定理 1 函数 $f(x)$ 在某个极限过程中以常数 A 为极限的充要条件是函数 $f(x)$ 可以表示为常数 A 与一个无穷小量 α 之和的形式，即

$$\lim f(x) = A \Leftrightarrow f(x) = A + \alpha$$

2. 无穷小量的性质

无穷小量运算的主要性质如下：

性质 1 有限个无穷小量的代数和仍是无穷小量．

性质 2 有限个无穷小量的乘积仍是无穷小量．

性质 3 有界变量与无穷小量的乘积仍是无穷小量．

推论 常量与无穷小量的乘积为无穷小量．

3. 无穷小量阶的比较

在数学中，两个无穷小量可能处于相同或不同的数量级上，即它们虽然都是以零为极限的变量，但它们趋于零的快慢程度（速度）可能相同，也可能不同，我们可以由它们的比值的极限来判断无穷小量的级别，称为无穷小量阶的比较．

定义 3 设 α, β 是同一变化过程中的两个无穷小量．

（1）若 $\lim \dfrac{\alpha}{\beta} = c$（$c$ 是不等于零的常数），则称 α 与 β 是同阶无穷小量．

特别地，若 $c = 1$，则称 α 与 β 是等价无穷小量，记作 $\alpha \sim \beta$．

（2）若 $\lim \dfrac{\alpha}{\beta} = 0$，则称 α 是比 β 高阶的无穷小量，记作 $\alpha = o(\beta)$．

（3）若 $\lim \dfrac{\alpha}{\beta} = \infty$，则称 α 是比 β 低阶的无穷小量．

例如，当 $x \to \infty$ 时，$\dfrac{1}{x}$，$\dfrac{3}{x}$，$\dfrac{1}{x^2}$ 都是无穷小量，因为 $\lim\limits_{x \to \infty} \dfrac{\frac{3}{x}}{\frac{1}{x}} = 3$，所以当 $x \to \infty$ 时，$\dfrac{3}{x}$ 与 $\dfrac{1}{x}$ 是同阶无穷小量，即表明这两个量趋于 0 的速度处于同一个级别．

又因为 $\lim\limits_{x\to\infty}\dfrac{\frac{1}{x^2}}{\frac{1}{x}}=\lim\limits_{x\to\infty}\dfrac{1}{x}=0$，所以当 $x\to\infty$ 时，$\dfrac{1}{x^2}$ 是 $\dfrac{1}{x}$ 的高阶无穷小量，即表明分子 $\dfrac{1}{x^2}$ 趋于

0 的速度比分母 $\dfrac{1}{x}$ 趋于 0 的速度要快得多. 比如相对于人的身高而言，头发分子的半径与头发横截面半径相比较，就是高阶无穷小量.

又因为 $\lim\limits_{x\to\infty}\dfrac{\frac{3}{x}}{\frac{1}{x^2}}=\lim\limits_{x\to\infty}3x=\infty$，所以当 $x\to\infty$ 时，$\dfrac{3}{x}$ 是 $\dfrac{1}{x^2}$ 的低阶无穷小量，即表明分子 $\dfrac{3}{x}$ 趋

于 0 的速度比分母 $\dfrac{1}{x^2}$ 趋于 0 的速度要慢得多.

例1 证明：当 $x\to0$ 时，

(1) $\ln(1+x)\sim x$； (2) $e^x-1\sim x$.

证 (1) $\lim\limits_{x\to0}\dfrac{\ln(1+x)}{x}=\lim\limits_{x\to0}\dfrac{1}{x}\ln(1+x)=\lim\limits_{x\to0}\ln(1+x)^{\frac{1}{x}}=\ln e=1$；

(2) 令 $e^x-1=t$，则

$$\lim\limits_{x\to0}\dfrac{e^x-1}{x}=\lim\limits_{t\to0}\dfrac{t}{\ln(1+t)}=1(利用(1))$$

等价无穷小在极限的运算中有重要的作用. 下面给出等价无穷小的代换定理：

定理2 若 $\alpha\sim\alpha'$，$\beta\sim\beta'$，且 $\lim\dfrac{\beta'}{\alpha'}$ 存在，则

$$\lim\dfrac{\beta}{\alpha}=\lim\dfrac{\beta'}{\alpha'}$$

证 $\lim\dfrac{\beta}{\alpha}=\lim\dfrac{\beta}{\beta'}\cdot\dfrac{\beta'}{\alpha'}\cdot\dfrac{\alpha'}{\alpha}=\lim\dfrac{\beta}{\beta'}\cdot\lim\dfrac{\beta'}{\alpha'}\cdot\lim\dfrac{\alpha'}{\alpha}=\lim\dfrac{\beta'}{\alpha'}$.

此定理表明，求极限时，分子、分母或函数中的乘积因式可用其等价无穷小来代替，若选取得当，可使计算大大简化.

常用等价无穷小代换公式：当 $x\to0$ 时，有

$\sin x\sim x$，$\tan x\sim x$，$1-\cos x\sim\dfrac{1}{2}x^2$，$\arctan x\sim x$，$\arcsin x\sim x$，$\ln(1+x)\sim x$，$e^x-1\sim x$，

$(1+x)^\alpha-1\sim\alpha x$.

例2 计算下列极限：

(1) $\lim\limits_{x\to0}\dfrac{1-\cos x}{x\sin x}$； (2) $\lim\limits_{x\to0}\dfrac{\ln(1+2x)}{\sin3x}$；

(3) $\lim\limits_{x\to0}\dfrac{(1+x)^{\frac{1}{2}}-1}{\sin x}$； (4) $\lim\limits_{x\to0}\dfrac{\tan x-\sin x}{x^3}$.

解 (1) $\lim\limits_{x\to0}\dfrac{1-\cos x}{x\sin x}=\lim\limits_{x\to0}\dfrac{\frac{1}{2}x^2}{x\cdot x}=\dfrac{1}{2}$；

(2) $\lim\limits_{x\to0}\dfrac{\ln(1+2x)}{\sin3x} = \lim\limits_{x\to0}\dfrac{2x}{3x} = \dfrac{2}{3}$;

(3) $\lim\limits_{x\to0}\dfrac{(1+x)^{\frac{1}{2}}-1}{\sin x} = \lim\limits_{x\to0}\dfrac{\frac{1}{2}x}{x} = \dfrac{1}{2}$;

(4) $\lim\limits_{x\to0}\dfrac{\tan x - \sin x}{x^3} = \lim\limits_{x\to0}\dfrac{\sin x\left(\dfrac{1}{\cos x}-1\right)}{x^3}$

$$= \lim\limits_{x\to0}\dfrac{\sin x(1-\cos x)}{x^3\cdot\cos x} = \lim\limits_{x\to0}\dfrac{x\cdot\frac{1}{2}x^2}{x^3\cos x} = \dfrac{1}{2}.$$

若直接将 $\tan x$，$\sin x$ 用 x 代替，即

$$\lim\limits_{x\to0}\dfrac{\tan x - \sin x}{x^3} = \lim\limits_{x\to0}\dfrac{x-x}{x^3} = 0$$

此解法是错误的.

1.3.3 无穷大与无穷小的关系

定理 3　在同一变化过程中，无穷大量的倒数必是无穷小量；非零无穷小量的倒数必是无穷大量.

例如，当 $x\to\infty$ 时，$x-1$ 是无穷大量，则 $\dfrac{1}{x-1}$ 是无穷小量；当 $x\to0$ 时，$\tan x$ 是无穷小量，则 $\csc x$ 是无穷大量.

习题 1.3

1. 下列变量在给定的变化过程中，哪些是无穷小量，哪些是无穷大量？

(1) $f(x) = \dfrac{2}{x+1}(x\to-1)$;　　　　　(2) $f(x) = 3^{-x}-1(x\to0)$;

(3) $f(x) = \ln x(x\to0^+)$;　　　　　　　(4) $f(x) = \dfrac{x+3}{x^2-1}(x\to1)$.

2. 当 $x\to0$ 时，讨论下列无穷小量关于无穷小量 x 的阶的比较：

(1) x^3;　　　　　　　　　　　　　　　(2) $x^2\sin\dfrac{1}{x}$;

(3) $\sqrt{x}$;　　　　　　　　　　　　　　(4) $3x$.

3. 求下列函数的极限：

(1) $\lim\limits_{x\to0}\dfrac{\arcsin5x}{\tan3x}$;　　　　　　　　(2) $\lim\limits_{x\to0}\dfrac{\tan x^2}{1-\cos x}$;

(3) $\lim\limits_{x\to0}\dfrac{\ln(1+3x)}{\sin2x}$;　　　　　　　(4) $\lim\limits_{x\to0}\dfrac{\arctan7x}{e^{2x}-1}$;

(5) $\lim\limits_{x\to\infty}\dfrac{\sin x + \cos x + 2x}{x}$;　　　　(6) $\lim\limits_{x\to0}\dfrac{\sqrt{2}-\sqrt{1+\cos x}}{\sqrt{1+x^2}-1}$.

1.4 极限的运算法则

为了方便极限的运算，我们给出极限的四则运算和两个重要极限.

1.4.1 极限的四则运算法则

定理 1 设 $\lim f(x) = A$，$\lim g(x) = B$，则

(1) $\lim[f(x) \pm g(x)] = \lim f(x) \pm \lim g(x) = A \pm B$；

(2) $\lim[f(x)g(x)] = \lim f(x)\lim g(x) = AB$；

(3) $\lim \dfrac{f(x)}{g(x)} = \dfrac{\lim f(x)}{\lim g(x)} = \dfrac{A}{B}(B \neq 0)$.

推论 1 若 $\lim f_i(x)(i = 1, 2, \cdots, n)$ 都存在，则

$$\lim[f_1(x) \pm f_2(x) \pm \cdots \pm f_n(x)] = \lim f_1(x) \pm \lim f_2(x) \pm \cdots \pm \lim f_n(x)$$

推论 2 若 $\lim f(x) = A$，C 为常数，则 $\lim Cf(x) = C \lim f(x) = CA$.

推论 3 若 $\lim f_i(x)(i = 1, 2, \cdots, n)$ 都存在，则

$$\lim[f_1(x) \cdot f_2(x) \cdot \cdots \cdot f_n(x)] = \lim f_1(x) \cdot \lim f_2(x) \cdot \lim f_n(x)$$

特别地，若 $\lim f(x) = A$，$n \in \mathbf{Z}^*$，则 $\lim[f(x)]^n = [\lim f(x)]^n = A^n$.

以上定理及推论中的"lim"没有趋向，在此是指在共同的趋向 $x \to x_0$ 或 $x \to \infty$ 时，结论都是成立的.

对于数列的极限，也有类似的法则. 设数列 $\{a_n\}$，$\{b_n\}$，有 $\lim\limits_{n \to \infty} a_n = A$，$\lim\limits_{n \to \infty} b_n = B$，则

(1) $\lim\limits_{n \to \infty}(a_n \pm b_n) = A \pm B$；

(2) $\lim\limits_{n \to \infty}(a_n \cdot b_n) = A \cdot B$；

(3) $\lim\limits_{n \to \infty} \dfrac{a_n}{b_n} = \dfrac{A}{B}(b_n \neq 0, B \neq 0)$.

例 1 求 $\lim\limits_{x \to 1}(2x^2 + 3x - 4)$.

解 原式 $= \lim\limits_{x \to 1}(2x^2) + \lim\limits_{x \to 1}(3x) + \lim\limits_{x \to 1}(-4) = 2\lim\limits_{x \to 1}x^2 + 3\lim\limits_{x \to 1}x + (-4)$

$$= 2(\lim\limits_{x \to 1}x)^2 + 3 - 4 = 2 - 1 = 1.$$

由此例可知，当 $x \to a$ 时，多项式 $P_n(x) = a_0x^n + a_1x^{n-1} + \cdots + a_n$ 的极限等于 $P_n(x)$ 在点 a 处的函数值，即

$$\lim\limits_{x \to a}P_n(x) = \lim\limits_{x \to a}(a_0x^n + a_1x^{n-1} + \cdots + a_n) = P_n(a)$$

例 2 求 $\lim\limits_{x \to 4} \dfrac{x^2 - 2x - 8}{x^2 - 3x - 4}$.

解 因 $x \to 4$ 时，分母的极限为 0，所以不能用商的极限法则. 又因 $x \to 4$ 时，分子的极限也为 0，即知所求极限的变量是 "$\dfrac{0}{0}$" 型不定式. 但在 $x \to 4$ 的过程中，$x^2 - 3x - 4 \neq 0$，可先约去分子和分母中不为 0 的公因式，于是有

$$\lim\limits_{x \to 4} \frac{x^2 - 2x - 8}{x^2 - 3x - 4} = \lim\limits_{x \to 4} \frac{(x-4)(x+2)}{(x-4)(x+1)} = \lim\limits_{x \to 4} \frac{x+2}{x+1} = \frac{6}{5}$$

例3 求下列极限：

（1）$\lim\limits_{x\to\infty}\dfrac{x^3+x^2+1}{3x^3+x+2}$；　　（2）$\lim\limits_{x\to\infty}\dfrac{x^2+6x+3}{3x^3+5x-5}$；　　（3）$\lim\limits_{x\to\infty}\dfrac{x^3+5x+3}{3x^2+4x-1}$.

解　当 $x\to\infty$ 时，分子和分母的极限都是无穷大，属于"$\dfrac{\infty}{\infty}$"型不定式，不能用商的极限法则. 用分子和分母中 x 的次数最高的幂 x^3 同时去除分子和分母. 而后再用商的极限法则，注意到无穷大的倒数是无穷小，即得

（1）$\lim\limits_{x\to\infty}\dfrac{x^3+x^2+1}{3x^3+x+2}=\lim\limits_{x\to\infty}\dfrac{1+\dfrac{2}{x}+\dfrac{1}{x^3}}{3+\dfrac{1}{x^2}+\dfrac{2}{x^3}}=\dfrac{1}{3}$；

（2）$\lim\limits_{x\to\infty}\dfrac{x^2+6x+3}{3x^3+5x-5}=\lim\limits_{x\to\infty}\dfrac{\dfrac{1}{x}+6\dfrac{1}{x^2}+\dfrac{3}{x^3}}{3+5\dfrac{1}{x^2}-\dfrac{5}{x^3}}=\dfrac{\lim\limits_{x\to\infty}\left(\dfrac{1}{x}+6\dfrac{1}{x^2}+\dfrac{3}{x^3}\right)}{\lim\limits_{x\to\infty}\left(3+5\dfrac{1}{x^2}-\dfrac{5}{x^3}\right)}=0$；

（3）$\lim\limits_{x\to\infty}\dfrac{x^3+5x+3}{3x^2+4x-1}=\lim\limits_{x\to\infty}\dfrac{1+5\dfrac{1}{x^2}+\dfrac{3}{x^3}}{3\dfrac{1}{x}+4\dfrac{1}{x^2}-\dfrac{1}{x^3}}=\dfrac{\lim\limits_{x\to\infty}\left(1+5\dfrac{1}{x^2}+\dfrac{3}{x^3}\right)}{\lim\limits_{x\to\infty}\left(3\dfrac{1}{x}+4\dfrac{1}{x^2}-\dfrac{1}{x^3}\right)}=\infty$.

一般地，设 $a_0\neq0$，$b_0\neq0$，m,n 为正整数，则有

$$\lim\limits_{x\to\infty}\dfrac{a_0x^m+a_1x^{m-1}+\cdots+a_m}{b_0x^n+b_1x^{n-1}+\cdots+b_n}=\begin{cases}\dfrac{a_0}{b_0},&n=m,\\[2mm]0,&n>m,\\[2mm]\infty,&n<m.\end{cases}\quad(a_0\neq0,\ b_0\neq0)$$

例4 求下列极限：

（1）$\lim\limits_{x\to1}\left(\dfrac{1}{x-1}-\dfrac{3}{x^3-1}\right)$；　　　　　（2）$\lim\limits_{x\to\infty}(\sqrt{x+2}-\sqrt{x})$.

解

（1）$\lim\limits_{x\to1}\left(\dfrac{1}{x-1}-\dfrac{3}{x^3-1}\right)=\lim\limits_{x\to1}\dfrac{x^2+x-2}{x^3-1}=\lim\limits_{x\to1}\dfrac{(x-1)(x+2)}{(x-1)(x^2+x+1)}$

$\qquad=\lim\limits_{x\to1}\dfrac{x+2}{x^2+x+1}=1$；

（2）$\lim\limits_{x\to\infty}(\sqrt{x+2}-\sqrt{x})=\lim\limits_{x\to+\infty}\dfrac{(\sqrt{x+2}-\sqrt{x})(\sqrt{x+2}+\sqrt{x})}{\sqrt{x+2}+\sqrt{x}}$

$\qquad=\lim\limits_{x\to+\infty}\dfrac{x+2-x}{\sqrt{x+2}+\sqrt{x}}=\lim\limits_{x\to+\infty}\dfrac{2}{\sqrt{x+2}+\sqrt{x}}=0$.

注意：两个同号的无穷大量之和是无穷大量，两个异号的无穷大量之和是"$\infty-\infty$"型不定式. 本例求极限的方法称为通分法和有理化法.

1.4.2 极限存在的两个准则和两个重要极限

1. 两个准则

准则 I （夹逼定理） 若函数 $f(x)$，$g(x)$，$h(x)$ 在点 x_0 的某去心邻域内满足：

（1） $g(x) \leqslant f(x) \leqslant h(x)$；

（2） $\lim\limits_{x \to x_0} g(x) = \lim\limits_{x \to x_0} h(x) = A.$

则有 $\lim\limits_{x \to x_0} f(x) = A.$

注意：（1） 此定理在 $x \to \infty$，$x \to x_0^+$，$x \to x_0^-$ 时依然成立.

（2） 数列极限也有相应的结论成立.

准则 II （单调有界准则） 单调有界数列必收敛.

此准则表明，若数列单调并且有界，则此数列的极限一定存在. 另外，收敛数列一定有界，但有界数列不一定收敛.

例如，$\{(-1)^n\}$ 有界，但不收敛.

2. 两个重要极限

应用上面介绍的两个极限存在性准则，可以推导出两个重要极限公式. 在此不作证明.

重要极限 I $\quad \lim\limits_{x \to 0} \dfrac{\sin x}{x} = 1$

当 $x \to 0$ 时，考查 $\dfrac{\sin x}{x}$ 的变化趋势. （见下表）

x	± 1	± 0.5	± 0.1	± 0.05	± 0.01	± 0.001
$\dfrac{\sin x}{x}$	0.841 47	0.958 85	0.998 33	0.999 58	0.999 98	0.999 99

从上表可看出，随着 x 越来越趋近于 0，$\dfrac{\sin x}{x}$ 的值越来越趋近于 1. 我们可以用准则 I 和数形结合的方法证明 $\lim\limits_{x \to 0} \dfrac{\sin x}{x} = 1$，此处略.

注意：（1） 重要极限 I 是 "$\dfrac{0}{0}$" 型不定式；

（2） $\lim\limits_{\square \to 0} \dfrac{\sin \square}{\square} = 1$，其中 "$\square$" 代表相同的变量.

例 5 求下列极限：

（1） $\lim\limits_{x \to 0} \dfrac{\tan x}{x}$；

（2） 求 $\lim\limits_{x \to 0} \dfrac{\sin kx}{x} (k \neq 0)$；

（3） $\lim\limits_{x \to 0} \dfrac{1 - \cos x}{x^2}$；

（4） $\lim\limits_{x \to 0} \dfrac{\arcsin x}{x}$.

解 （1） $\lim\limits_{x \to 0} \dfrac{\tan x}{x} = \lim\limits_{x \to 0} \dfrac{1}{\cos x} \cdot \dfrac{\sin x}{x} = \lim\limits_{x \to 0} \dfrac{1}{\cos x} \cdot \lim\limits_{x \to 0} \dfrac{\sin x}{x} = 1.$

（2）设 $t = kx$，则当 $x \to 0$ 时，$t = kx \to 0$，于是

$$\lim_{x \to 0} \frac{\sin kx}{x} = \lim_{x \to 0} \frac{k \sin kx}{kx} = k \cdot \lim_{t \to 0} \frac{\sin t}{t} = k \times 1 = k$$

（3）$\lim_{x \to 0} \frac{1 - \cos x}{x^2} = \lim_{x \to 0} \frac{2 \sin^2 \frac{x}{2}}{x^2} = \frac{1}{2} \lim_{x \to 0} \left(\frac{\sin \frac{x}{2}}{\frac{x}{2}} \right)^2 = \frac{1}{2} \times 1^2 = \frac{1}{2}.$

（4）设 $\arcsin x = t$，则 $x = \sin t$，当 $x \to 0$ 时，$t \to 0$，所以

$$\lim_{x \to 0} \frac{\arcsin x}{x} = \lim_{t \to 0} \frac{t}{\sin t} = 1$$

重要极限Ⅱ $\lim_{x \to \infty} \left(1 + \frac{1}{x} \right)^x = e$

注意：（1）重要极限Ⅱ是"1^∞"型不定式；

（2）$\lim_{\square \to \infty} \left(1 + \frac{1}{\square} \right)^{\square} = e$，其中"□"代表相同的变量；

（3）它与 $\lim_{x \to 0} (1 + x)^{\frac{1}{x}} = e$ 等价，故有 $\lim_{\square \to 0} (1 + \square)^{\frac{1}{\square}} = e$，其中"□"代表相同的变量.

例6 求下列极限：

（1）$\lim_{x \to \infty} \left(1 + \frac{4}{x} \right)^x$；　　　　　　　　　（2）$\lim_{x \to \infty} \left(1 - \frac{1}{x} \right)^{2x}$；

（3）$\lim_{x \to \infty} \left(1 + \frac{1}{2x} \right)^{4x - 3}$；　　　　　　　　（4）求 $\lim_{x \to \infty} \left(\frac{2x + 3}{2x + 1} \right)^{x + 1}$.

解　（1）$\lim_{x \to \infty} \left(1 + \frac{4}{x} \right)^x = \lim_{x \to \infty} \left(1 + \frac{4}{x} \right)^{\frac{x}{4} \cdot 4} = \lim_{x \to \infty} \left[\left(1 + \frac{4}{x} \right)^{\frac{x}{4}} \right]^4 = e^4$；

（2）$\lim_{x \to \infty} \left(1 - \frac{1}{x} \right)^{2x} = \lim_{x \to \infty} \left(1 + \frac{1}{-x} \right)^{-x \cdot (-2)} = \left[\lim_{x \to \infty} \left(1 + \frac{1}{-x} \right)^{-x} \right]^{-2} = e^{-2}$；

（3）$\lim_{x \to \infty} \left(1 + \frac{1}{2x} \right)^{4x - 3} = \lim_{x \to \infty} \left(1 + \frac{1}{2x} \right)^{4x} \left(1 + \frac{1}{2x} \right)^{-3} = \lim_{x \to \infty} \left(1 + \frac{1}{2x} \right)^{2x \cdot 2} = e^2$；

（4）$\lim_{x \to \infty} \left(\frac{2x + 3}{2x + 1} \right)^{x + 1} = \lim_{x \to \infty} \left(\frac{1 + \frac{3}{2x}}{1 + \frac{1}{2x}} \right)^x = \lim_{x \to \infty} \frac{\left(1 + \frac{3}{2x} \right)^x}{\left(1 + \frac{1}{2x} \right)^x} = \frac{e^{\frac{3}{2}}}{e^{\frac{1}{2}}} = e.$

1.4.3　极限在经济中的应用

作为第二个重要极限公式的应用，我们介绍复利公式. 所谓复利计息，就是将一期的利息与本金之和作为第二期的本金，然后反复计息. 设本金为 p，年利率为 r，则

一年后的本利和为 $A_1 = p + pr = p(1 + r)$；

第二年的本利和为 $A_2 = A_1 + rA_1 = A_1(1 + r) = p(1 + r)^2$；

……

如此反复，第 n 年年底的本利和为 $A_n = p(1 + r)^n$.

这就是以年为期的复利公式. 若把一年均分为 t 期计息，这时每期利率为 $\frac{r}{t}$，则 n 年年

底的本利和为

$$A_n = p\left(1 + \frac{r}{t}\right)^{nt}.$$

假设计息期无限缩短，即期数 $t \to \infty$，于是得到连续复利的计算公式为

$$A_n = \lim_{t \to \infty} p\left(1 + \frac{r}{t}\right)^{nt} = p\mathrm{e}^{rn}$$

例7 某人在银行存入 1 000 元，复利率为每年 10%，分别以按年结算和连续复利结算两种方式，计算 10 年后他在银行的存款额.

解 按年结算，第 10 年年底的本利和为

$$A_{10} = 1\,000(1 + 10\%)^{10} \approx 2\,593.74(元)$$

按连续复利结算，第 10 年年底的本利和为

$$A_{10} = p\mathrm{e}^{rn} = 1\,000\mathrm{e}^{0.1 \times 10} = 1\,000\mathrm{e} \approx 2\,718.28.$$

习题 1.4

1. 求下列极限：

(1) $\lim\limits_{n \to \infty}\left(\dfrac{1}{n^2} + \dfrac{2}{n^2} + \cdots + \dfrac{n}{n^2}\right)$；

(2) $\lim\limits_{n \to \infty}\dfrac{2^n - 1}{3^n + 1}$；

(3) $\lim\limits_{n \to \infty}\sqrt{n}(\sqrt{n+3} - \sqrt{n+4})$；

(4) $\lim\limits_{x \to 1}\left(\dfrac{1}{x-1} - \dfrac{2}{x^2-1}\right)$；

(5) $\lim\limits_{x \to 0}\dfrac{1 - \sqrt{x+1}}{2x}$；

(6) $\lim\limits_{x \to +\infty}(\sqrt{x+3} - \sqrt{x})$.

2. 求下列函数的极限：

(1) $\lim\limits_{x \to 0}\dfrac{\sin x}{4x}$；

(2) $\lim\limits_{x \to 1}\dfrac{\sin(x-1)}{3(x-1)}$；

(3) $\lim\limits_{x \to 0}\dfrac{\sqrt{1+x} - \sqrt{1-x}}{\sin x}$；

(4) $\lim\limits_{x \to 0}\dfrac{1 - \cos x}{4x^2}$；

(5) $\lim\limits_{x \to \infty}\left(1 + \dfrac{1}{x}\right)^{2x}$；

(6) $\lim\limits_{x \to \infty}\left(\dfrac{x-1}{x}\right)^x$；

(7) $\lim\limits_{x \to \infty}\left(1 - \dfrac{3}{x}\right)^x$；

(8) $\lim\limits_{x \to \infty}\left(\dfrac{2x-1}{2x+1}\right)^{x+1}$.

3. 已知 $\lim\limits_{x \to 1}\dfrac{x^2 + ax + b}{1 - x} = 1$，试求 a 和 b 的值.

1.5 函数的连续性

客观世界的许多现象和事物不仅是运动变化的，而且其运动变化的过程往往是连绵不断的，比如日月行空、岁月流逝、生命延续、物种演化等，这些连绵不断发展变化的事物在量的相依关系方面的反映就是连续函数. 连续函数是刻画变量连续变化的数学模型.

十六七世纪微积分的酝酿和产生，直接起始于对物体的连续运动的研究. 比如伽利略所

研究的落体运动等都是连续变化的量. 这个时期以及 18 世纪的数学家, 虽然已把连续变化的量作为研究对象, 但仍停留在几何直观上, 即把能一笔画成的曲线所对应的函数叫作连续函数. 直至 19 世纪, 当柯西以及稍后的魏尔斯特拉斯等数学家建立起严格的极限理论之后, 才对连续函数作出了纯数学的精确描述.

连续函数不仅是微积分的研究对象, 而且微积分中的主要概念、定理、公式、法则等, 往往要求函数具有连续性. 本节将以极限为基础, 介绍连续函数的概念、运算以及性质.

1.5.1　连续函数的概念

为研究连续函数方便, 首先我们介绍增量的概念.

定义 1　设函数 $y = f(x)$, 当自变量 x 从它的初值 x_0 变到终值 x_1 时, 差 $x_1 - x_0$ 称为变量 x 的增量 (改变量), 记作 Δx, 即 $\Delta x = x_1 - x_0$.

相应地, 函数值由 $f(x_0)$ 变到 $f(x_1)$, 称差 $f(x_1) - f(x_0)$ 为函数 $f(x)$ 在 x_0 处的增量 (改变量), 记作 Δy, 即 $\Delta y = f(x_1) - f(x_0)$.

说明: 变量的增量可以是正的, 可以是负的, 也可以是零.

例 1　[平面内曲线]　在坐标平面内画一连续曲线 $y = f(x)$ 和一间断曲线 $y = g(x)$, 如图 1 – 17、图 1 – 18 所示.

分析　两条曲线有明显不同, 表现在曲线 $y = f(x)$ 在点 x_0 不间断, 而曲线 $y = g(x)$ 在点 x_0 是间断的. 那么, 如何用数学语言来描述这种差异呢? 对比两个图形, 我们发现: 如图 1 – 17 所示, 当自变量 x 的改变量 $\Delta x \to 0$ 时, 函数相应的改变量 $\Delta y \to 0$; 如图 1 – 18 所示, 当自变量 x 的改变量 $\Delta x \to 0$ 时, 函数相应的改变量 Δy 不能够无限变小. 于是我们可以用增量来定义函数的连续性.

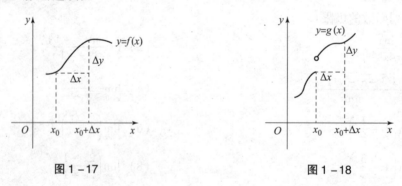

图 1 – 17　　　　　　　　　　　　图 1 – 18

定义 2　设函数 $y = f(x)$ 在点 x_0 的某个邻域内有定义, 如果当自变量的改变量 Δx 趋于零时, 相应函数的改变量 Δy 也趋于零, 即

$$\lim_{\Delta x \to 0} \Delta y = \lim_{\Delta x \to 0} [f(x_0 + \Delta x) - f(x_0)] = 0$$

则称函数 $f(x)$ 在点 x_0 处连续, 称点 x_0 为函数 $f(x)$ 的连续点; 否则就称函数 $f(x)$ 在点 x_0 处间断, 点 x_0 为函数 $f(x)$ 的间断点.

若设 $x = x_0 + \Delta x$, 则 $\Delta x = x - x_0$, 相应地, 函数 $f(x)$ 的改变量为 $\Delta y = f(x) - f(x_0)$. 当 $\Delta x \to 0$, 即 $x \to x_0$ 时, $\Delta y \to 0$, $f(x) - f(x_0) \to 0$, 即 $f(x) \to f(x_0)$, 于是函数在点 x_0 连续的定义可记作 $\lim_{x \to x_0} f(x) = f(x_0)$.

定义 3　设函数 $y = f(x)$ 在点 x_0 的某个邻域内有定义，且有 $\lim\limits_{x \to x_0} f(x) = f(x_0)$，则称函数 $f(x)$ 在点 x_0 处连续.

由此定义可知，函数 $f(x)$ 在点 x_0 处连续必须同时满足三个条件：

(1) 函数 $f(x)$ 在点 x_0 处有定义；

(2) $\lim\limits_{x \to x_0} f(x)$ 极限存在；

(3) $\lim\limits_{x \to x_0} f(x) = f(x_0)$.

例 2　用定义证明 $y = 5x^2 - 3$ 在给定点 x_0 处连续.

证
$$\Delta y = f(x_0 + \Delta x) - f(x_0)$$
$$= \left[5(x_0 + \Delta x)^2 - 3 \right] - (5x_0^2 - 3)$$
$$= 10x_0 \Delta x + 5(\Delta x)^2.$$

$\lim\limits_{\Delta x \to 0} \Delta y = \lim\limits_{\Delta x \to 0} \left[10x_0 \Delta x + 5(\Delta x)^2 \right] = 0$，所以 $y = 5x^2 - 3$ 在给定点 x_0 处连续.

例 3　考查函数

$$f(x) = \begin{cases} \dfrac{\sin x}{x}, & x \neq 0, \\ 1, & x = 0, \end{cases}$$
在点 $x = 0$ 处的连续性.

解　因为 $\lim\limits_{x \to 0} f(x) = \lim\limits_{x \to 0} \dfrac{\sin x}{x} = 1$，又 $f(0) = 1$，即

$$\lim\limits_{x \to 0} f(x) = f(0)$$

所以函数在点 $x = 0$ 连续.

由函数 $f(x)$ 在点 x_0 左极限与右极限的定义，可得函数 $f(x)$ 在点 x_0 左连续与右连续的定义.

若 $\lim\limits_{x \to x_0^-} f(x) = f(x_0)$，则称函数 $f(x)$ 在点 x_0 左连续；

若 $\lim\limits_{x \to x_0^+} f(x) = f(x_0)$，则称函数 $f(x)$ 在点 x_0 右连续.

要判断函数是否连续，除了利用定义之外，还有

$$\lim\limits_{x \to x_0} f(x) = f(x_0) \Leftrightarrow \lim\limits_{x \to x_0^+} f(x) = \lim\limits_{x \to x_0^-} f(x) = f(x_0)$$

即函数 $f(x)$ 在点 x_0 连续的充分必要条件是：函数 $f(x)$ 在点 x_0 既左连续，又右连续.

函数在一点连续的定义，很自然地可以推广到一个区间上.

如果函数 $y = f(x)$ 在开区间 (a, b) 内任意一点都连续，则称此函数为区间 (a, b) 内的连续函数. 如果不仅在开区间 (a, b) 内连续，而且在该区间的左右两个端点处也连续（在点 a 是右连续的，在点 b 是左连续的，即 $\lim\limits_{x \to a^+} f(x) = f(a)$，$\lim\limits_{x \to b^-} f(x) = f(b)$），则称此函数为闭区间 $[a, b]$ 上的连续函数.

可以证明，基本初等函数在其定义区间内都是连续的.

1.5.2　连续函数的基本性质

性质 1　如果 $f(x)$，$g(x)$ 都在点 x_0 处连续，则 $f(x) \pm g(x)$，$f(x)g(x)$，$\dfrac{f(x)}{g(x)}(g(x) \neq 0)$

都在点 x_0 处连续.

性质 2 设函数 $y = f(u)$ 在点 u_0 处连续, 又函数 $u = \varphi(x)$ 在点 x_0 处连续, 且 $u_0 = \varphi(x_0)$, 则复合函数 $y = f[\varphi(x)]$ 在点 x_0 处连续.

这个性质说明了连续函数的复合函数仍为连续函数, 并有如下结论:

$$\lim_{x \to x_0} f[\varphi(x)] = f[\varphi(x_0)] = f[\lim_{x \to x_0} \varphi(x)]$$

特别地, 当 $\varphi(x) = x$ 时, $\lim\limits_{x \to x_0} f(x) = f(x_0) = f(\lim\limits_{x \to x_0} x)$, 这表示对连续函数 $f(x)$ 求极限, 极限符号 lim 与函数符号 f 可以交换次序.

性质 3 单调连续函数的反函数在其对应区间上仍是单调连续函数.

根据上述性质可得以下重要定理:

定理 1 初等函数在其定义区间内连续.

因此, 在求初等函数在其定义域内某点处的极限时, 只需求函数在该点的函数值即可.

例 4 求 $\lim\limits_{x \to \frac{\pi}{2}} \ln \sin x$.

解 因为 $y = \ln \sin x$ 在点 $\dfrac{\pi}{2}$ 处连续, 所以 $\lim\limits_{x \to \frac{\pi}{2}} \ln \sin x = \ln \sin \left(\dfrac{\pi}{2}\right) = 0$.

例 5 已知函数

$$f(x) = \begin{cases} \sqrt{x^2 + 4}, & x < 0, \\ a, & x = 0, \\ 2x + b, & x > 0 \end{cases}$$

在点 $x = 0$ 处连续, 求 a 与 b 的值.

解 因为 $\lim\limits_{x \to 0^-} f(x) = \lim\limits_{x \to 0^-} \sqrt{x^2 + 4} = 2$, $\lim\limits_{x \to 0^+} f(x) = \lim\limits_{x \to 0^+}(2x + b) = b$, 又 $f(0) = a$. 因为 $f(x)$ 在 $x = 0$ 处连续, 则 $\lim\limits_{x \to 0^-} f(x) = \lim\limits_{x \to 0^+} f(x) = f(0)$, 所以 $a = b = 2$.

1.5.3 函数的间断点及其分类

如果函数 $f(x)$ 在点 x_0 处不连续, 则称 x_0 是 $f(x)$ 的不连续点或间断点.

由连续定义, 如果函数 $f(x)$ 有下列三种情形之一:

(1) 在点 x_0 处无定义, 即 $f(x_0)$ 不存在;

(2) $\lim\limits_{x \to x_0} f(x)$ 不存在;

(3) $\lim\limits_{x \to x_0} f(x)$ 及 $f(x_0)$ 都存在, 但 $\lim\limits_{x \to x_0} f(x) \neq f(x_0)$.

则 x_0 就是 $f(x)$ 的间断点.

通常将函数间断点分成两类: 函数 $f(x)$ 在点 x_0 处的左右极限都存在的间断点称为第一类间断点; 否则称为第二类间断点.

在第一类间断点中, 左右极限相等但不等于这点的函数值或无定义, 称为可去间断点; 左右极限不相等称为跳跃间断点. 在第二类间断点中, 若左右极限或 $\lim\limits_{x \to x_0} f(x)$ 中至少有一个为无穷大, 则称 x_0 为 $f(x)$ 的无穷间断点; 若 $\lim\limits_{x \to x_0} f(x)$ 振荡性的不存在, 则称 x_0 为 $f(x)$ 的振荡间断点.

例6 考查函数

$$f(x) = \begin{cases} x-1, & x<0, \\ 0, & x=0, \\ x+1, & x>0 \end{cases}$$

在点 $x=0$ 处的连续性.

解 因为 $\lim\limits_{x\to0^-} f(x) = \lim\limits_{x\to0^-}(x-1) = -1$，$\lim\limits_{x\to0^+} f(x) = \lim\limits_{x\to0^+}(x+1) = 1$，所以 $\lim\limits_{x\to0} f(x)$ 不存在.

故 $x=0$ 是 $f(x)$ 的间断点，为跳跃间断点，如图 1-19 所示.

例7 考查函数

$$f(x) = \begin{cases} \dfrac{x^2-4}{x+2}, & x\neq-2, \\ 4, & x=-2 \end{cases}$$

在点 $x=-2$ 处的连续性.

解 $\lim\limits_{x\to-2} f(x) = \lim\limits_{x\to-2}\dfrac{x^2-4}{x+2} = \lim\limits_{x\to-2}(x-2) = -4$. 但是 $\lim\limits_{x\to-2} f(x) \neq f(-2)$，所以 $x=-2$ 是 $f(x)$ 的一个间断点，为可去间断点，如图 1-20 所示.

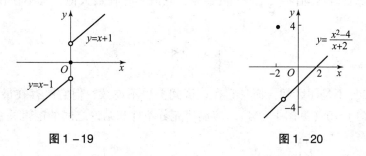

图 1-19　　　　　　　　　　图 1-20

例8 设函数 $f(x) = \begin{cases} \sin\dfrac{1}{x}, & x\neq0, \\ 0, & x=0. \end{cases}$ 判断它在 $x=0$ 处的连续性.

解 由于 $\lim\limits_{x\to0} f(x) = \lim\limits_{x\to0}\sin\dfrac{1}{x}$ 不存在，因此 $f(x)$ 在 $x=0$ 处连续，图形如图 1-21 所示. 随着 $x\to0$，$f(x)$ 的值一直在 -1 与 1 之间"振荡". $x=0$ 是 $f(x)$ 的振荡间断点.

1.5.4 闭区间上连续函数的性质

定理2 （最值定理）若函数在闭区间上连续，则它在这个区间上一定有最大值和最小值.

设函数 $y=f(x)$ 在闭区间 $[a,b]$ 上连续，如图 1-22 所示，则在该区间上至少存在一点 ξ_1，使得 $f(\xi_1)$ 是函数 $f(x)$ 在该区间上的最大值，即对一切 $x\in[a,b]$，均有 $f(\xi_1)\geqslant f(x)$ 成立；同样，也至少存在一点 ξ_2，使得 $f(\xi_2)$ 是函数 $f(x)$ 在该区间上的最小值，即对一切 $x\in[a,b]$，均有 $f(\xi_2)\leqslant f(x)$ 成立. 由此定理知，闭区间上的连续函数是有界的.

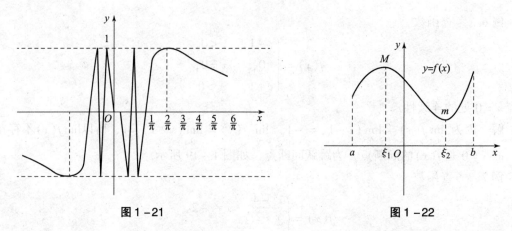

图 1-21   图 1-22

应当注意，定理中提出的"闭区间"和"连续"两个条件很重要，满足时结论一定成立，不满足时结论可能不成立，也可能成立. 比如函数 $y = \dfrac{1}{|x|}$ 在闭区间 $[-1, 1]$ 上不连续，它不存在最大值（见图 1-23）.

函数 $y = \tan x$ 在开区间 $\left(-\dfrac{\pi}{2}, \dfrac{\pi}{2} \right)$ 内连续，它既不存在最大值，也不存在最小值. 然而函数

$$y = \begin{cases} x, & 0 < x < 1, \\ x-1, & 1 \leqslant x \leqslant 2 \end{cases}$$

的定义域 $(0, 2]$ 不是闭区间，而且它在该区间上也不连续，但它既存在最大值 $f(2) = 1$，又存在最小值 $f(1) = 0$（见图 1-24）. 应搞清充分条件和结论之间的逻辑关系.

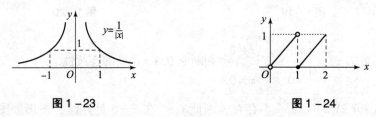

图 1-23   图 1-24

定理 3 （介值定理）若函数 $f(x)$ 在闭区间 $[a, b]$ 上连续，m 和 M 分别为 $f(x)$ 在 $[a, b]$ 上的最小值与最大值，则对介于 m 和 M 之间的任一实数 c，至少存在一点 $\xi \in (a, b)$，使得 $f(\xi) = c$.

推论（根的存在定理） 若函数 $f(x)$ 在 $[a, b]$ 上连续，且 $f(b)$ 与 $f(a)$ 异号，则至少存在一点 $\xi \in (a, b)$，使得 $f(\xi) = 0$，如图 1-25 所示.

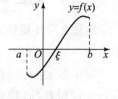

图 1-25

例 11 证明方程 $x - 2\sin x = 0$ 在 $\left[\dfrac{\pi}{2}, \pi \right]$ 上至少有一个实根.

证 令 $f(x) = x - 2\sin x$，它为 **R** 上的初等函数，故在 $\left[\dfrac{\pi}{2}, \pi \right]$ 上连续，且

$$f\left(\frac{\pi}{2} \right) = \frac{\pi}{2} - 2 < 0, \quad f(\pi) = \pi > 0$$

由根的存在定理可知，至少存在 $x_0 \in \left(\dfrac{\pi}{2}, \pi\right)$ 使 $f(x_0) = 0$，即 x_0 是 $f(x) = 0$ 在 $\left(\dfrac{\pi}{2}, \pi\right)$ 内的一个实根．即证．

习题 1.5

1. 求下列函数的极限：

(1) $\lim\limits_{x \to 1}\left[\sin(\ln x)\right]$；

(2) $\lim\limits_{x \to e}(x\ln x + 2x)$；

(3) $\lim\limits_{x \to 0}\dfrac{\ln(a + x) - \ln a}{x}$；

(4) $\lim\limits_{x \to \infty}e^{\frac{2x^2 - 1}{x^2 - 1}}$．

2. 求常数 k，使得函数

$$f(x) = \begin{cases} (1 + kx)^{\frac{1}{x}}, & x > 0, \\ 3, & x \leqslant 0 \end{cases}$$

在 $(-\infty, +\infty)$ 内处处连续．

3. 讨论下面函数的连续性并指出间断点及类型：

(1) $f(x) = \dfrac{x^2 - 1}{x(x - 1)}$；

(2) $f(x) = \begin{cases} e^{\frac{1}{x}}, & x \neq 0, \\ 0, & x = 0. \end{cases}$

4. 设函数 $f(x) = \begin{cases} x^2 + x + b, & x < -1, \\ ax + 1, & -1 \leqslant x \leqslant 1, \\ x^2 + x + b, & x \geqslant 1 \end{cases}$，在 $x = -1$ 和 $x = 1$ 处连续，求 a，b 的值．

5. 设 $f(x) = \begin{cases} -x + 1, & x \in [0, 1), \\ 1, & x = 1, \\ -x + 3, & x \in (1, 2]. \end{cases}$　讨论 $f(x)$ 在 $[0, 2]$ 上是否连续，是否有最大值，最小值．

6. 验证方程 $x + e^x = 0$ 在区间 $(-1, 1)$ 内至少有一个实根．

阅读材料（一）

三次数学危机

第一次危机发生在公元前 580—568 年的古希腊，数学家毕达哥拉斯建立了毕达哥拉斯学派．这个学派集宗教、科学和哲学于一体，该学派人数固定，知识保密，所有发明创造都归于学派领袖．当时人们对有理数的认识还很有限，对于无理数的概念更是一无所知，毕达哥拉斯学派所说的数，原来是指整数，他们不把分数看成一种数，而仅看作两个整数之比，他们错误地认为，宇宙间的一切现象都归结为整数或整数之比．该学派的成员希伯索斯根据勾股定理（西方称为毕达哥拉斯定理）通过逻辑推理发现，边长为 1 的正方形的对角线长度既不是整数，也不是整数的比所能表示的．希伯索斯的发现被认为是"荒谬"和违反常识的事. 它不仅严重地违背了毕达哥拉斯学派的信条, 也冲击了当时希腊人的传统见解, 使当时希腊数学家们深感不安, 相传希伯索斯因这一发现被投入海中淹死, 这就是第一次数学危机. 这场危机通过在几何学中引进不可通约量概念而得到解决. 两条几何线段, 如果存在一个第三线段能同时量尽它们, 就称这两个线段是可通约的, 否则称为不可通约的. 正方形的一边与对角线, 就不存在能同时量尽它们的第三线段, 因此它们是不可通约的. 很显然, 只要承认不可通约量的存在, 使几何量不再受整数的限制, 所谓的数学危机也就不复存在了. 不可通约量的研究开始于公元前 4 世纪的欧多克斯, 其成果被欧几里得所吸收, 部分被收入他的《几何原本》.

第二次数学危机发生在 17 世纪. 17 世纪微积分诞生后, 由于推敲微积分的理论基础问题, 数学界出现混乱局面, 即第二次数学危机. 微积分的形成给数学界带来革命性变化, 在各个科学领域得到广泛应用, 但微积分在理论上存在矛盾的地方. 无穷小量是微积分的基础概念之一. 微积分的主要创始人牛顿在一些典型的推导过程中, 第一步用了无穷小量作分母进行除法, 当然无穷小量不能为零; 第二步牛顿又把无穷小量看作零, 去掉那些包含它的项, 从而得到所要的公式, 在力学和几何学的应用证明了这些公式是正确的, 但它的数学推导过程却在逻辑上自相矛盾. 焦点是: 无穷小量是零还是非零? 如果是零, 怎么能用它作除数? 如果不是零, 又怎么能把包含着无穷小量的那些项去掉呢? 直到 19 世纪, 柯西详细而有系统地发展了极限理论. 柯西认为把无穷小量作为确定的量, 即使是零, 都说不过去, 它会与极限的定义发生矛盾. 无穷小量应该是要怎样小就怎样小的量, 因此本质上它是变量, 而且是以零为极限的量, 至此柯西澄清了前人的无穷小的概念, 而且把无穷小量从形而上学的束缚中解放出来, 第二次数学危机基本解决. 第二次数学危机的解决使微积分更完善.

第三次数学危机, 发生在 19 世纪末. 当时英国数学家罗素把集合分成两种.

第一种集合: 集合本身不是它的元素; 第二种集合: 集合本身是它的一个元素 $A \in A$, 例如一切集合所组成的集合. 那么对于任何一个集合 B, 不是第一种集合就是第二种集合.

假设第一种集合的全体构成一个集合 M, 那么 M 属于第一种集合还是属于第二种集合.

如果 M 属于第一种集合, 那么 M 应该是 M 的一个元素, 即 $M \in M$, 但是满足 $M \in M$ 关系的集合应属于第二种集合, 出现矛盾.

如果 M 属于第二种集合, 那么 M 应该是满足 $M \in M$ 的关系, 这样 M 又属于第一种集合, 矛盾.

以上推理过程所形成的理论叫罗素悖论. 由于严格的极限理论的建立, 数学上的第一次、第二次危机已经解决, 但极限理论是以实数理论为基础的, 而实数理论又是以集合论为基础的, 现在集合论又出现了罗素悖论, 因而形成了数学史上更大的危机. 从此, 数学家们就开始为这场危机寻找解决的办法, 其中之一是把集合论建立在一组公理之上, 以回避悖论. 首先进行这个工作的是德国数学家策梅罗, 他提出七条公理, 建立了一种不会产生悖论的集合论, 又经过德国的另一位数学家弗芝克尔的改进, 形成了一个无矛盾的集合论公理系统, 即所谓 ZF 公理系统. 这场数学危机到此缓和下来. 数学危机给数学发展带来了新的动力. 在这场危机中集合论得到较快的发展, 数学基础的进步更快, 数理逻辑也更加成熟. 然而, 矛盾和人们意想不到的事仍然不断出现, 而且今后仍然会这样.

测试题一

一、选择题（从下列各题四个备选答案中选出一个正确选项，答案错选或未选者，该题不得分. 本大题共 10 小题，每小题 3 分，共 30 分.）

1. 函数 $f(x) = \dfrac{3}{\sqrt{x-2}}$ 的定义域为（　　）.

A. $[2, +\infty)$　　　　B. $(2, +\infty)$　　　　C. $(-\infty, 2)$　　　　D. $(-\infty, 2]$

2. 极限 $\lim\limits_{x \to 2} \dfrac{1}{x-2} = $（　　）.

A. 0　　　　　　　B. 2　　　　　　　C. $\dfrac{1}{2}$　　　　　　D. ∞

3. 下列哪个函数在 $x \to 0$ 时是无穷小量？（　　）

A. $y = e^x$　　　　B. $y = \dfrac{1}{x}$　　　　C. $y = 2x^2 + x$　　　　D. $y = \cos x$

4. 下列哪个函数在 $x \to \infty$ 时是无穷大量？（　　）

A. $y = 3x^3 + 2x$　　B. $y = \dfrac{1}{2x+3}$　　C. $y = \sin x$　　D. $y = \dfrac{2x^2+3}{x^2}$

5. 下列函数在 $x \to 0$ 时与 $y = \tan x$ 不同阶的是（　　）.

A. $y = \sin 2x$　　B. $y = 4\arctan x$　　C. $y = \cos x$　　D. $y = 3x$

6. 下列哪两组函数在 $x \to 0$ 时等价？（　　）

A. $y = e^x - 1$ 与 $y = x$　　　　　　B. $y = 1 - \cos x$ 与 $y = x^2$

C. $y = (1+2x)^2 - 1$ 与 $y = 2x$　　　　D. $y = 2x$ 与 $y = \sin x$

7. 已知函数 $f(x) = \begin{cases} x^2 + 1, & x \geq 2 \\ x - 1, & x < 2 \end{cases}$，则 $\lim\limits_{x \to 2} f(x) = $（　　）.

A. 5　　　　　　　B. 1　　　　　　　C. 1 或 5　　　　　D. 不存在

8. 设 $f(x) = \begin{cases} x + 1, & 0 < x \leq 1 \\ 2 - x, & 1 < x \leq 3 \end{cases}$，则 $x = 1$ 为函数的（　　）.

A. 连续点　　　B. 可去间断点　　　C. 跳跃间断点　　　D. 振荡间断点

9. 当 a 取何值时，$f(x) = \begin{cases} \dfrac{x^2 - 16}{x - 4}, & x \neq 4 \\ a, & x = 4 \end{cases}$，在其定义域内连续？（　　）

A. 4　　　　　　　B. 16　　　　　　　C. 8　　　　　　　D. 2

10. 函数 $f(x)$ 在 $x = x_0$ 处极限存在，是函数 $f(x)$ 在 $x = x_0$ 处连续的（　　）.

A. 充分条件　　　B. 必要条件　　　C. 充要条件　　　D. 无关条件

二、填空题（将答案填写到该题横线上，本大题共 5 个空，每空 3 分，共 15 分.）

1. 函数 $y = e^x - e^{-x}$ 是_____（"奇"或"偶"）函数.

2. 极限 $\lim\limits_{x \to 0} \dfrac{\sin x}{4x} = $_____.

3. 极限 $\lim\limits_{n\to\infty}\dfrac{1}{3^n}=$ _____.

4. 若在 $x\to0$ 时，$f(x)$ 与 $g(x)$ 是等价无穷小，则 $\lim\limits_{x\to0}\dfrac{f(x)}{g(x)}=$ _____.

5. 函数 $f(x)=\dfrac{1}{x^2-1}$ 在 $x=$ _____ 处是可去间断点.

三、判断题（判断以下事件是否为随机事件，认为是的就在题前【　】划"√"，认为不是的划"×". 本大题共 5 小题，每小题 2 分，共 10 分.）

【　】1. 函数 $y=\arctan x$ 的周期是 2π.

【　】2. 函数 $y=\sin x$ 是奇函数.

【　】3. 函数 $f(x)=\dfrac{1}{1+x}$ 在 $x=-1$ 处是无穷小量.

【　】4. 函数 $f(x)$ 在 $x=x_0$ 处左右极限都存在，则 $f(x)$ 在 $x=x_0$ 处极限存在.

【　】5. 函数 $y=\dfrac{1}{x}$ 在 $x=0$ 处连续.

四、计算题（写出主要计算步骤及结果. 本大题共 6 小题，每小题 6 分，共 36 分.）

1. 函数 $y=e^{\sin x}$ 是由哪些函数复合而成的?

2. 计算 $\lim\limits_{x\to1}2x^3+3x^2+1$.

3. 计算 $\lim\limits_{x\to\infty}\left(1+\dfrac{1}{2x}\right)^x$.

4. 计算 $\lim\limits_{x\to2}\dfrac{x^2-3x+2}{x^2-4}$.

5. 计算 $\lim\limits_{x\to1}\dfrac{1}{x-1}-\dfrac{2}{x^2-1}$.

6. 计算 $\lim\limits_{x\to+\infty}\sqrt{x+1}-\sqrt{x}$.

五、应用题（写出主要计算步骤及结果. 本大题共 1 小题，每小题 9 分，共 9 分.）

已知 $f(x)=\begin{cases}ax^2+bx+1, & x>1,\\ 3, & x=1,\\ 2ax+b, & x<1.\end{cases}$ 若 $f(x)$ 在 $x=1$ 处连续，求 a，b 的值.

第二章

导数及其应用

积分的雏形可追溯到古希腊和我国魏晋时期，而微分概念却"姗姗来迟"，16世纪才应运而生．到17世纪，由天才的英国数学家、物理学家牛顿和德国哲学家、数学家莱布尼茨，在不同的国家，几乎同时在总结先贤成果的基础上，各自独立地创建了划时代的微积分，为数学的迅猛发展，科学的长足进步，乃至人类文化的昌盛作出了无与伦比的卓越贡献．

导数与微分是两个重要的数学模型，导数是研究变量变化率的数学模型，微积分是对变量的局部改变作出估算的数学模型．本章介绍导数和微分的概念、运算法则及其在解决一类特殊极限的简便计算、函数的增减性、极值和最值及函数图像的绘制以及导数在经济中的应用等问题．

2.1 导数的概念

2.1.1 引例

1. 产品总成本变化率问题

某产品的总成本 C 是产量 q 的函数 $C = C(q)$．当产品的产量为 q_0 时，总成本变化率为多少？

分析 当产量由 q_0 增至 $q_0 + \Delta q$ 时，总成本相应的增量为 $\Delta C = C(q_0 + \Delta q) - C(q_0)$，此时总成本的平均变化率为

$$\frac{\Delta C}{\Delta q} = \frac{C(q_0 + \Delta q) - C(q_0)}{\Delta q}$$

我们可用上式去近似代替产量为 q_0 时总成本的变化率．一般来说，增量 Δq 越小，其近似程度越高．当 Δq 无限趋于零时，如果总成本的平均变化率 $\frac{\Delta C}{\Delta q}$ 的极限存在，那么此极限就是产量为 q_0 时的变化率．即为

$$\lim_{\Delta q \to 0} \frac{\Delta C}{\Delta q} = \lim_{\Delta q \to 0} \frac{C(q_0 + \Delta q) - C(q_0)}{\Delta q}$$

它是衡量总成本变化快慢的一项经济指标.

2. 变速直线运动的瞬时速度

当物体做匀速直线运动时，它在任意时刻的速度公式为

$$速度 = \frac{路程}{时间}$$

设物体做变速直线运动，它的运动方程（即路程 s 与时间 t 的函数关系）是 $s = f(t)$.

首先，取出时刻 t_0 到 $t_0 + \Delta t$ 这段时间间隔，时间的增量为 Δt，物体运动路程的增量为 $\Delta s = f(t_0 + \Delta t) - f(t_0)$，从而可以求得物体在时段 Δt 内的平均速度

$$\bar{v} = \frac{\Delta s}{\Delta t} = \frac{f(t_0 + \Delta t) - f(t_0)}{\Delta t}$$

很明显，当 $|\Delta t|$ 无限变小时，平均速度 $\bar{v}$ 无限接近于物体在 t_0 时刻的瞬时速度 v.

因此，平均速度的极限值就是物体在 t_0 时刻的瞬时速度 v，即可定义

$$v = \lim_{\Delta t \to 0} \bar{v} = \lim_{\Delta t \to 0} \frac{\Delta s}{\Delta t} = \lim_{\Delta t \to 0} \frac{f(t_0 + \Delta t) - f(t_0)}{\Delta t}$$

3. 曲线切线的斜率

如图 2 - 1 所示，设 M，N 是曲线 C 上的两点，过这两点作割线 MN. 当点 N 沿曲线 C 趋于点 M 时，如果割线 MN 绕点 M 旋转并趋于极限位置 MT，则直线 MT 叫作曲线 C 在点 M 处的切线.

设曲线 C 所对应的函数为 $y = f(x)$，点 M，N 的坐标分别为 $M(x_0, f(x_0))$，$N(x_0 + \Delta x, f(x_0 + \Delta x))$，则

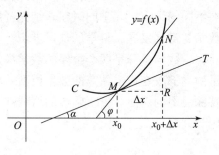

图 2 - 1

$$MR = \Delta x, RN = f(x_0 + \Delta x) - f(x_0) = \Delta y$$

割线 MN 的斜率是

$$\tan \varphi = \frac{\Delta y}{\Delta x} = \frac{f(x_0 + \Delta x) - f(x_0)}{\Delta x}$$

其中 φ 是割线 MN 的倾斜角.

当 $\Delta x \to 0$ 时，点 N 沿着曲线无限趋近于点 M，而割线 MN 就无限趋近于它的极限位置 MT. 因此，切线的倾斜角 α 是割线倾斜角 φ 的极限，切线的斜率 $\tan \alpha$ 是割线斜率的极限，即

$$\tan \varphi = \frac{\Delta y}{\Delta x}$$

$$\tan \alpha = \lim_{\Delta x \to 0} \tan \varphi = \lim_{\Delta x \to 0} \frac{\Delta y}{\Delta x} = \lim_{\Delta x \to 0} \frac{f(x_0 + \Delta x) - f(x_0)}{\Delta x}$$

以上两例，虽然实际意义不同，但从数学结构上看，都可归结为计算函数增量与自变量增量之比的极限问题，也就是下面我们要研究的导数问题.

2.1.2　导数的定义

定义 1　设函数 $y = f(x)$ 在点 x_0 的某个邻域内有定义，当自变量 x 在点 x_0 处有增量 Δx（点 $x_0 + \Delta x$ 仍在该邻域内）时，函数有相应的增量

$$\Delta y = f(x_0 + \Delta x) - f(x_0)$$

如果当 $\Delta x \to 0$ 时，两个增量之比的极限

$$\lim_{\Delta x \to 0} \frac{\Delta y}{\Delta x} = \lim_{\Delta x \to 0} \frac{f(x_0 + \Delta x) - f(x_0)}{\Delta x}$$

存在，则称函数 $y = f(x)$ 在点 x_0 处可导，并称这个极限值为函数 $y = f(x)$ 在点 x_0 处的导数，记作

$$f'(x_0), \; y'\bigg|_{x = x_0}, \; \frac{\mathrm{d}y}{\mathrm{d}x}\bigg|_{x = x_0} \text{或} \frac{\mathrm{d}f(x)}{\mathrm{d}x}\bigg|_{x = x_0}$$

即

$$f'(x_0) = \lim_{\Delta x \to 0} \frac{\Delta y}{\Delta x} = \lim_{\Delta x \to 0} \frac{f(x_0 + \Delta x) - f(x_0)}{\Delta x}$$

此时，也称函数 $y = f(x)$ 在点 x_0 处具有导数，或导数存在.

注意：（1）如果上述极限不存在，则称函数 $y = f(x)$ 在点 x_0 处不可导. 如果极限为无穷，这时函数 $y = f(x)$ 在点 x_0 不可导，但为了方便，也称函数 $y = f(x)$ 在点 x_0 的导数是无穷大.

（2）上述导数的定义式还有以下几种常用的形式：

① 令 $\Delta x = h$，则有 $f'(x_0) = \lim\limits_{h \to 0} \dfrac{f(x_0 + h) - f(x_0)}{h}$；

② 令 $x_0 + \Delta x = x$，则当 $\Delta x \to 0$ 时，有 $x \to x_0$，于是有

$$f'(x_0) = \lim_{x \to x_0} \frac{f(x) - f(x_0)}{x - x_0}$$

例 1　求函数 $f(x) = x^2$ 在点 $x = 3$ 的导数.

分析　根据导数的定义先计算

$$\Delta y = f(3 + \Delta x) - f(3) = (3 + \Delta x)^2 - 3^2 = 6\Delta x + (\Delta x)^2$$

再计算

$$\frac{\Delta y}{\Delta x} = \frac{6\Delta x + (\Delta x)^2}{\Delta x} = 6 + \Delta x$$

最后由导数定义得：$f'(x_0) = \lim\limits_{\Delta x \to 0} \dfrac{\Delta y}{\Delta x} = \lim\limits_{\Delta x \to 0} \dfrac{(x_0 + \Delta x)^2 - x_0^2}{\Delta x} = \lim\limits_{\Delta x \to 0} (2x_0 + \Delta x) = 2x_0$.

思考：函数 $f(x) = x^2$ 在点 $x = x_0$ 处的导数怎样求？

定义 2　如果函数 $y = f(x)$ 在区间 I 内的每一点 x 都有导数，则称函数 $y = f(x)$ 在区间 I 内可导. 这时，对于区间 I 内每一点 x，都有一个导数值 $f'(x)$ 与它对应. 因此 $f'(x)$ 是 x 的函数，称为函数 $y = f(x)$ 的导函数，也称导数. 记作

$$f'(x), \; y', \; \frac{\mathrm{d}y}{\mathrm{d}x} \text{或} \frac{\mathrm{d}f(x)}{\mathrm{d}x}$$

即

$$f'(x) = \lim_{\Delta x \to 0} \frac{\Delta y}{\Delta x} = \lim_{\Delta x \to 0} \frac{f(x + \Delta x) - f(x)}{\Delta x}$$

由于函数 $y = f(x)$ 在点 x_0 的导数，就是导函数 $f'(x)$ 在点 $x = x_0$ 的函数值，即

$$f'(x_0) = f'(x) \big|_{x = x_0}$$

因此求函数 $f(x)$ 在点 x_0 的导数，可以先求它的导函数 $f'(x)$，再将 $x = x_0$ 代入 $f'(x)$ 中，求得函数 $f(x)$ 在点 x_0 的导数 $f'(x_0)$.

由函数 $f(x)$ 在点 x_0 的左右极限的定义，可得 $f(x)$ 在点 x_0 处左右导数的定义.

如果极限 $\lim\limits_{h \to 0^-} \dfrac{f(x_0 + h) - f(x_0)}{h}$ 存在，则称此极限值为函数在 x_0 的左导数.

如果极限 $\lim\limits_{h \to 0^+} \dfrac{f(x_0 + h) - f(x_0)}{h}$ 存在，则称此极限值为函数在 x_0 的右导数.

导数与左右导数的关系：$f'(x_0) = A \Leftrightarrow f'_-(x_0) = f'_+(x_0) = A$.

例2 求函数 $f(x) = C$（C 为常数）的导数.

解
$$f(x) = \lim_{h \to 0} \frac{f(x + h) - f(x)}{h} = \lim_{h \to 0} \frac{C - C}{h} = 0$$

即
$$(C)' = 0$$

用定义求导数，可分为以下三个步骤：

(1) 求增量. 给自变量 x 以增量 Δx，求出对应的函数增量

$$\Delta y = f(x + \Delta x) - f(x)$$

(2) 算比值. 计算出两个增量的比值

$$\frac{\Delta y}{\Delta x} = \frac{f(x + \Delta x) - f(x)}{\Delta x}$$

(3) 取极限. 对上式两端取极限

$$f'(x) = \lim_{\Delta x \to 0} \frac{\Delta y}{\Delta x} = \lim_{\Delta x \to 0} \frac{f(x + \Delta x) - f(x)}{\Delta x}$$

例3 求函数 $y = a^x$（$a > 0$，$a \neq 0$）的导数.

解 (1) 求增量：$\Delta y = a^{x + \Delta x} - a^x = a^x(a^{\Delta x} - 1)$.

(2) 算比值：$\dfrac{\Delta y}{\Delta x} = \dfrac{a^{x + \Delta x} - a^x}{\Delta x} = a^x \dfrac{a^{\Delta x} - 1}{\Delta x}$.

(3) 取极限：令 $a^{\Delta x} - 1 = t$，则 $\Delta x = \log_a(1 + t)$，且当 $\Delta x \to 0$ 时 $t \to 0$.
由此得

$$\lim_{\Delta x \to 0} \frac{a^{\Delta x} - 1}{\Delta x} = \lim_{t \to 0} \frac{t}{\log_a(1 + t)} = \lim_{t \to 0} \frac{1}{\frac{1}{t}\log_a(1 + t)}$$

$$= \lim_{t \to 0} \frac{1}{\log_a(1 + t)^{\frac{1}{t}}} = \frac{1}{\log_a \mathrm{e}} = \ln a$$

即 $(a^x)' = a^x \ln a$.

特别地，当 $a = \mathrm{e}$ 时，$\ln \mathrm{e} = 1$，则 $(\mathrm{e}^x)' = \mathrm{e}^x$.

上式表明，以 e 为底的指数函数的导数就是它自己，这是以 e 为底的指数函数的一个重要特性.

例4 求函数 $f(x) = \log_a x$（$a > 0$，$a \neq 1$）的导数.

解 $f'(x) = \lim\limits_{h \to 0} \dfrac{f(x+h) - f(x)}{h} = \lim\limits_{h \to 0} \dfrac{\log_a(x+h) - \log_a x}{h}$

$\qquad\qquad = \lim\limits_{h \to 0} \dfrac{1}{h}\log_a\left(\dfrac{x+h}{x}\right) = \dfrac{1}{x}\lim\limits_{h \to 0}\dfrac{x}{h}\log_a\left(1+\dfrac{h}{x}\right) = \dfrac{1}{x}\lim\limits_{h \to 0}\log_a\left(1+\dfrac{h}{x}\right)^{\frac{x}{h}}$

$\qquad\qquad = \dfrac{1}{x}\log_a \mathrm{e} = \dfrac{1}{x\ln a}.$

即 $(\log_a x)' = \dfrac{1}{x\ln a}.$

特殊地 $(\ln x)' = \dfrac{1}{x}.$

例5 求函数 $f(x) = \sin x$ 的导数.

解 $f'(x) = \lim\limits_{h \to 0} \dfrac{f(x+h) - f(x)}{h} = \lim\limits_{h \to 0}\dfrac{\sin(x+h) - \sin x}{h}$

$\qquad\qquad = \lim\limits_{h \to 0}\dfrac{1}{h} \cdot 2\cos\left(x + \dfrac{h}{2}\right)\sin\dfrac{h}{2}$

$\qquad\qquad = \lim\limits_{h \to 0}\cos\left(x + \dfrac{h}{2}\right) \cdot \dfrac{\sin\dfrac{h}{2}}{\dfrac{h}{2}} = \cos x.$

即 $(\sin x)' = \cos x.$

用类似的方法，可求得 $(\cos x)' = -\sin x.$

2.1.3 导数的几何意义

结合图 2-1，函数 $y = f(x)$ 在点 x_0 处的导数 $f'(x_0)$ 是曲线 $y = f(x)$ 在点 $M(x_0, f(x_0))$ 处的切线的斜率.

由点斜式得曲线 $y = f(x)$ 上点 $M(x_0, f(x_0))$ 处切线方程为

$$y - f(x_0) = f'(x_0)(x - x_0)$$

法线方程为

$$y - f(x_0) = -\dfrac{1}{f'(x_0)}(x - x_0)\,(f'(x_0) \neq 0)$$

例6 求曲线 $y = x^2$ 在点 (3, 9) 处的切线方程和法线方程.

解 因为 $y' = (x^2)' = 2x$，所以曲线 $y = x^2$ 在点 (3, 9) 处的切线的斜率为

$$k_1 = y'\big|_{x=3} = 2x\big|_{x=3} = 6$$

所以，所求切线方程为 $y - 9 = 6(x - 3).$

即 $6x - y - 9 = 0.$

所求法线的斜率为

$$k_2 = -\dfrac{1}{k_1} = -\dfrac{1}{6}$$

于是所求法线方程为

$$y - 9 = \dfrac{-1}{6}(x - 3)$$

即 $6y + x - 57 = 0$.

2.1.4 可导与连续的关系

可导性与连续性是函数的两个重要概念，它们之间有内在的联系.

定理1 如果函数 $y = f(x)$ 在点 x_0 处可导，则函数 $y = f(x)$ 在点 x_0 处连续.

证 因 $y = f(x)$ 在点 x_0 处可导，所以 $f'(x_0) = \lim\limits_{\Delta x \to 0} \dfrac{\Delta y}{\Delta x}$.

因为 $\Delta x \neq 0$，$\Delta y = \dfrac{\Delta y}{\Delta x} \cdot \Delta x$，所以

$$\lim_{\Delta x \to 0} \Delta y = \lim_{\Delta x \to 0} \frac{\Delta y}{\Delta x} \cdot \Delta x = \lim_{\Delta x \to 0} \frac{\Delta y}{\Delta x} \cdot \lim_{\Delta x \to 0} \Delta x = f'(x_0) \cdot 0 = 0$$

于是函数 $y = f(x)$ 在点 x_0 处连续.

讨论：该定理的逆命题成立吗？以函数 $y = |x|$ 在 $x = 0$ 处连续与可导的关系为例分析.

习题 2.1

1. 利用导数定义求下列函数导数：

（1）$y = \cos x$；

（2）$y = \dfrac{1}{x}$.

2. 设 $f'(x_0)$ 存在，求下列各极限：

（1）$\lim\limits_{\Delta x \to 0} \dfrac{f(x_0 - \Delta x) - f(x_0)}{\Delta x}$；

（2）$\lim\limits_{\Delta x \to 0} \dfrac{f(x_0 + 2\Delta x) - f(x_0)}{\Delta x}$；

（3）$\lim\limits_{h \to 0} \dfrac{f(x_0 - 2h) - f(x_0)}{h}$；

（4）$\lim\limits_{h \to 0} \dfrac{f(x_0 + h) - f(x_0 - h)}{h}$.

3. 求曲线 $y = \ln x$ 在（e，1）处的切线方程和法线方程.

4. 当 a，b 为何值时，函数 $f(x) = \begin{cases} x^2, & x \leqslant 1, \\ ax + b, & x > 1 \end{cases}$ 在 $x = 1$ 处连续且可导.

2.2 导数的计算

用导数求变量的变化率是在理论研究和实践应用中经常遇到的一个普遍问题. 例如某时某地气温随时间变化的速度问题，少年在某个年龄身高增长的快慢问题，学生听课的注意力随时间升降的规律问题等，都可用导数来研究. 当函数比较复杂时，由导数定义求导数，往往比较困难. 能否找到求导的一般法则或常用的公式，使求导数的运算变得简单易行？从微积分诞生之日起，许多学者都在探讨求导问题，牛顿和莱布尼茨都做了大量的工作，特别是钟爱方法论并追求普遍法则的德国数学家莱布尼茨作出了卓越的贡献. 本节介绍基本初等函数的求导公式和法则，以解决初等函数的求导问题. 这些公式和法则，以及采用的符号，大体上是由莱布尼茨完成的.

2.2.1　导数基本公式

由定义可推出基本初等函数的导数公式如下：

(1)　$(C)' = 0$；

(2)　$(x^{\mu})' = \mu x^{\mu-1}$；

(3)　$(\sin x)' = \cos x$；

(4)　$(\cos x)' = -\sin x$；

(5)　$(\tan x)' = \sec^2 x$；

(6)　$(\cot x)' = -\csc^2 x$；

(7)　$(\sec x)' = \sec x \cdot \tan x$；

(8)　$(\csc x)' = -\csc x \cdot \cot x$；

(9)　$(a^x)' = a^x \ln a$；

(10)　$(e^x)' = e^x$；

(11)　$(\log_a x)' = \dfrac{1}{x \ln a}$；

(12)　$(\ln x)' = \dfrac{1}{x}$；

(13)　$(\arcsin x)' = \dfrac{1}{\sqrt{1-x^2}}$；

(14)　$(\arccos x)' = -\dfrac{1}{\sqrt{1-x^2}}$；

(15)　$(\arctan x)' = \dfrac{1}{1+x^2}$；

(16)　$(\operatorname{arccot} x)' = -\dfrac{1}{1+x^2}$.

2.2.2　导数的四则运算法则

由导数定义可以证明出函数和、差、积、商的求导法则如下：

定理1　假设 $u(x)$，$v(x)$，$w(x)$ 的导数均存在，则

(1)　$[u(x) \pm v(x)]' = u'(x) \pm v'(x)$.

(2)　$[u(x) \cdot v(x)]' = u'(x)v(x) + u(x)v'(x)$；

$[cu(x)]' = cu'(x)$；

$(uvw)' = u'vw + uv'w + uvw'$.

(3)　$\left[\dfrac{u(x)}{v(x)}\right]' = \dfrac{u'(x)v(x) - u(x)v'(x)}{v^2(x)}$.

特别地，当 $v = C$（C 为常数）时，由于常数的导数为 0，则得 $(Cu)' = Cu'$.

积的求导法则可以推广到有限多个函数之积的情形. 如 $(uvw)' = u'vw + uv'w + uvw'$.

例1　设 $f(x) = x^3 + \sin x - e^x$，求 $f'(x)$ 及 $f'(0)$.

解　$f'(x) = (x^3 + \sin x - e^x)' = 3x^2 + \cos x - e^x$.

$f'(0) = 3 \times 0 + \cos 0 - e^0 = 0$.

例2　求 $y = x^3 \cos x$ 的导数.

解　根据积的求导法则，得

$$y' = (x^3 \cos x)' = (x^3)' \cos x + x^3 (\cos x)' = 3x^2 \cos x - x^3 \sin x.$$

例3　求 $y = x \ln x \sin x$ 的导数解.

解　由乘法法则得

$$y' = x' \ln x \sin x + x(\ln x)' \sin x + x \ln x (\sin x)'$$

$$= \ln x \sin x + x \frac{1}{x} \sin x + x \ln x \cos x$$

$$= \ln x \sin x + \sin x + x \ln x \cos x$$

例 4 求曲线 $y = \dfrac{x^2 - 2x + 3}{x^2}$ 在点 （1，2） 的切线方程.

解 在求一个函数的导数时，应先化简再求导，可以简化求导过程.

因为 $y = \dfrac{x^2 - 2x + 3}{x^2} = 1 - \dfrac{2}{x} + \dfrac{3}{x^2}$，

所以 $y' = \left(1 - \dfrac{2}{x} + \dfrac{3}{x^2}\right)' = 0 - \left(-\dfrac{2}{x^2}\right) + \left(-\dfrac{6}{x^3}\right) = \dfrac{2}{x^2} - \dfrac{6}{x^3}$，$y'\big|_{x=1} = -4$.

于是，曲线在点 （1，2） 处的切线方程为 $y - 2 = -4(x - 1)$，即 $4x + y - 6 = 0$.

例 5 求函数 $y = \cot x$ 的导数.

分析 该题用定义求导数难度比较大，若先把它变形 $y = \cot x = \dfrac{\cos x}{\sin x}$，然后用商的求导法则会比较简单.

解

$$
\begin{aligned}
y' = (\cot x)' = \left(\frac{\cos x}{\sin x}\right)' &= \frac{\sin x (\cos x)' - \cos x (\sin x)'}{\sin^2 x} \\
&= \frac{-\sin^2 x - \cos^2 x}{\sin^2 x} = -\frac{1}{\sin^2 x} = -\csc^2 x
\end{aligned}
$$

即 $(\cot x)' = -\csc^2 x$.

同理可证：正切函数的导数公式：$(\tan x)' = \sec^2 x$.

正割函数的导数公式：$(\sec x)' = \sec x \tan x$.

余割函数的导数公式：$(\csc x)' = -\csc x \cot x$.

2.2.3 复合函数的导数

定理 2 如果函数 $u = \varphi(x)$ 在点 x 处可导，而函数 $y = f(u)$ 在对应点 $u = \varphi(x)$ 处可导，则复合函数 $y = f[\varphi(x)]$ 在点 x 处可导，且其导数为

$$
\frac{\mathrm{d}y}{\mathrm{d}x} = f'(u) \cdot \varphi'(x) = f'[\varphi(x)] \varphi'(x)
$$

证 略.

由此得复合函数求导法则：两个可导函数的复合函数的导数等于函数对中间变量的导数乘上中间变量对自变量的导数.

复合函数的求导法则也称为链式法则，它可以推广到多个变量的情形. 例如，如果 $y = f(u)$，$u = \varphi(v)$，$v = \Psi(x)$，且它们都可导，则

$$
y'_x = y'_u \cdot u'_v \cdot v'_x = f'(u) \cdot \varphi'(v) \cdot \Psi'(x)
$$

例 6 求函数 $y = \ln \sin x$ 的导数.

解 因为 $y = \ln \sin x$ 可以看作由 $y = \ln u$，$u = \sin x$ 复合而成，所以

$$
y'_x = y'_u \cdot u'_x = \frac{1}{u} \cdot (\cos x) = \frac{1}{\sin x} \cdot (\cos x) = \cot x
$$

例 7 求函数 $y = \cos \dfrac{x^3}{1 + x^2}$ 的导数.

解 因为 $y = \cos\dfrac{x^3}{1+x^2}$ 可看作由 $y = \cos u$，$u = \dfrac{x^3}{1+x^2}$ 复合而成，所以

$$\frac{dy}{du} = -\sin u, \quad \frac{du}{dx} = \left(\frac{x^3}{1+x^2}\right)' = \frac{3x^2(1+x^2) - x^3 \cdot 2x}{(1+x^2)^2} = \frac{3x^2 + x^4}{(1+x^2)^2}$$

$$\frac{dy}{dx} = \frac{dy}{du} \cdot \frac{du}{dx} = -\sin u \cdot \frac{3x^2 + x^4}{(1+x^2)^2} = \frac{3x^2 + x^4}{(1+x^2)^2} \cdot \left(-\sin\frac{x^3}{1+x^2}\right)$$

例 8 求函数 $y = (\cos e^x)^3$ 的导数.

解 因为 $y = (\cos e^x)^3$ 可看作由 $y = u^3$，$u = \cos v$，$v = e^x$ 复合而成，于是

$$\frac{dy}{dx} = \frac{dy}{du} \cdot \frac{du}{dv} \cdot \frac{dv}{dx} = 3u^2 \cdot (-\sin v) \cdot e^x$$

$$= -3(\cos e^x)^2 \cdot \sin e^x \cdot e^x = -\frac{3}{2}e^x \sin(2e^x) \cdot \cos e^x$$

从以上几例可以看出，应用复合函数求导法求导时，关键是将函数分解为可以求导的若干个简单函数的复合. 在熟练了以后，中间变量可以不写出来，从外到内逐层求导，一直求到对自变量的导数为止.

例 9 求函数 $y = (x - \sin^2 x)^3$ 的导数.

解 $y' = 3(x - \sin^2 x)^2 \cdot (x - \sin^2 x)' = 3(x - \sin^2 x)^2 [1 - 2\sin x(\sin x)']$

$$= 3(x - \sin^2 x)^2 (1 - 2\sin x \cos x) = 3(x - \sin^2 x)^2 (1 - \sin 2x).$$

例 10 证明幂函数的导数公式：$(x^\alpha)' = \alpha x^{\alpha-1}$ $(x > 0)$.

证 因为 $x^\alpha = e^{\ln x^\alpha} = e^{\alpha \ln x}$，所以

$$(x^\alpha)' = (e^{\ln x^\alpha})' = e^{\alpha \ln x}(\alpha \ln x)' = x^\alpha \cdot \alpha \cdot \frac{1}{x} = \alpha x^{\alpha-1}$$

2.2.4 隐函数的导数

1. 隐函数求导法

引例 4：圆 $x^2 + y^2 = 4$ 在 $(\sqrt{2}, \sqrt{2})$ 处的切线怎么求？

显然，y 与 x 的关系是由方程 $x^2 + y^2 = 4$ 所确定的.

由方程 $F(x, y) = 0$ 所确定的函数叫作隐函数. 而表示为 $y = f(x)$ 的形式的函数称为显函数. 例如 $y = 3x - 1$，$y = e^x + 6$，$y = \tan 2x$.

要求由隐函数所确定的曲线的切线方程，必须先求切线的斜率，即隐函数在切点的导数. 如何求隐函数的导数呢？如果能把隐函数化为显函数，问题就解决了. 但通常将隐函数化为显函数是比较困难的，甚至无法将隐函数化为显函数，如方程 $x + y - \sin xy = 0$ 就无法将 y 表示成 x 的显函数. 因此，我们希望有一种方法，无论隐函数能否化为显函数的形式，都能直接由方程求出它所确定的隐函数的导数来.

求由方程 $F(x, y) = 0$ 所确定的隐函数的导数的一般步骤：

(1) 只需在方程 $F(x, y) = 0$ 中，将 y 看作 x 的函数，y 的表达式看作 x 的复合函数，利用复合函数的求导法则，方程两端同时对 x 求导.

(2) 求导后得到一个关于 x，y，y_x' 的方程，从中解出 y_x' 即可.

例 11 求由方程 $x^3 + y^3 + 3 = 0$ 所确定的隐函数的导数 y'_x.

解 在方程中，将 y 看作 x 的函数，则 y^3 是 x 的复合函数. 因此，利用复合函数的求导法则，方程两端同时对 x 求导数，得 $(x^3)'_x + (y^3)'_x + (3)'_x = 0$，即

$$3x^2 + 3y^2 \cdot y'_x = 0$$

从上式中解出 y'_x，得 $y'_x = -\dfrac{x^2}{y^2} (y \neq 0)$.

注意：上述结果中的 y 仍然是由方程 $x^3 + y^3 + 3 = 0$ 所确定的隐函数. 习惯上对隐函数求导，结果允许用带有 y 的式子表示.

例 12 求由方程 $xy = \mathrm{e}^{x+y}$ 所确定的隐函数的导数 y'_x.

解 方程两端对 x 求导数，得

$$y + xy' = \mathrm{e}^{x+y}(1 + y')$$

解得

$$y' = \frac{y - \mathrm{e}^{x+y}}{\mathrm{e}^{x+y} - x} = \frac{y - xy}{xy - x}$$

例 13 求椭圆 $\dfrac{x^2}{16} + \dfrac{y^2}{9} = 1$ 在点 $\left(2, \dfrac{3}{2}\sqrt{3}\right)$ 处的切线方程.

解 由导数的几何意义知，所求切线斜率为

$$k = y' \big|_{x=2}$$

椭圆方程两边对 x 求导，得

$$\frac{x}{8} + \frac{2}{9} y \cdot y' = 0$$

解出 y'，得 $y' = -\dfrac{9x}{16y}$.

将 $x = 2$，$y = \dfrac{3}{2}\sqrt{3}$ 代入上式，得 $k = y' \big|_{x=2} = -\dfrac{\sqrt{3}}{4}$，于是所求切线方程为 $y - \dfrac{3}{2}\sqrt{3} = -\dfrac{\sqrt{3}}{4}(x - 2)$，即 $\sqrt{3}x + 4y - 8\sqrt{3} = 0$.

2. 对数求导法

虽然有些函数是显函数，但直接求它们的导数很困难或很麻烦，比如一些幂的连乘积的函数和幂指函数 $(y = u(x)^{v(x)}, u(x) > 0)$. 对于这两类函数，可以通过两边取对数，转化成隐函数，然后按隐函数的求导法求出导数，这种方法称为对数求导法.

例 14 求幂指函数 $y = x^x$ $(x > 0)$ 的导数.

解 两边取对数，得 $\ln y = x \ln x$.

两边对 x 求导，得 $\dfrac{1}{y} \cdot y'_x = \ln x + 1$.

整理，得 $y'_x = y(\ln x + 1) = x^x(\ln x + 1)$.

例 15 求 $y = x^{\sin x}$ $(x > 0)$ 的导数.

对数求导法，对由多个因子通过乘、除、乘方或开方所构成的比较复杂的函数的求导也是很方便的.

例 16　求函数 $y = \sqrt{\dfrac{(x+1)(x+2)}{(x+3)(x+4)}}\,(x > -1)$ 的导数.

解　两边取对数，得

$$\ln y = \frac{1}{2}\big[\ln(x+1) + \ln(x+2) - \ln(x+3) - \ln(x+4)\big]$$

两边对 x 求导数，得

$$\frac{1}{y} \cdot y' = \frac{1}{2}\left(\frac{1}{x+1} + \frac{1}{x+2} - \frac{1}{x+3} - \frac{1}{x+4}\right)$$

即

$$y' = \frac{1}{2}y\left(\frac{1}{x+1} + \frac{1}{x+2} - \frac{1}{x+3} - \frac{1}{x+4}\right)$$

$$= \frac{1}{2}\sqrt{\frac{(x+1)(x+2)}{(x+3)(x+4)}}\left(\frac{1}{x+1} + \frac{1}{x+2} - \frac{1}{x+3} - \frac{1}{x+4}\right)$$

2.2.5　高阶导数

引例 1　物体运动的加速度问题.

若质点的运动方程 $s = s(t)$，则物体的运动速度为 $v(t) = s'(t)$，或 $v(t) = \dfrac{\mathrm{d}s}{\mathrm{d}t}$，而加速度 $a(t)$ 是速度 $v(t)$ 对时间 t 的变化率，即 $a(t)$ 是速度 $v(t)$ 对时间 t 的导数：$\alpha = a(t) = \dfrac{\mathrm{d}v}{\mathrm{d}t} \Rightarrow \alpha = \dfrac{\mathrm{d}}{\mathrm{d}t}\left(\dfrac{\mathrm{d}s}{\mathrm{d}t}\right)$ 或 $\alpha = v'(t) = [s'(t)]'$，由上可见，加速度 α 是 $s(t)$ 的导函数的导数，称为 $s(t)$ 对 t 的二阶导数.

一般地，如果函数 $y = f(x)$ 的导函数 $y' = f'(x)$ 仍然可导，则我们把 $y' = f'(x)$ 的导数 $y' = [f'(x)]'$ 叫作函数 $y = f(x)$ 的二阶导数，记作 y''，$f''(x)$ 或 $\dfrac{\mathrm{d}^2 y}{\mathrm{d}x^2}$. 即

$$y'' = (y')', \quad f''(x) = [f'(x)]', \quad \frac{\mathrm{d}^2 y}{\mathrm{d}x^2} = \frac{\mathrm{d}}{\mathrm{d}x}\left(\frac{\mathrm{d}y}{\mathrm{d}x}\right)$$

类似地，函数 $y = f(x)$ 的二阶导数的导数叫作 $y = f(x)$ 的三阶导数，三阶导数的导数叫作四阶导数，$\cdots$，一般地，$y = f(x)$ 的 $(n-1)$ 阶导数的导数叫作 $y = f(x)$ 的 n 阶导数，分别记作

$$y''', \quad y^{(4)}, \quad \cdots, \quad y^{(n)}$$

或

$$f'''(x), \quad f^{(4)}(x), \quad \cdots, \quad f^{(n)}(x)$$

或

$$\frac{\mathrm{d}^3 y}{\mathrm{d}x^3}, \quad \frac{\mathrm{d}^4 y}{\mathrm{d}y^4}, \quad \cdots, \quad \frac{\mathrm{d}^n y}{\mathrm{d}x^n}$$

二阶及二阶以上的导数统称为高阶导数.

例 17　求下列函数的二阶导数：

（1）$y = ax^3 + bx + c$（a，b，c 为常数）；（2）$y = \sin x + \cos x$，求 $y''\big|_{x=\pi}$.

解　（1）对 $y = ax^3 + bx + c$ 依次求导，得

$$y' = 3ax^2 + b$$

$$y'' = 6ax$$

(2) $y' = \cos x - \sin x$, $y'' = -\sin x - \cos x$, $y''\big|_{x=\pi} = -\sin \pi - \cos \pi = 1$.

例 18 求下列函数的 n 阶导数：

(1) $y = e^x$;   (2) $y = \cos x$;   (3) $y = \ln(1+x)(x > -1)$.

解 (1) $y' = e^x$, $y'' = e^x$, $y''' = e^x$, $y^{(4)} = e^x$,

一般地，可得 $y^{(n)} = e^x$.

(2) 一般地，可得 $y' = -\sin x = \cos\left(x + \dfrac{\pi}{2}\right)$,

$$y'' = -\sin\left(x + \dfrac{\pi}{2}\right) = \cos\left(x + \dfrac{\pi}{2} + \dfrac{\pi}{2}\right) = \cos\left(x + 2 \cdot \dfrac{\pi}{2}\right),$$

$$y''' = \sin\left(x + 2 \cdot \dfrac{\pi}{2}\right) = \cos\left(x + 3 \cdot \dfrac{\pi}{2}\right),$$

$$y^{(n)} = \cos\left(x + n \cdot \dfrac{\pi}{2}\right).$$

类似可求 $y = \sin x$ 的 n 阶导数为 $y^{(n)} = \sin\left(x + n \cdot \dfrac{\pi}{2}\right)$.

(3) $y' = \dfrac{1}{1+x} = (1+x)^{-1}$, $y'' = (-1)(1+x)^{-2}$,

$y''' = (-1)(-2)(1+x)^{-3}$, $y^{(4)} = (-1)(-2)(-3)(1+x)^{-4}$,

一般，可得

$$y^{(n)} = (-1)(-2)(-3)\cdots[-(n-1)](1+x)^{-n} = (-1)^{n-1}\dfrac{(n-1)!}{(1+x)^n}$$

例 19 设某项目的利润有两个方案可供选择，这两个方案的函数关系分别为 $L_1(t) = \dfrac{3t}{1+t}$, $L_2(t) = \dfrac{t^2}{1+t} + 1$，其中 t 表示时间，则当 $t = 1$ 时，这两个方案哪个更优？

解 $L_1(1) = L_2(1) = \dfrac{3}{2}$，两个方案的利润相等，再看利润的变化率，即边际利润

$$L_1'(1) = \dfrac{3}{(1+t)^2}\bigg|_{t=1} = \dfrac{3}{4}, \quad L_2'(1) = \dfrac{t^2+2t}{(1+t)^2}\bigg|_{t=1} = \dfrac{3}{4}$$

两个方案的边际利润仍然相等，再看边际利润的变化率

$$L_1''(1) = \dfrac{-6}{(1+t)^3}\bigg|_{t=1} = -\dfrac{3}{4}, \quad L_2''(1) = \dfrac{2}{(1+t)^3}\bigg|_{t=1} = \dfrac{1}{4}$$

由此可见，在 $t = 1$ 时，利润变化率 $L_1'(t)$ 的变化率在减少，$L_2'(t)$ 的变化率在增加，因此方案 L_2 优于 L_1.

由此例可看出二阶导数的经济意义，在决策分析中，我们不仅要考虑利润及利润的变化率，还要考虑利润变化率的变化率，因为这将关系到发展的后劲问题.

习题 2.2

1. 求下列函数的导数：

(1) $y = x^2 - \dfrac{2}{x} + \ln 2$;   (2) $y = (1+x^2)\cos x$;

（3）$y = x^2(\ln x + \sqrt{x})$；

（4）$y = (3x^2 + 2x - 1)^{2\,016}$；

（5）$y = \ln(a^2 - x^2)$；

（6）$y = \cos^2 x - x\sin^2 x$；

（7）$y = \sqrt{x^2 + a^2}$；

（8）$y = \arctan e^x$；

（9）$y = \ln x^2 + (\ln x)^2$；

（10）$y = \ln(x + \sqrt{x^2 - a^2})$．

2. 求下列函数的二阶导数：

（1）$y = xe^{x^2}$；

（2）$y = \ln(1 - x^2)$；

（3）$y = (1 + x^2)\arctan x$；

（4）$y = \sqrt{a^2 - x^2}$．

3. 求下列方程所确定隐函数 y 的导数 $\dfrac{\mathrm{d}y}{\mathrm{d}x}$：

（1）$xy - e^x + y = 0$；

（2）$xy = e^{x+y}$；

（3）$xe^y + ye^x = 0$；

（4）$x = \cos xy$．

4. 用对数求导法求下列函数的导数：

（1）$y = (\sin x)^{\ln x}$；

（2）$y = x\sqrt{\dfrac{1-x}{1+x}}$．

2.3 微分

2.3.1 微分的定义

1. 微分的定义

引例 1 正方形金属薄片受热后面积的改变量．

一块正方形金属薄片受温度变化的影响，其边长由 x_0 变到 $x_0 + \Delta x$，问：此薄片的面积改变了多少？（见图 2-2）

设边长由 x_0 变到 $x_0 + \Delta x$，因为正方形面积 $S = x_0^2$，所以 $\Delta S = (x_0 + \Delta x)^2 - x_0^2 = 2x_0 \cdot \Delta x + (\Delta x)^2$．

几何意义：$2x_0\Delta x$ 表示两个长为 x_0 宽为 Δx 的长方形面积；$(\Delta x)^2$ 表示边长为 Δx 的正方形的面积．

数学意义：当 $\Delta x \to 0$ 时，$(\Delta x)^2$ 是比 Δx 高阶的无穷小，即 $(\Delta x)^2 = o(\Delta x)$；$2x_0\Delta x$ 是 Δx 的线性函数，是 ΔS 的主要部分，可以近似地代替 ΔS，并称作面积函数在点 x_0 处的微分．

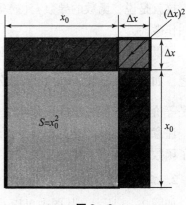

图 2-2

事实上，上述结论对一般的可导函数也是成立的．

设函数 $y = f(x)$ 在点 x_0 处可导，由导数的定义 $\Delta y = f'(x_0)\Delta x + \alpha\Delta x$．$\lim\limits_{\Delta x \to 0}\dfrac{\Delta y}{\Delta x} = f'(x_0)$ 存在．根据函数极限与无穷小的关系，得 $\dfrac{\Delta y}{\Delta x} = f'(x_0) + \alpha$，其中 α 是当 $\Delta x \to 0$ 时的无穷小．

于是

$$\Delta y = f'(x_0)\Delta x + \alpha\Delta x$$

这说明，Δy 可以分成两部分，一部分是它的线性主部 $f'(x_0)\Delta x$，另一部分 $\alpha\Delta x$ 是当 $\Delta x \to 0$ 时比 Δx 高阶的无穷小量. 当 $|\Delta x|$ 很小时可忽略不计，所以有

$$\Delta y \approx f'(x_0)\Delta x$$

定义 1 设函数 $y = f(x)$ 在点 x_0 处可导，则 $f'(x_0)\Delta x$ 叫作函数 $y = f(x)$ 在点 x_0 处的微分，记作 $dy|_{x=x_0}$，即

$$dy|_{x=x_0} = f'(x_0)\Delta x$$

此时，也称函数 $y = f(x)$ 在点 x_0 处可微.

例如，函数 $y = x^2$ 在点 $x = 1$ 处的微分是 $dy|_{x=1} = (x^2)'|_{x=1}\Delta x = 2\Delta x$.

函数 $y = \sin x$ 的微分是 $dy = (\sin x)'\Delta x = \cos x \cdot \Delta x$.

很明显，函数的微分 $dy = f'(x)\Delta x$ 的值由 x 和 Δx 两个独立变化的量确定.

例 1 求函数 $y = x^3$ 当 $x = 2$，$\Delta x = 0.01$ 时的增量及微分.

解 函数的增量为 $\Delta y = (2 + 0.01)^3 - 2^3 = 0.120\,601$.

因为函数在点 x 的微分是 $dy = (x^3)'\Delta x = 3x^2 \cdot \Delta x$，所以将 $x = 2$，$\Delta x = 0.01$ 代入上式，得 $dy|_{x=2} = 3 \times 2^2 \times 0.01 = 0.12$.

由上例结果可以看出，$dy|_{x=2} \approx \Delta y|_{x=2}$，误差是 $0.000\,601$.

对于函数 $y = x$，它的微分是 $dy = d(x) = (x)' \cdot \Delta x = \Delta x$.

因此，我们规定，自变量的微分 $dx = \Delta x$. 于是，函数 $y = f(x)$ 的微分又可写成

$$dy = f'(x)dx$$

从而有

$$\frac{dy}{dx} = f'(x)$$

这就是说，函数的导数 $f'(x)$ 等于函数的微分 dy 与自变量的微分 dx 的商. 因此，导数也叫作微商.

可以看出，如果已知函数 $y = f(x)$ 的导数 $f'(x)$，则由 $dy = f'(x)dx$ 可求出它的微分 dy；反之，如果已知函数 $y = f(x)$ 的微分 dy，则由 $\frac{dy}{dx} = f'(x)$ 可求得它的导数. 因此，可导与可微是等价的. 我们把求导数和求微分的方法统称为微分法.

注意：求函数的导数和微分的运算虽然可以互通，但它们的含义不同. 一般地，导数反映了函数的变化率，微分反映了自变量微小变化时函数的改变量.

2. 微分的几何意义

如图 2-3 所示，从图中可以看出

$$dx = \Delta x = NQ, \quad \Delta y = QN$$

设过点 M 的切线 MT 与 NQ 相交于点 P，则 MT 的斜率

$$\tan\alpha = f'(x_0) = \frac{QP}{MQ}$$

所以，函数 $y = f(x)$ 在点 $x = x_0$ 的微分

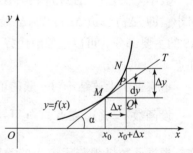

图 2-3

$$dy = f'(x_0)dx = \frac{QP}{MQ} \cdot MQ = QP$$

因此，函数 $y = f(x)$ 在点 $x = x_0$ 的微分就是曲线 $y = f(x)$ 在点 $M(x_0, f(x_0))$ 处的切线 MT 的纵坐标对应于 Δx 的增量.

由图 $2-3$ 还可以看出，当 $f'(x_0) \neq 0$ 且 $|\Delta x|$ 很小时，$|\Delta y - dy|$ 比 $|\Delta x|$ 小得多. 因此，在点 M 的邻近，可以用切线段来近似代替曲线段.

2.3.2　微分的运算法则

从函数微分的定义 $dy = f'(x)dx$ 和导数的基本公式和运算法则，就可以直接推出微分的基本公式和运算法则.

1. 微分的基本公式

（1）$d(C) = 0(C$ 为常数$)$；

（2）$d(x^\alpha) = \alpha x^{\alpha-1}dx$；

（3）$d(a^x) = a^x \ln a dx$；

（4）$d(e^x) = e^x dx$；

（5）$d(\log_a x) = \dfrac{1}{x \ln a}dx$；

（6）$d(\ln x) = \dfrac{1}{x}dx$；

（7）$d(\sin x) = \cos x dx$；

（8）$d(\cos x) = -\sin x dx$；

（9）$d(\tan x) = \dfrac{1}{\cos^2 x}dx = \sec^2 x dx$；

（10）$d(\cot x) = -\dfrac{1}{\sin^2 x}dx = -\csc^2 x dx$；

（11）$d(\sec x) = \sec x \tan x dx$；

（12）$d(\csc x) = -\csc x \cot x dx$；

（13）$d(\arcsin x) = \dfrac{1}{\sqrt{1-x^2}}dx$；

（14）$d(\arccos x) = -\dfrac{1}{\sqrt{1-x^2}}dx$；

（15）$d(\arctan x) = \dfrac{1}{1+x^2}dx$；

（16）$d(\operatorname{arccot} x) = -\dfrac{1}{1+x^2}dx$.

2. 函数和、差、积、商的微分法则

（1）$d(u \pm v) = du \pm dv$；

（2）$d(uv) = udv + vdu$；

（3）$d(Cu) = Cdu$；

（4）$d\left(\dfrac{u}{v}\right) = \dfrac{vdu - udv}{v^2}$.

其中 u，v 都是 x 的函数，C 为常数.

3. 复合函数的微分法则

与复合函数的求导法则相应的复合函数的微分法则可推导如下：

设 $y = f(u)$ 及 $u = \varphi(x)$ 都可导，则复合函数 $y = f[\varphi(x)]$ 的微分为

$$dy = y'_x dx = f'(u)\varphi'(x)dx$$

由于 $\varphi'(x)dx = du$，因此复合函数 $y = f[\varphi(x)]$ 的微分公式也可以写成

$$dy = f'(u)du \text{ 或 } dy = y'_u du$$

由此可见，无论 u 是自变量还是另一个变量的可微函数，微分形式 $dy = f'(u)du$ 保持不变. 这一性质称为微分形式不变性. 这性质表示，当变换自变量时，微分形 $dy = f'(u)\varphi'(x)dx$ 并不改变.

例 2 求函数 $y = \arctan \dfrac{1}{x}$ 的微分.

解 先求导, 再微分 $y' = (-1/x^2)/(1 + 1/x^2) = -1/(1 + x^2)$,

所以 $\mathrm{d}y = -\dfrac{\mathrm{d}x}{1 + x^2}$.

例 3 求函数 $y = \mathrm{e}^{\sin x}$ 的微分.

解 利用一阶微分形式不变性, 得

$$\mathrm{d}y = \mathrm{d}(\mathrm{e}^{\sin x}) = \mathrm{e}^{\sin x}\mathrm{d}(\sin x) = \mathrm{e}^{\sin x}\cos x\,\mathrm{d}x$$

例 4 求方程 $x^2 + 2xy - y^2 = a^2$ 确定的隐函数 $y = f(x)$ 的微分 $\mathrm{d}y$ 及导数 $\dfrac{\mathrm{d}y}{\mathrm{d}x}$.

解 对方程两端求微分, 得 $\mathrm{d}(x^2 + 2xy - y^2) = \mathrm{d}(a^2)$.

应用微分的运算法则, 得

$$\mathrm{d}(x^2) + \mathrm{d}(2xy) - \mathrm{d}(y^2) = 0$$
$$2x\mathrm{d}x + 2(y\mathrm{d}x + x\mathrm{d}y) - 2y\mathrm{d}y = 0$$
$$(x + y)\mathrm{d}x = (y - x)\mathrm{d}y$$

于是, 所求微分为 $\mathrm{d}y = \dfrac{y + x}{y - x}\mathrm{d}x$.

所求导数为 $\dfrac{\mathrm{d}y}{\mathrm{d}x} = \dfrac{y + x}{y - x}$.

例 5 在下列等式左边的括号中填入适当的函数, 使等式成立.

(1) $\mathrm{d}(\quad) = 5x\mathrm{d}x$;   (2) $\mathrm{d}(\quad) = \cos 3x\mathrm{d}x$.

解 (1) 因为 $\mathrm{d}(x^2) = 2x\mathrm{d}x$, 所以 $5x\mathrm{d}x = \dfrac{5}{2}\mathrm{d}(x^2) = \mathrm{d}\left(\dfrac{5}{2}x^2\right)$, 即

$$\mathrm{d}\left(\dfrac{5}{2}x^2\right) = 5x\mathrm{d}x$$

一般地, 有 $\mathrm{d}\left(\dfrac{5}{2}x^2 + C\right) = 5x\mathrm{d}x$ (C 为任意常数).

(2) 因为 $\mathrm{d}(\sin 3x) = 3\cos 3x\mathrm{d}x$, 所以 $\cos 3x\mathrm{d}x = \dfrac{1}{3}\mathrm{d}(\sin 3x) = \mathrm{d}\left(\dfrac{1}{3}\sin 3x\right)$, 即

$$\mathrm{d}\left(\dfrac{1}{3}\sin 3x\right) = \cos 3x\mathrm{d}x$$

一般地, 有 $\mathrm{d}\left(\dfrac{1}{3}\sin 3x + C\right) = \cos 3x\mathrm{d}x$ (C 为任意常数).

2.3.3 微分在近似计算中的应用

计算函数的增量是科学技术和工程中经常遇到的问题, 有时由于函数比较复杂, 计算增量往往感到困难, 对于可微函数, 通常利用微分去近似替代增量.

由微分的概念知, 当 $f'(x_0) \neq 0$, 且当 $|\Delta x|$ 很小时, 有

$$\Delta y \approx f'(x_0)\Delta x \qquad\qquad ①$$

因为 $\Delta y = f(x_0 + \Delta x) - f(x_0)$, 所以式①可以写成

$$\Delta y = f(x_0 + \Delta x) - f(x_0) \approx f'(x_0)\Delta x$$

即

$$f(x_0 + \Delta x) \approx f(x_0) + f'(x_0)\Delta x \qquad\qquad ②$$

在式②中，令 $x = x_0 + \Delta x$，即 $\Delta x = x - x_0$，则

$$f(x) \approx f(x_0) + f'(x_0)(x - x_0) \qquad\qquad ③$$

利用式①可以求函数增量 Δy 的近似值，利用式②，式③可以求函数 $y = f(u)$ 在 x_0 邻近的近似值.

例6　有一批半径为 1 cm 的球，为了提高球面的光洁度，要镀上一层铜，厚度定为 0.01 cm. 估计一下每只球需要铜多少克？（铜的密度是 8.9 g/cm³）

解　要求铜的质量，应先求出镀层的体积.

因为镀层的体积等于两个球体积之差，所以它就是球体体积 $V = \dfrac{4}{3}\pi R^3$ 当 $R_0 = 1$，$\Delta R = 0.01$ 时的增量 ΔV.

因为 $V'' = \left(\dfrac{4}{3}\pi R^3\right) = 4\pi R^2$，所以根据公式 $\Delta y \approx f'(x_0)\Delta x$，得 $\Delta V \approx 4\pi R_0^2 \Delta R \approx 4 \times 3.14 \times 1^2 \times 0.01 = 0.13$ （cm²）.

于是，镀每只球需用的铜为

$$0.13 \times 8.9 \approx 1.16\,(\text{g})$$

例7　求 $\sin 30°30'$ 的近似值.

解　令 $f(x) = \sin x$，则 $f'(x) = \cos x$，取 $x_0 = 30° = \dfrac{\pi}{6}$，$\Delta x = 30' = \dfrac{\pi}{360}$，代入式②得

$$\sin 30°30' = \sin\left(\frac{\pi}{6} + \frac{\pi}{360}\right) \approx \sin\frac{\pi}{6} + \cos\frac{\pi}{6} \times \frac{\pi}{360}$$

$$= \frac{1}{2} + \frac{\sqrt{3}}{2} \times \frac{\pi}{360} \approx 0.5076$$

在应用近似式②时，经常遇到的情形是取 0 时式②成为

$$f(\Delta x) \approx f(0) + f'(0)\Delta x$$

也就是当 $|x|$ 很小时，有近似式 $f(x) \approx f(0) + f'(0)x$.

当 $|x|$ 很小时，可得出下列一些常用的近似公式：

(1) $\sin x \approx x$；   (2) $\tan x \approx x$；

(3) $e^x \approx 1 + x$；   (4) $\ln(1 + x) \approx x$；

(5) $(1 + x)^\alpha \approx 1 + \alpha x$.

（式 (1)，式 (2) 中 x 用弧度作单位）.

习题2.3

1. 计算 $y = x^3 - x$ 在 $x = 2$ 处，Δx 分别等于 0.1，0.01 时的 Δy 及 $\mathrm{d}y$.

2. 计算下列函数的微分：

(1) $y = x\sin 2x$；   (2) $y = x\ln x - x^2$；

（3）$y = 3^{\ln\tan x}$；

（4）$y = \dfrac{1}{x} + 2\sqrt{x}$；

（5）$y = \arcsin\sqrt{x}$；

（6）$y = \left[\ln(1-x)\right]^2$.

3. 填入适当的函数使等式成立：

（1）$d(\quad) = 2dx$；

（2）$d(\quad) = 3xdx$；

（3）$d(\quad) = 2^x dx$；

（4）$d(\quad) = \cos 2x dx$；

（5）$d(\quad) = \sin\omega x dx$；

（6）$d(\quad) = 3e^{2x}dx$；

（7）$d(\quad) = \dfrac{1}{1+x}dx$；

（8）$d(\quad) = \dfrac{1}{x^2}dx$；

（9）$d(\quad) = \dfrac{1}{\sqrt{x}}dx$；

（10）$d(\quad) = \dfrac{1}{1+x^2}dx$.

4. 利用微分求近似值：

（1）$e^{1.01}$；

（2）$\cos 29°$；

（3）$\ln 0.98$；

（4）$\sqrt[3]{1.03}$.

5. 某公司一个月生产 x 单位的产品的收入函数为 $R(x) = 37x - \dfrac{1}{20}x^2$（单位：百元），已知该公司某年 9 月的产量从 270 个单位增加到 280 个单位，该公司 9 月的收入大约增加了多少？

2.4　微分中值定理

中值定理揭示了函数在某区间的整体性质与该区间内某一点的导数之间的关系，因而称为中值定理. 中值定理既是用微分学知识解决应用问题的理论基础，又是解决微分自身发展的一种理论性数学模型，因而也称为微分中值定理.

2.4.1　罗尔（Rolle）中值定理

如果函数 $y = f(x)$ 满足下列条件：

（1）在闭区间 $[a, b]$ 上连续；

（2）在开区间 (a, b) 内可导；

（3）$f(a) = f(b)$.

则在 (a, b) 内至少存在一点 ξ，使 $f'(\xi) = 0$.

证明略.

几何意义：两端点高度相等的连续光滑曲线至少存在一条水平切线.

（见图 2-4）

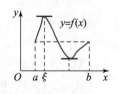

图 2-4

例 1　验证函数 $y = \sqrt{r^2 - x^2}$（$r > 0$）在区间 $[-r, r]$ 上是否满足罗尔中值定理，若满足则求出定理中的 ξ.

解　设 $f(x) = \sqrt{r^2 - x^2}$，显然，$f(x)$ 在 $[-r, r]$ 上连续，在 $(-r, r)$ 内可导，且 $f(-r) = f(r) = 0$，满足罗尔中值定理的三个条件. 按照罗尔中值定理的结论，一定能在

$(-r, r)$ 内找到 ξ，使 $f'(\xi)=0$.

由 $f'(x)=-\dfrac{x}{\sqrt{r^2-x^2}}$，令 $f'(x)=0$，解得 $x=0$，$0\in(-r, r)$.

取 $\xi=0$，有 $f'(\xi)=f'(0)=0$.

若取消 Rolle 定理的第三个条件并改变相应的结论，即可得到微分学中的一个重要定理——Lagrange 中值定理.

2.4.2　拉格朗日（Lagrange）中值定理

若函数 $y=f(x)$ 满足条件：（1）在闭区间 $[a, b]$ 上连续；（2）在开区间 (a, b) 内可导. 则在区间 (a, b) 内至少有一点 ξ，使得 $f'(\xi)=\dfrac{f(b)-f(a)}{b-a}$.

此公式叫作微分中值公式或 Lagrange 公式.

证明略，现给出定理的几何说明：如果连续曲线 $y=f(x)$ 弧上除端点外处处具有不垂直于 x 轴的切线，那么这弧上至少存在一点 C，使曲线在点 C 处的切线平行于弦 AB.（见图 2-5）

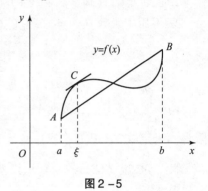

图 2-5

显然，罗尔中值定理是拉格朗日中值定理的特殊情况. 当拉格朗日中值定理中增加条件 $f(a)=f(b)$，那么拉格朗日中值定理的结论就成了罗尔中值定理的结论了.

例2　验证函数 $f(x)=x^3+2x$ 在区间 $[0, 1]$ 上满足拉格朗日中值定理的条件，并求 ξ 的值.

解　因为初等函数 $f(x)=x^3+2x$ 在区间 $[0, 1]$ 上有定义，所以在区间 $[0, 1]$ 上连续；又 $f'(x)=3x^2+2$ 在开区间 $(0, 1)$ 内存在，所以函数 $f(x)=x^3+2x$ 在区间 $[0, 1]$ 上满足拉格朗日中值定理的条件.

由

$$\frac{f(1)-f(0)}{1-0}=f'(\xi)$$

得

$$\frac{3-0}{1}=3\xi^2+2$$

解得

$$\xi=\pm\frac{\sqrt{3}}{3}$$

因为 $\xi=-\dfrac{\sqrt{3}}{3}\notin(0,1)$，所以舍去. 因此 $\xi=\dfrac{\sqrt{3}}{3}\in(0,1)$ 为所求.

由拉格朗日中值定理可以得出两个重要推论：

推论1　若函数 $y=f(x)$ 在区间 (a, b) 内任一点的导数 $f'(x)$ 恒等于零，即 $f'(x)=0$，则在 (a, b) 内 $f(x)$ 是一个常数，即

$$f(x)=C$$

推论2 若函数 $f(x)$ 与 $g(x)$ 在区间 (a,b) 内的导数处处相等，即 $f'(x)=g'(x)$，则 $f(x)$ 与 $g(x)$ 在区间 (a,b) 内只相差一个常数，即

$$f(x)-g(x)=C$$

拉格朗日中值定理表达了函数在一个闭区间上的增量与该区间内某一点的导数之间的关系，从而为我们利用导数来研究函数在区间上的形态提供了理论基础，它在微分学中占有重要的地位．

习题2.4

1. 验证函数 $f(x)=4x^3-5x^2+x-2$ 在区间 $[0,1]$ 上满足罗尔中值定理的条件．

2. 验证函数 $f(x)=x^3-2x+1$ 在区间 $[0,2]$ 上满足拉格朗日中值定理的条件．

3. 不用求函数 $f(x)=x(x-1)(x-2)(x-3)$ 的导数，判断 $f'(\xi)=0$ 根的个数．

2.5 洛必达法则

两个无穷小量之比或两个无穷大量之比的极限，有的存在，有的不存在，通常称这类极限为"未定式"，记为 $\dfrac{0}{0}$ 或 $\dfrac{\infty}{\infty}$，还有其他一些类型的未定式，如 $0\cdot\infty$，$\infty-\infty$，1^∞，0^0，∞^0 等．洛必达（L'Hospital）法则就是以导数为工具求未定式极限的一般方法，证明均略．

2.5.1 "$\dfrac{0}{0}$" 型未定式

1. 洛必达（L'Hospital）法则（Ⅰ）

若函数 $f(x)$ 与 $g(x)$ 满足下列条件：

(1) $\lim\limits_{x\to x_0}f(x)=0$，$\lim\limits_{x\to x_0}g(x)=0$；

(2) $f(x)$ 与 $g(x)$ 在点 x_0 的某一空心邻域内可导，且 $g'(x)\neq 0$；

(3) $\lim\limits_{x\to x_0}\dfrac{f'(x)}{g'(x)}=A$（或 ∞）．

洛必达

则 $\lim\limits_{x\to x_0}\dfrac{f(x)}{g(x)}=\lim\limits_{x\to x_0}\dfrac{f'(x)}{g'(x)}=A$（或 ∞）．

例1 求 $\lim\limits_{x\to 0}\dfrac{\ln(1+x)}{x^2}$．

解 $\lim\limits_{x\to 0}\dfrac{\ln(1+x)}{x^2}\left(\text{"}\dfrac{0}{0}\text{"型}\right)=\lim\limits_{x\to 0}\dfrac{\dfrac{1}{1+x}}{2x}=\lim\limits_{x\to 0}\dfrac{1}{2x(1+x)}=\infty$．

例2 求 $\lim\limits_{x\to 0}\dfrac{x-\sin x}{x^3}$．

解 当 $x\to 0$ 时，$x-\sin x\to 0$，且 $x^3\to 0$，所以是 "$\dfrac{0}{0}$" 型．根据法则（Ⅰ），有

$$\lim_{x\to 0}\frac{x-\sin x}{x^3}=\lim_{x\to 0}\frac{1-\cos x}{3x^2}$$

很明显，当 $x\to 0$ 时，上式右端的极限是"$\frac{0}{0}$"型. 再用法则（Ⅰ），得

$$\lim_{x\to 0}\frac{1-\cos x}{3x^2}=\lim_{x\to 0}\frac{\sin x}{6x}=\frac{1}{6}$$

例 3　$\lim_{x\to 0}\dfrac{\tan x-x}{x-\sin x}$.

解　$\lim_{x\to 0}\dfrac{\tan x-x}{x-\sin x}\left(\text{"}\dfrac{0}{0}\text{"型}\right)=\lim_{x\to 0}\dfrac{\sec^2 x-1}{1-\cos x}=\lim_{x\to 0}\dfrac{\tan^2 x}{1-\cos x}\left(\text{"}\dfrac{0}{0}\text{"型}\right)$

$$=\lim_{x\to 0}\frac{2\tan x\cdot\sec^2 x}{\sin x}=\lim_{x\to 0}\frac{2}{\cos^3 x}=2$$

注意：当 $x\to x_0$ 或 $x\to\infty$ 时，若 $\dfrac{f'(x)}{g'(x)}$ 仍是"$\dfrac{0}{0}$"型的未定式，且函数 $f'(x)$ 与 $g'(x)$ 还能满足洛必达法则中的条件，则可继续使用洛必达法则，即

$$\lim_{\substack{x\to x_0\\(x\to\infty)}}\frac{f(x)}{g(x)}=\lim_{\substack{x\to x_0\\(x\to\infty)}}\frac{f'(x)}{g'(x)}=\lim_{\substack{x\to x_0\\(x\to\infty)}}\frac{f''(x)}{g''(x)}=\cdots$$

依次类推，直到求出所需极限为止.

（2）用洛必达法则计算"$\dfrac{0}{0}$"未定式，应逐步观察是否为"$\dfrac{0}{0}$"型. 如果不是，则不能继续使用该法则，否则会导致错误.

2.5.2 "$\dfrac{\infty}{\infty}$"型未定式

2. 洛必达法则（Ⅱ）

若函数 $f(x)$ 与 $g(x)$ 满足下列条件：

（1）$\lim_{x\to x_0}f(x)=\infty$，$\lim_{x\to x_0}g(x)=\infty$；

（2）$f(x)$ 与 $g(x)$ 在点 x_0 的某一空心邻域内可导，且 $g'(x)\neq 0$；

（3）$\lim_{x\to x_0}\dfrac{f'(x)}{g'(x)}=A$（或 ∞）.

则 $\lim_{x\to x_0}\dfrac{f(x)}{g(x)}=\lim_{x\to x_0}\dfrac{f'(x)}{g'(x)}=A$（或 ∞）.（求未定式"$\dfrac{\infty}{\infty}$"型的极限）

例 4　求 $\lim_{x\to 0^+}\dfrac{\ln\cot x}{\ln x}$.

解　$\lim_{x\to 0^+}\dfrac{\ln\cot x}{\ln x}\left(\text{"}\dfrac{\infty}{\infty}\text{"型}\right)=\lim_{x\to 0^+}\dfrac{\tan x\cdot(-\csc^2 x)}{\dfrac{1}{x}}$

$$=-\lim_{x\to 0^+}\frac{x}{\sin x\cos x}=-\lim_{x\to 0^+}\frac{2x}{\sin 2x}=-1.$$

例 5　求 $\lim_{x\to+\infty}\dfrac{\ln x}{x^n}$.

解 $\lim\limits_{x \to +\infty} \dfrac{\ln x}{x^n}\left(\text{"}\dfrac{\infty}{\infty}\text{"型}\right) = \lim\limits_{x \to +\infty} \dfrac{\frac{1}{x}}{nx^{n-1}} = \lim\limits_{x \to +\infty} \dfrac{1}{nx^n} = 0.$

例 6 求 $\lim\limits_{x \to \infty} \dfrac{x - \sin x}{x}$.

解 这是 "$\dfrac{\infty}{\infty}$" 型，若用洛必达法则，有 $\lim\limits_{x \to \infty} \dfrac{x - \sin x}{x} = \lim\limits_{x \to \infty} \dfrac{1 - \cos x}{1}$ （不存在且也不是 ∞），即洛必达法则的条件（3）不满足，因此洛必达法则失效. 但是这个函数的极限是存在的，需用其他方法求.

$$\lim\limits_{x \to \infty} \dfrac{x - \sin x}{x} = \lim\limits_{x \to \infty}\left(1 - \dfrac{\sin x}{x}\right) = 1 - 0 = 1$$

例 7 求 $\lim\limits_{x \to +\infty} \dfrac{\sqrt{1 + x^2}}{x}$.

解 这是 "$\dfrac{\infty}{\infty}$" 型，但用洛必达法则后：

$$\lim\limits_{x \to +\infty} \dfrac{\sqrt{1 + x^2}}{x} = \lim\limits_{x \to +\infty} \dfrac{x}{\sqrt{1 + x^2}} = \lim\limits_{x \to +\infty} \dfrac{\sqrt{1 + x^2}}{x}$$

又还原到原来的问题，得不到结果，需改用其他方法.

$$\lim\limits_{x \to +\infty} \dfrac{\sqrt{1 + x^2}}{x} = \lim\limits_{x \to +\infty} \sqrt{\dfrac{1}{x^2} + 1} = 1$$

可见洛必达法则并不是求未定式极限的万能工具，在有些情况下，使用其他方法可能更为简便. 因此，只有全面掌握求极限的各种方法，并能结合起来运用，才能真正做到得心应手.

洛必达法则不仅可以用来解决 "$\dfrac{0}{0}$" 型和 "$\dfrac{\infty}{\infty}$" 型未定式的极限问题，还可以用来解决 "$0 \cdot \infty$" "$\infty - \infty$" "1^{∞}" "0^0" "∞^0" 等类型的未定式的极限问题. 求这几种未定式极限的基本方法就是设法将它们化为 "$\dfrac{0}{0}$" 或 "$\dfrac{\infty}{\infty}$" 型未定式.

2.5.3 其他未定式

（1）"$0 \cdot \infty$" 型未定式求极限.

设 $\lim f(x) = 0$，$\lim g(x) = \infty$，则 $\lim f(x) \cdot g(x)$ 为 "$0 \cdot \infty$" 型未定式，可将其变型为

$$\lim f(x) \cdot g(x) = \lim \dfrac{f(x)}{\frac{1}{g(x)}}\left(\text{"}\dfrac{0}{0}\text{"型}\right) \text{或} \lim f(x) \cdot g(x) = \lim \dfrac{g(x)}{\frac{1}{f(x)}}\left(\text{"}\dfrac{\infty}{\infty}\text{"型}\right)$$

即可用洛必达法则求极限了.

例 8 求 $\lim\limits_{x \to 0^+} x\ln x$（"$0 \cdot \infty$" 型）.

解 $\lim\limits_{x \to 0^+} x\ln x = \lim\limits_{x \to 0^+} \dfrac{\ln x}{\frac{1}{x}}\left(\text{"}\dfrac{\infty}{\infty}\text{"型}\right) = \lim\limits_{x \to 0^+} \dfrac{\frac{1}{x}}{-\frac{1}{x^2}} = -\lim\limits_{x \to 0^+} x = 0.$

（2）"$\infty - \infty$"型未定式求极限.

设 $\lim f(x) = \infty$，$\lim g(x) = \infty$，则 $\lim [f(x) - g(x)]$ 为 "$\infty - \infty$" 型未定式，一般通过代数通分即可化为 "$\dfrac{0}{0}$" 或 "$\dfrac{\infty}{\infty}$" 型未定式.

例9 求 $\lim\limits_{x \to \frac{\pi}{2}} (\sec x - \tan x)$（"$\infty - \infty$"型）.

解
$$\lim\limits_{x \to \frac{\pi}{2}} (\sec x - \tan x) = \lim\limits_{x \to \frac{\pi}{2}} \left(\frac{1}{\cos x} - \frac{\sin x}{\cos x} \right) = \lim\limits_{x \to \frac{\pi}{2}} \frac{1 - \sin x}{\cos x} \left(\text{"} \frac{\infty}{\infty} \text{" 型} \right)$$

$$= \lim\limits_{x \to \frac{\pi}{2}} \frac{-\cos x}{-\sin x} = \lim\limits_{x \to \frac{\pi}{2}} \cot x = 0.$$

（3）"1^{∞}" "0^{0}" "∞^{0}" 型未定式求极限.

求这三种未定式的极限，实质上是求幂指函数 $[f(x)]^{g(x)}$ 的极限，根据对数恒等式，有
$$[f(x)]^{g(x)} = \mathrm{e}^{\ln [f(x)]^{g(x)}} = \mathrm{e}^{g(x) \ln f(x)}$$

故 $\lim [f(x)]^{g(x)} = \lim \mathrm{e}^{g(x) \ln f(x)} = \mathrm{e}^{\lim g(x) \ln f(x)}$.

指数位置的极限属于 "$0 \cdot \infty$" 型未定式，求出此极限后，将其作为底数 e 的指数，即可得到原幂指函数的极限.

习题2.5

1. 用洛必达法则求下列极限：

（1）$\lim\limits_{x \to 0} \dfrac{\ln (1 + x)}{x}$；

（2）$\lim\limits_{x \to a} \dfrac{\sin x - \sin a}{x - a}$；

（3）$\lim\limits_{x \to \pi} \dfrac{\sin 3x}{\tan 5x}$；

（4）$\lim\limits_{x \to \frac{\pi}{2}} \dfrac{\ln \sin x}{(\pi - 2x)^2}$；

（5）$\lim\limits_{x \to +\infty} \dfrac{\ln x}{x^3}$；

（6）$\lim\limits_{x \to 0^+} \dfrac{\ln \tan 7x}{\ln \tan 2x}$；

（7）$\lim\limits_{x \to 1} \left(\dfrac{x}{x - 1} - \dfrac{1}{\ln x} \right)$；

（8）$\lim\limits_{x \to 0^+} x^2 \ln x$；

（9）$\lim\limits_{x \to +\infty} (1 + x)^{\frac{1}{x}}$；

（10）$\lim\limits_{x \to 0} (1 - \sin x)^{\cot x}$.

2. 验证下列极限存在，但不能用洛必达法则求出：

（1）$\lim\limits_{x \to 0} \dfrac{x^2 \cos \dfrac{1}{x}}{\sin x}$；

（2）$\lim\limits_{x \to \infty} \dfrac{x + \sin x}{x - \sin x}$.

2.6 导数在研究函数形态中的应用

我们已经会用初等数学的方法研究一些函数的单调性和极值及最值问题，但这些方法使用范围狭小，并且有些需要借助一些特殊技巧，因而不具有一般性. 本节将以导数为工具，介绍解决上述几个问题的简便且具有一般性的方法.

2.6.1 函数的单调性

我们在第一章中讨论了函数单调性的概念，现在利用导数来研究函数的单调性. 观察图 2-6（a），可以看出：单调增加的函数的图像是一条沿 x 轴正向向上升的曲线，且曲线上各点切线的倾斜角都是锐角，因此切线的斜率都是正的，即 $f'(x) > 0$.

观察图 2-6（b），可以看出：单调减少的函数的图像是一条沿 x 轴正向向下降的曲线，且曲线上各点切线的倾斜角都是钝角，因此切线的斜率都是负的，即 $f'(x) < 0$.

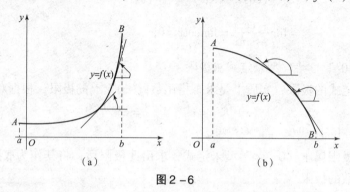

图 2-6

由此可见，函数在区间的单调性与函数导数的符号有着密切的关系. 应用拉格朗日中值定理，可得函数单调性的判别定理.

定理 1 设函数 $y = f(x)$ 在区间 (a, b) 内可导，

（1）若在区间 (a, b) 内，$f'(x) > 0$，那么函数 $f(x)$ 在 (a, b) 内单调增加；

（2）若在区间 (a, b) 内，$f'(x) < 0$，那么函数 $f(x)$ 在 (a, b) 内单调减少；

（3）若在区间 (a, b) 内，$f'(x) = 0$，那么函数 $f(x)$ 在 (a, b) 内为常数.

（证明略）

注意：定理中的开区间换成其他区间（包括无穷区间）结论也成立；并且 $f'(x) > 0$ 与 $f'(x) < 0$ 换成 $f'(x) \geqslant 0$ 与 $f'(x) \leqslant 0$（个别点处导数为0），结论仍成立.

使函数的导数为零的点叫作函数的驻点（或稳定点）.

例 1 判定函数 $y = x - \sin x$ 的单调性.

解 函数 $y = x - \sin x$ 的定义域为 $(-\infty, +\infty)$. $y' = 1 - \cos x$，令 $y' = 0$，解得驻点 $x = 2k\pi$（$k \in \mathbf{Z}$），除这些孤立的驻点外，$y' > 0$. 因此，函数 $y = x - \sin x$ 在 $(-\infty, +\infty)$ 内单调增加.

例 2 讨论函数 $f(x) = x^3 - 3x$ 的单调性.

解 函数 $f(x) = x^3 - 3x$ 在其定义域 $(-\infty, +\infty)$ 内连续，且

$$y' = 3x^2 - 3 = 3(x+1)(x-1)$$

令 $y' = 0$，得驻点 $x_1 = -1$，$x_2 = 1$，函数没有导数不存在的点. 点 x_1，x_2 把函数的定义域分成 $(-\infty, -1)$，$(-1, 1)$，$(1, +\infty)$ 三个子区间，列表：

x	$(-\infty, -1)$	-1	$(-1, 1)$	1	$(1, +\infty)$
$f'(x)$	$+$	0	$-$	0	$+$
$f(x)$	↗		↘		↗

从表中容易看到，$f(x)$ 在区间 $(-\infty, -1)$ 和 $(1, +\infty)$ 内单调增加；在区间 $(-1, 1)$ 内单调减少.

例3 讨论函数 $f(x) = \dfrac{e^x}{1+x}$ 的单调性.

解 函数 $f(x) = \dfrac{e^x}{1+x}$ 是初等函数，在其定义域 $(-\infty, -1) \cup (-1, +\infty)$ 内连续，且

$$f'(x) = \frac{e^x(1+x) - e^x}{(1+x)^2} = \frac{xe^x}{(1+x)^2}$$

令 $f'(x) = 0$，解得 $x = 0$；而当 $x = -1$ 时，函数没定义，$f'(x)$ 不存在. 点 $x = -1$ 和 $x = 0$ 把函数的定义域分成 $(-\infty, -1)$，$(-1, 0)$，$(0, +\infty)$ 三个子区间，因为 $e^x > 0$，$(1+x)^2 > 0$，所以 $f'(x)$ 的符号只取决于因子 x 的符号. 列表：

x	$(-\infty, -1)$	-1	$(-1, 0)$	0	$(0, +\infty)$
$f'(x)$	$-$	$\times$	$-$	0	$+$
$f(x)$	$\searrow$	$\times$	$\searrow$		$\nearrow$

从表中容易看到，$f(x)$ 在区间 $(-\infty, -1)$ 和 $(-1, 0)$ 内单调减少；在区间 $(0, +\infty)$ 内单调增加.

求单调区间和判断单调性的方法：

(1) 确定函数 $f(x)$ 的定义域；

(2) 求出 $f(x)$ 的全部驻点（即求出 $f'(x) = 0$ 的实根）和尖点（导数 $f'(x)$ 不存在的点），并用这两种点按从小到大的顺序把定义域分成若干个子区间；

(3) 列表，用 $f'(x)$ 的正、负号来判断各子区间内函数的单调性.

2.6.2 函数的极值

1. 函数极值的定义

请看图 2-7，可以看到，函数 $y = f(x)$ 在点 c_1，c_4 处的函数值 $f(c_1)$，$f(c_4)$ 比它们左右邻近各点的函数值大，而在点 c_2，c_5 处的函数值 $f(c_2)$，$f(c_5)$ 比它们左右邻近各点的函数值都小. 这些点都是特殊的点，它们是邻近点中数值较大或较小的点. 下面我们来介绍一下函数极值的有关定义.

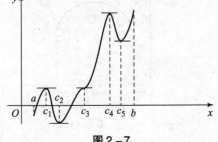

图 2-7

定义1 设函数 $f(x)$ 在 x_0 的某个邻域内有定义.

(1) 如果对于该邻域内的任意点 $x(x \neq x_0)$，都有 $f(x) < f(x_0)$，则称 $f(x_0)$ 为函数 $f(x)$ 的极大值，并且称点 x_0 是 $f(x)$ 的极大值点；

(2) 如果对于该邻域内的任意点 $x(x \neq x_0)$，都有 $f(x) > f(x_0)$，则称 $f(x_0)$ 为函数 $f(x)$ 的极小值，并且称点 x_0 是 $f(x)$ 的极小值点.

函数的极大值与极小值统称为函数的极值，使函数取得极值的点称为函数的极值点.

注意：由定义知，函数的极值概念是局部性的．在指定的区间上，一个函数可能有多个极值，极大值也可能小于极小值，并且函数的极值一定出现在区间的内部．

2. 函数极值的判定

从图 2-7 还可以看出，曲线上对应于极值点处的切线都是水平的，即函数在极值点处的导数为零．但有水平切线的点不一定是极值点．如图 2-7 中点 c_3 处的切线是水平的，c_3 却不是极值．因此得：

定理 2（必要条件） 设函数 $f(x)$ 在点 x_0 可导，且在点 x_0 取得极值，则函数在点 x_0 的导数 $f'(x_0) = 0$.

注意：定理 2 表明，函数 $f(x)$ 在 $f'(x_0) = 0$ 的点 x_0 处可能取极值，但是，在导数不存在的点，函数也可能有极值．例如，函数 $y = |x|$ 在 $x = 0$ 点的导数不存在，但在该点处有极小值 $f(0) = 0$（见图 2-8）；而 $f(x) = x^{\frac{1}{3}}$ 在 $x = 0$ 不可导，在该点没有极值（见图 2-9）.

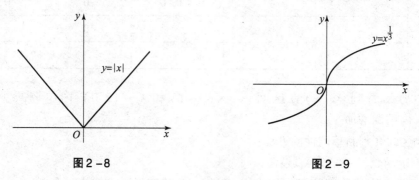

图 2-8   图 2-9

综上所述，函数的极值只可能在驻点或导数不存在的点取得．因此，求函数的极值点的范围就大大缩小了，只需对驻点和连续不可导点逐个进行判断即可．

那么哪些驻点和连续不可导点是函数的极值点呢？下面给出判断极值的充分条件．

如图 2-10 所示，函数 $f(x)$ 在点 x_0 取得极大值，在 x_0 的左侧单调增加，在 x_0 的右侧单调减少．这就是说，在点 x_0 的左侧有 $f'(x) > 0$，在点 x_0 的右侧有 $f'(x) < 0$. 对于 $f(x)$ 取得极小值的情形，可类似地讨论（见图 2-11）. 由此得

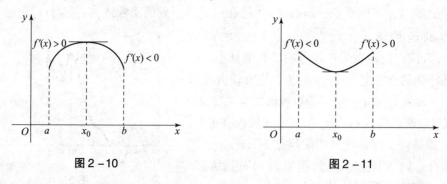

图 2-10   图 2-11

定理 3（第一充分条件） 设函数 $f(x)$ 在点 x_0 处连续，在点 x_0 的某个去心邻域内可导（但 $f'(x_0)$ 可以不存在）.

（1）如果在 x_0 的邻域内，当 $x < x_0$ 时，$f'(x) > 0$；当 $x > x_0$ 时，$f'(x) < 0$，则函数 $f(x)$ 在点 x_0 取得极大值 $f(x_0)$.

（2）如果在 x_0 的邻域内，当 $x < x_0$ 时，$f'(x) < 0$；当 $x > x_0$ 时，$f'(x) > 0$，则函数 $f(x)$ 在点 x_0 取得极小值 $f(x_0)$.

（3）如果在 x_0 的去心邻域内，$f'(x)$ 不改变符号，则 $f(x_0)$ 不是函数 $f(x)$ 的极值.

综上所述，求函数 $f(x)$ 极值点和极值的步骤：

（1）求出导数 $f'(x)$；

（2）求出 $f(x)$ 的全部驻点和不可导点；

（3）列表判断（考查 $f'(x)$ 的符号在每个驻点和不可导点的左右邻近的情况，以便确定该点是否是极值点，如果是极值点，还要按定理 5 确定对应的函数值是极大值还是极小值）；

（4）求出函数的所有极值点和极值.

例 4 求函数 $f(x) = (x-1)^2(x+1)^3$ 的极值.

解 如图 2-12 所示，函数 $f(x)$ 的定义域为 $(-\infty, +\infty)$.

$$f'(x) = 2(x-1)(x+1)^3 + 3(x-1)^2(x+1)^2 = (x-1)(x+1)^2(5x-1)$$

令 $f'(x) = 0$，解得 $x_1 = -1$，$x_2 = \dfrac{1}{5}$，$x_3 = 1$，函数没有导数不存在的点.

三个驻点将函数的定义域分成 $(-\infty, -1)$，$\left(-1, \dfrac{1}{5}\right)$，$\left(\dfrac{1}{5}, 1\right)$，$(1, +\infty)$ 四个子区间，列表分析，因为 $(x+1)^2 \geq 0$，不影响导数的符号，故列表时可略去这个因子.

x	$(-\infty, -1)$	-1	$\left(-1, \dfrac{1}{5}\right)$	$\dfrac{1}{5}$	$\left(\dfrac{1}{5}, 1\right)$	1	$(1, +\infty)$
$f'(x)$	+	0	+	0	−	0	+
$f(x)$	↗	无极值	↗	极大值 $\dfrac{3\,456}{3\,125}$	↘	极小值 0	↗

由表可知，函数的极大值为 $f\left(\dfrac{1}{5}\right) = \dfrac{3\,456}{3\,125}$，极小值为 $f(1) = 0$.

例 5 求函数 $f(x) = \dfrac{2}{3}x - x^{\frac{2}{3}}$ 的极值.

解 如图 2-13 所示，函数 $f(x)$ 的定义域为 $(-\infty, +\infty)$.

$$f'(x) = \frac{2}{3} - \frac{2}{3}x^{-\frac{1}{3}} = \frac{2}{3}\left(1 - \frac{1}{\sqrt[3]{x}}\right) = \frac{2}{3} \cdot \frac{\sqrt[3]{x}-1}{\sqrt[3]{x}}$$

令 $f'(x) = 0$，解得 $x = 1$. 而当 $x = 0$ 时，$f'(x)$ 不存在.

驻点 $x = 1$ 和尖点 $x = 0$ 将 $f(x)$ 的定义域分成 $(-\infty, 0)$，$(0, 1)$，$(1, +\infty)$ 三个子区间，列表讨论如下：

x	$(-\infty, 0)$	0	$(0, 1)$	1	$(1, +\infty)$
$f'(x)$	+	×	−	0	+
$f(x)$	↗	极大值 0	↘	极小值 $-\dfrac{1}{3}$	↗

函数的极大值为 $f(0)=0$，极小值为 $f(1)=-\dfrac{1}{3}$.

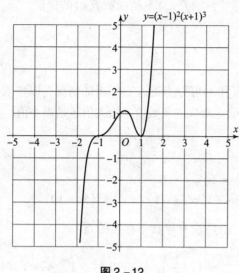

图 2-12

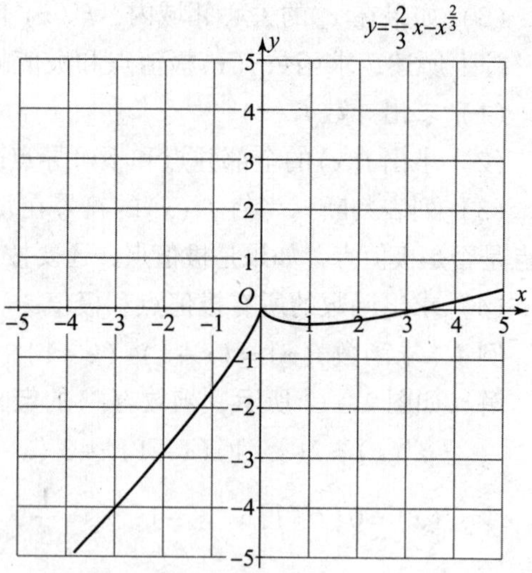

图 2-13

极值存在的第一充分条件既适用于函数 $f(x)$ 在点 x_0 处可导，也适用于在点 x_0 处不可导. 如果函数 $f(x)$ 在驻点处的二阶导数存在且不为零，也可利用下面的定理来判定极值.

定理 4（第二充分条件） 设函数 $f(x)$ 在点 x_0 处具有二阶导数且 $f'(x)=0$，$f''(x)$ 不为 0.

(1) 如果 $f''(x)>0$，则函数 $f(x)$ 在 x_0 处取得极小值；

(2) 如果 $f''(x)<0$，则函数 $f(x)$ 在 x_0 处取得极大值.

例 6 求函数 $f(x)=x-\dfrac{1}{3}x^3$ 的极值.

解 函数 $f(x)$ 的定义域为 $(-\infty,+\infty)$.

$$f'(x)=1-x^2$$

令 $f'(x)=0$，解得驻点 $x=\pm 1$.

$$f''(x)=-2x$$

因为 $f'(-1)=0$，$f''(-1)=2>0$，所以 $f(x)$ 在 $x=-1$ 处取得极小值 $f(-1)=-\dfrac{2}{3}$；

因为 $f'(1)=0$，$f''(1)=-2<0$，所以 $f(x)$ 在 $x=1$ 处取得极大值 $f(-1)=\dfrac{2}{3}$.

一般地，当函数只有驻点且在驻点的二阶导数不为零的情况下，用定理 4 比较简单，特别是许多实际应用问题.

2.6.3 函数的最值

在生产实际中，常会遇到要求在一定条件下，如何使材料最省、效率最高、利润最大等问题，在数学上，这类问题就是求函数的最大值或最小值问题.

函数的极值与函数的最值是两个不同的概念，极值是一种局部范围的概念；而最值是一个整体概念，它是就整个定义区间的函数值比较来说的. 那么如何求最值呢?

求函数 $f(x)$ 在闭区间 $[a, b]$ 上的最大值与最小值的方法，可按如下步骤进行：

（1）求函数 $f(x)$ 的导数，并求出所有的驻点和导数不存在的点；

（2）求各驻点、导数不存在的点及各端点的函数值；

（3）比较上述各函数值的大小，最大的就是 $f(x)$ 的最大值，最小的就是 $f(x)$ 的最小值.

例 7　求函数 $f(x) = 2x^3 + 3x^2 - 12x + 13$ 在 $[-4, 3]$ 上的最值.

解　求导得，$f'(x) = 6x^2 + 6x - 12 = 6(x - 1)(x + 2)$.

令 $f'(x) = 0$，解得驻点 $x_1 = -2$，$x_2 = 1$.

计算驻点及端点的函数值，有

$$f(-2) = 33, \quad f(1) = 6, \quad f(-4) = -19, \quad f(3) = 58$$

所以函数 $f(x) = 2x^3 + 3x^2 - 12x + 13$ 在 $[-4, 3]$ 上的最大值为 $f(3) = 58$，最小值为 $f(-4) = -19$.

例 8　用一块边长为 24 cm 的正方形铁皮，在其四角各截去一块面积相等的小正方形，做成无盖的铁盒（见图 2–14）. 问：截去的小正方形边长为多少时，作出的铁盒容积最大？

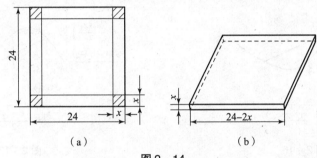

（a）　　　　　　　　（b）

图 2–14

解　设截去的小正方形的边长为 x cm，铁盒的容积为 V cm³. 根据题意，得

$$V = x(24 - 2x)^2 \quad (0 < x < 12)$$

于是，问题归结为：x 为何值时，函数 V 在区间 $(0, 12)$ 内取得最大值.

$$V' = (24 - 2x)^2 + x \cdot 2(24 - 2x)(-2)$$
$$= (24 - 2x)(24 - 6x) = 12(12 - x)(4 - x)$$

令 $V' = 0$，解得 $x_1 = 12$，$x_2 = 4$. 因此，在区间 $(0, 12)$ 内函数只有一个驻点 $x = 4$，又由问题的实际意义知，函数 V 的最大值在 $(0, 12)$ 内取得. 所以，当 $x = 4$ 时，函数 V 取得最大值. 即，当所截去的正方形边长为 4 cm 时，铁盒的容积为最大.

例 9　在一条河的同旁有甲、乙两城，甲城位于河岸边，乙城离岸 40 km，乙城到岸的垂足与甲城相距 50 km（见图 2–15）. 两城在此河边合建一水厂取水，从水厂到甲城和乙城的水管费用分别为每公里 3 万元和 5 万元，问：此水厂应设在河边的何处才能使水管费用最省？

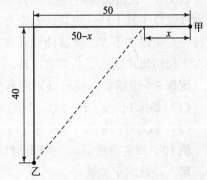

图 2–15

解　设水厂离甲城 x km，水管总费用为 y 万元，则

$$y = 3x + 5\sqrt{40^2 + (50-x)^2} \quad (0 < x < 50)$$

于是，问题归结为：x 为何值时，函数 y 在区间（0，50）内取得最小值.

求导得

$$y' = 3 - \frac{5(50-x)}{\sqrt{40^2 + (50-x)^2}} = \frac{3\sqrt{40^2 + (50-x)^2} - 5(50-x)}{\sqrt{40^2 + (50-x)^2}}$$

令 $y' = 0$，解得 $x = 20$. 因为在区间（0，50）内函数只有一个驻点 $x = 20$，又由问题的实际意义知，函数 y 的最小值在（0，50）内取得，所以当 $x = 20$ 时，函数 y 取得最小值. 即此水厂应设在河边离甲城 20 km 处，才能使水管费用最省.

2.6.4 函数的凹凸性

我们已经研究了函数的单调性、极值、最值问题，从而能够知道函数变化的大致情况. 为了进一步讨论函数的形态，还需研究曲线的凹凸性与拐点. 观察图 2 - 16，图 2 - 17.

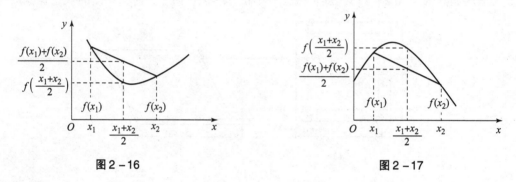

图 2 - 16　　　　　　　　　　图 2 - 17

定义 2　设 $f(x)$ 在区间 I 上连续，如果对 I 上任意两点 x_1，x_2，恒有

$$f\left(\frac{x_1 + x_2}{2}\right) < \frac{f(x_1) + f(x_2)}{2}$$

那么称 $f(x)$ 在 I 上的图形是（向上）凹的（或凹弧）;如果恒有

$$f\left(\frac{x_1 + x_2}{2}\right) > \frac{f(x_1) + f(x_2)}{2}$$

那么称 $f(x)$ 在 I 上的图形是（向上）凸的（或凸弧）.

定义 3　设曲线弧的方程为 $y = f(x)$，且曲线弧上的每一点都有切线. 如果在某区间内，该曲线弧位于其上任一点切线的上方，则称曲线弧在该区间内是凹的；如果该曲线弧位于其上任一点切线的下方，则称曲线弧在该区间内是凸的.

下面给出曲线的凹凸判定定理.

定理 5　设函数在（a，b）内有二阶导数.

（1）如果在（a，b）内，$f''(x) > 0$，则曲线 $y = f(x)$ 在（a，b）内是凹的；

（2）如果在（a，b）内，$f''(x) < 0$，则曲线 $y = f(x)$ 在（a，b）内是凸的.

例 10　判定曲线 $y = x^3$ 的凹凸性.

解　函数的定义域为（$-\infty$，$+\infty$）

$$y' = 3x^2, \quad y'' = 6x$$

当 $x<0$ 时，$y''<0$；当 $x>0$ 时，$y''>0$．所以，是凹的（见图 2 – 18）．

从图 2 – 18 可以看到，点 $(0,0)$ 是曲线由凸变到凹的分界点．我们把这种连续曲线上凹的曲线弧与凸的曲线弧的分界点叫作曲线的**拐点**．

由拐点的定义知，如果 $f''(x_0)=0$，且 $f''(x)$ 在点 x_0 的左右附近异号，则点 $(x_0,f(x_0))$ 就是曲线 $y=f(x)$ 上的一个拐点；如果 $f''(x)$ 在点 x_0 的左右附近同号，则点 $(x_0,f(x_0))$ 不是曲线 $y=f(x)$ 的拐点．

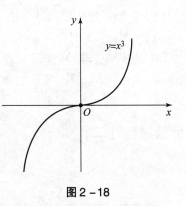

图 2 – 18

例 11　判断曲线 $y=x^2-\dfrac{1}{x}$ 的凹凸和拐点．

解　函数的定义域为 $(-\infty,0)\cup(0,+\infty)$，点 $x=0$ 为曲线 $y=x^2-\dfrac{1}{x}$ 的间断点．

$$y'=2x+\frac{1}{x^2},\ y''=2-\frac{2}{x^3}=\frac{2(x^3-1)}{x^3}$$

令 $y''=0$，解得 $x=1$．

点 $x=0$ 和 $x=1$ 把定义域分成 $(-\infty,0)$，$(0,1)$，$(1,+\infty)$ 三个子区间，列表

x	$(-\infty,0)$	0	$(0,1)$	1	$(1,+\infty)$
y''	$+$	$\times$	$-$	0	$+$
y	$\cup$	间断点	$\cap$	拐点 $(1,0)$	$\cup$

由表可知，函数在区间 $(-\infty,0)$ 和 $(1,+\infty)$ 内上凹，在区间 $(0,1)$ 内下凹，拐点为 $(1,0)$．

习题 2.6

1. 求下列函数的单调区间：

(1) $y=x^2-8\ln x$；

(2) $y=\dfrac{1}{2}x^2 e^{-x}$；

(3) $y=(x+2)^2(x-1)$；

(4) $y=x^4-2x^2+3$．

2. 求下列函数的极值点和极值：

(1) $y=2x^2-x^4$；

(2) $y=1-(x-2)^{\frac{2}{3}}$．

3. 求下列函数在给定区间上的最值：

(1) $y=x+2\sqrt{x}$，$[0,4]$；

(2) $y=2x-\sin2$，$\left[\dfrac{\pi}{4},\pi\right]$．

4. 求下列函数的凹凸区间和拐点：

(1) $y=xe^x$；

(2) $y=(x-2)^{\frac{5}{3}}$．

5. 利用函数的单调性证明下列不等式:

(1) 当 $x>1$ 时, $e^x>ex$;   (2) 当 $x>0$ 时, $\sin x<x$.

6. 某厂生产某种产品 x 个单位的费用为 $C(x)=5x+200$ 元, 所得的收入为 $R(x)=10x-0.01x^2$ 元, 问: 每批生产多少个单位产品时才能使利润最大?

阅读材料 (二)

诺贝尔经济学奖与数学

诺贝尔对数学家是有心结的. 诺贝尔奖一开始就没有设立数学奖. 据说因为诺贝尔与数学家 Mittag-Leffler 不合, 所以不愿设置数学奖. 不合的由来是两人为争夺一位女子. 后来又听说 Mittag-Leffler 累积不少财富, 但在这过程中却惹怒了诺贝尔. 诺贝尔认为若设了数学奖, 则 Mittag-Leffler 会对瑞典皇家科学院施压, 使他成为首位获奖者. 另外, 尚有一些说法, 如诺贝尔中学时代厌恶数学, 因此不愿设数学奖. 不过这些传闻均未能证实. 可能只是基于某种原因使诺贝尔认为不需设数学奖, 或是他从未想过该设数学奖. 但事实是, 几十年后唯一的一次扩大的机会却给了经济学, 尽管只是一种纪念奖, 奖金也不是来源于诺贝尔的遗产收入, 但毕竟是对经济学科学地位的一种肯定, 而诸多科学之基础的数学则无此幸运.

应该说经济学进入诺奖范围是有争议的. 一些自然科学家不愿把诺贝尔奖扩大到新的学科, 不愿让经济学与物理学等"硬学科"处于平等地位, 担心经济学奖的"科学性". 一些皇家科学院的经济学院士, 尤其是缪尔达尔力陈设立经济学奖的重要意义和经济学的"科学性", 最终使皇家科学院接受了这个建议. 1969 年 1 月, 诺贝尔经济学奖得到瑞典政府批准, 同年 12 月颁发了第一届诺贝尔经济学奖. 在诺贝尔设立一个世纪以来, 曾经有许多在诺贝尔遗嘱中没有提到的学科企图成为诺贝尔家族的新成员, 以分享这项荣誉, 但只有经济学成功地达到了这个目的. 这无疑反映了经济学在整个人类科学体系中的重要地位以及经济学资深的"科学性".

但诺奖也并没有对数学家完全关上大门. 在诺奖上, 数学家不让经济学家专美. 想借用经济学这个敲门砖敲开诺奖大门的数学家大有人在.

测试题二

一、**选择题** (从下列各题四个备选答案中选出一个正确选项, 答案错选或未选者, 该题不得分. 本大题共 10 小题, 每小题 3 分, 共 30 分.)

1. 设函数 $y=ax+b$, 则 $y'=$ (   ).

A. 0   B. a C. $-a$ D. b

2. 下列各式中正确的是 (   ).

A. $\sin x\mathrm{d}x=\mathrm{d}\cos x$ B. $x\mathrm{d}x=\mathrm{d}x^2$

C. $\ln x\mathrm{d}x=\mathrm{d}\dfrac{1}{x}$ D. $3\mathrm{d}x=\mathrm{d}3x$

3. 设函数 $y = x(x-1)(x-2)\cdots(x-5)$，则 $y'(0) =$ （   ）.

A. 0   B. $-5!$ C. $5!$ D. -15

4. 设函数 $y = \sin(x+y)$，则 $dy =$ （   ）.

A. $\cos(x+y)dx$ B. $(1+y)\cos(x+y)dx$

C. $\dfrac{\cos(x+y)}{1-\cos(x+y)}dx$ D. $\dfrac{-\cos(x+y)}{1-\cos(x+y)}dx$

5. 函数 $y = |x-2|$ 在 $x=2$ 处（   ）.

A. 极限不存在   B. 不连续   C. 连续   D. 可导

6. 设函数 $y = x^2 - 8x + 9$ 的一阶导数为 0，则 $x =$ （   ）.

A. 4   B. -4 C. 8   D. -8

7. 函数 $y = x^2 + 3x$ 在 $[-3, 0]$ 上满足罗尔中值定理的条件，则结论中的 $\xi =$ （   ）.

A. 0   B. 1   C. $-\dfrac{3}{2}$ D. 2

8. 函数 $f(x) = x - \ln x$ 的单调增区间是（   ）.

A. $(0, +\infty)$ B. $(-\infty, 0)$ C. $(0, 1)$ D. $(1, +\infty)$

9. 函数 $y = x^4 + 2x^2$ 在 $(-\infty, +\infty)$ 内的极小值点为（   ）.

A. $x = 0$ B. $x = 1$ C. $x = 2$ D. 不存在

10. 函数的极值点一定为（   ）.

A. 驻点   B. 拐点   C. 导数为 0   D. 以上都不对

二、填空题（将答案填写到该题横线上，本大题共 5 个空，每空 3 分，共 15 分.）

1. 设函数 $f(x) = e^x + 3$，则 $\lim\limits_{x \to 0} \dfrac{f(x) - 4}{x} =$ _____.

2. 函数曲线 $y = x - \sin x$ 在 _____ 处的切线平行于 x 轴.

3. 设函数 $y = \tan x$，则它的微分 $dy =$ _____ dx.

4. 若函数 $f(x)$ 在区间 (a, b) 内恒有 $f'(x) > 0$，就单调性来说，函数 $f(x)$ 在区间 (a, b) 内是 _____.

5. $y = x^2$ 在它的定义域内的凹凸性为 _____.

三、判断题（判断以下事件是否为随机事件，认为是的就在题前【 】划 "√"，认为不是的划 "×"．本大题共 5 小题，每小题 2 分，共 10 分.）

【　　】1. $(\ln x^2)' = \dfrac{2}{x}$.

【　　】2. 可导和可微是两个等价的定义.

【　　】3. 函数连续一定可导.

【　　】4. 凹凸曲线的分界点叫驻点.

【　　】5. 设函数 $f(x)$ 在区间 (a, b) 内二阶导数存在，且 $f''(x) > 0$，则曲线 $f(x)$ 在区间 (a, b) 内是凸的.

四、计算题（写出主要计算步骤及结果．本大题共 6 小题，每小题 6 分，共 36 分.）

1. 计算极限 $\lim\limits_{x \to 0} \dfrac{\ln(1+2x)}{\sin 2x}$.

2. 求曲线 $f(x) = \sin x + 1$ 在点 $(0，1)$ 处的切线方程.

3. 求函数 $y = x\cos x$ 的二阶导数.

4. 求函数 $y = 2x^2 - \ln x$ 的单调区间.

5. 求函数 $f(x) = 2x - 3x^{\frac{2}{3}}$ 的极值.

6. 求函数 $y = \dfrac{x}{1 + x^2}$ 在区间 $[-1，2]$ 上的最值.

五、应用题（写出主要计算步骤及结果. 本大题共 1 小题，每小题 9 分，共 9 分.）

某种面包以每个 2 元的价格销售时，每天能卖 500 个，另外，面包店每天的固定开销为 40 元，每个面包的成本为 1.5 元，则面包定价多少时，利润最大？（精确到小数点后两位）

第三章

积分及其应用

前面我们已经研究了一元函数的微分学，但是在实际生活中，常常需要研究与它相反的问题，因而引进了一元函数的积分学．微分学和积分学无论在概念上还是在运算方法上都是互逆的．本章将从实际问题出发，介绍不定积分与定积分的基本概念和基本运算，并用积分知识解决一些实际问题．

3.1 不定积分的概念

3.1.1 原函数与不定积分

1. 原函数

如果某产品的产量 q 是时间 t 的函数 $q = q(t)$，则该产品的变化率是产量对时间的导数 $q'(t)$．反过来，如果已知某产品产量关于时间 t 的导数 $q'(t)$，要求该产品的产量函数 $q(t)$．显然，这是一个与微分学中求导运算相反的问题．为研究这类问题我们给出下面的定义．

定义 1 如果在区间 I 上存在可导函数 $F(x)$，总有 $F'(x) = f(x)$，则称 $F(x)$ 为 $f(x)$ 在区间 I 上的一个原函数．

例如，因为 $(x^2)' = 2x$，所以 x^2 是 $2x$ 的一个原函数．而且 $(x^2 + 1)' = 2x$，所以 $x^2 + 1$ 也是 $2x$ 的一个原函数．这说明原函数如果存在，则不唯一．事实上，我们有下面的定理．

定理 1 在区间 I 上，若函数 $F(x)$ 是函数 $f(x)$ 的一个原函数，则 $F(x) + C$（C 为任意常数）也是 $f(x)$ 在区间 I 上的原函数，且 $f(x)$ 的任一原函数均可表示成 $F(x) + C$ 的形式．

其实，如果 $G(x)$ 是 $f(x)$ 的任一原函数，由拉格朗日中值定理推论 2，有 $G(x) = F(x) + C$．

因此，如果我们找到了一个原函数 $F(x)$，就可以得到全部原函数 $F(x) + C$．现在要问，是不是所有的函数都一定有原函数呢？下面的定理回答了这个问题.

定理 2（原函数存在定理） 如果函数 $f(x)$ 在区间 I 上连续，那么 $f(x)$ 在区间 I 上必有原函数.

2. 不定积分的概念

定义 2 若 $F(x)$ 是 $f(x)$ 在区间 I 上的一个原函数，C 为任意常数，则称 $f(x)$ 的全体原函数 $F(x) + C$ 为 $f(x)$ 的不定积分，记为 $\int f(x)\mathrm{d}x$，即

$$\int f(x)\mathrm{d}x = F(x) + C$$

其中 $\int$ 称为积分号；x 称为积分变量；$f(x)$ 称为被积函数；$f(x)\mathrm{d}x$ 称为被积表达式，C 称为积分常数.

由不定积分的定义知：$\int 2x\mathrm{d}x = x^2 + C$.

3. 不定积分的性质

性质 1 不定积分与导数（微分）互为逆运算. 即

$$\left(\int f(x)\mathrm{d}x\right)' = f(x) \quad \text{或} \quad \mathrm{d}\left(\int f(x)\mathrm{d}x\right) = f(x)\mathrm{d}x$$

$$\int F'(x)\mathrm{d}x = F(x) + C \quad \text{或} \quad \int \mathrm{d}F(x) = F(x) + C$$

性质 2 代数和的积分等于积分的代数和. 即

$$\int [f(x) \pm g(x)]\mathrm{d}x = \int f(x)\mathrm{d}x \pm \int g(x)\mathrm{d}x$$

性质 3 被积表达式中的非零常数因子可以提到积分号前. 即

$$\int kf(x)\mathrm{d}x = k\int f(x)\mathrm{d}x \quad (k \text{ 是常数，且 } k \neq 0)$$

3.1.2　不定积分的基本公式和运算

1. 不定积分的基本公式

由于不定积分是导数（微分）的逆运算，因此由导数的基本公式可以推出下列不定积分的基本公式.

(1) $\int 0\mathrm{d}x = C$	(2) $\int k\mathrm{d}x = kx + C$　（k 是常数）
(3) $\int \dfrac{1}{x}\mathrm{d}x = \ln\vert x\vert + C$	(4) $\int x^\alpha \mathrm{d}x = \dfrac{x^{\alpha+1}}{\alpha+1} + C$　（$\alpha \neq -1$）
(5) $\int \mathrm{e}^x\mathrm{d}x = \mathrm{e}^x + C$	(6) $\int a^x\mathrm{d}x = \dfrac{a^x}{\ln a} + C$
(7) $\int \sin x\mathrm{d}x = -\cos x + C$	(8) $\int \cos x\mathrm{d}x = \sin x + C$

$(9) \int \sec^2 x \mathrm{d}x = \tan x + C.$	$(10) \int \csc^2 x \mathrm{d}x = -\cot x + C$
$(11) \int \dfrac{1}{\sqrt{1-x^2}} \mathrm{d}x = \arcsin x + C$	$(12) \int \dfrac{1}{1+x^2} \mathrm{d}x = \arctan x + C$

上述公式是求不定义积分的基础，必须熟记！

2. 不定积分的基本运算

利用不定积分的基本公式和性质，我们可以求一些简单函数的积分.

例 1　求下列不定积分

$(1) \int x^2 \sqrt{x} \mathrm{d}x$ ；$\qquad\qquad\qquad (2) \int 10^x \cdot \mathrm{e}^x \mathrm{d}x$.

解　$(1) \int x^2 \sqrt{x} \mathrm{d}x = \int x^{\frac{5}{2}} \mathrm{d}x = \dfrac{1}{\frac{5}{2}+1} x^{\frac{5}{2}+1} + C = \dfrac{2}{7} x^{\frac{7}{2}} + C$ ；

$(2) \int 10^x \cdot \mathrm{e}^x \mathrm{d}x = \int (10\mathrm{e})^x \mathrm{d}x = \dfrac{(10\mathrm{e})^x}{\ln(10\mathrm{e})} + C = \dfrac{(10\mathrm{e})^x}{\ln 10 + 1} + C$.

例 2　求 $\int \left(\dfrac{1}{x} + 2\cos x - 4\right) \mathrm{d}x$.

解　$\int \left(\dfrac{1}{x} + 2\cos x - 4\right) \mathrm{d}x = \int \dfrac{1}{x} \mathrm{d}x + 2\int \cos x \mathrm{d}x - 4\int \mathrm{d}x = \ln|x| + 2\sin x - 4x + C$.

虽然上式中的每一项积分都应当有一个积分常数，但是没必要在每一项后面各加上一个积分常数. 因为任意常数之和还是任意常数，所以只把它们的和 C 写在末尾即可.

要检验积分结果是否正确，只需把结果求导，看它的导数是否等于被积函数就行了. 如：由于

$$\left(\dfrac{2}{7} x^{\frac{7}{2}} + C\right)' = x^{\frac{5}{2}} = x^2 \sqrt{x}$$

因此例 1 （1）的结果是正确的.

3. 直接积分法

有时，需要把被积函数经过初等数学的方法（如代数和三角的恒等变形），再利用积分的性质和基本公式求出结果. 这样的积分方法叫作直接积分法.

例 3 求 $\int \dfrac{1+x+x^2}{x(1+x^2)} \mathrm{d}x$.

解　$\int \dfrac{1+x+x^2}{x(1+x^2)} \mathrm{d}x = \int \left[\dfrac{1+x^2}{x(1+x^2)} + \dfrac{x}{x(1+x^2)}\right] \mathrm{d}x$

$\qquad\qquad\qquad = \int \left(\dfrac{1}{x} + \dfrac{1}{1+x^2}\right) \mathrm{d}x = \ln|x| + \arctan x + C$.

例 4　求 $\int \dfrac{x^4}{1+x^2} \mathrm{d}x$.

解 $\int \dfrac{x^4}{1+x^2}dx = \int \dfrac{x^4-1+1}{1+x^2}dx = \int \left(\dfrac{x^4-1}{1+x^2}+\dfrac{1}{1+x^2}\right)dx = \int \left(x^2-1+\dfrac{1}{1+x^2}\right)dx$

$$= \dfrac{1}{3}x^3 - x + \arctan x + C.$$

例5 求 $\int \cos^2 \dfrac{x}{2}dx$.

解 $\int \cos^2 \dfrac{x}{2}dx = \int \dfrac{1+\cos x}{2}dx = \dfrac{1}{2}(x+\sin x)+C.$

例6 已知某厂生产某种产品的边际成本函数为 $C'(q)=q^2-4q+6$，且固定成本为 2，求成本函数 $C(q)$ 和平均成本函数 $\dfrac{C(q)}{q}$.

解 $C(q)=\int C'(q)dq = \int (q^2-4q+6)dq = \dfrac{1}{3}q^3-2q^2+6q+C.$

由于固定成本为 2，即 $q=0$ 时，$C(0)=2$，代入上式，得 $C=2$.

所以成本函数为 $C(q)=\dfrac{1}{3}q^3-2q^2+6q+2$，

平均成本函数为 $\dfrac{C(q)}{q}=\dfrac{1}{3}q^2-2q+6+\dfrac{2}{q}$.

习题 3.1

1. 填空.

(1) ( )$'=5$, $\int 5dx = ($)；　　(2) ( )$'=x^2$, $\int x^2dx = ($)；

(3) $d($)$=\sec^2 xdx$, $\int \sec^2 xdx = ($)； (4) $d($)$=e^{2x}dx$, $\int e^{2x}dx = ($).

2. 用不定积分的定义，验证下列各式：

(1) $\int \dfrac{x}{\sqrt{1+x^2}}dx = \sqrt{1+x^2}+C$ ；　　(2) $\int \cos^2 xdx = \dfrac{1}{2}x+\dfrac{1}{4}\sin 2x + C$.

3. 已知 $\int f(x)dx = \sin^2 x + C$ ，求 $f(x)$.

4. 求下列不定积分：

(1) $\int (x^3+3^x)dx$ ；　　　　　　　(2) $\int (\sqrt{x}-1)^2 dx$ ；

(3) $\int \sqrt{x}(2-x)dx$ ；　　　　　　(4) $\int \left(\sqrt[3]{x}-\dfrac{1}{\sqrt[3]{x}}\right)dx$ ；

(5) $\int \dfrac{x^2}{1+x^2}dx$ ；　　　　　　　(6) $\int \dfrac{x^2-x+\sqrt{x}-1}{x}dx$ ；

(7) $\int \dfrac{\cos 2x}{\cos x-\sin x}dx$ ；　　　　(8) $\int \dfrac{\cos 2x}{\cos^2 x\sin^2 x}dx$.

5. 设边际收益函数为 $f(x)=12-6x+3x^2$ ，求收益函数和平均收益函数.

3.2 不定积分的积分方法

用直接积分法所能计算的不定积分是非常有限的. 因此, 有必要进一步研究不定积分的方法. 本节将介绍两类换元积分法和分部积分法.

3.2.1 换元积分法

1. 第一类换元积分法

第一类换元积分法是与微分学中的复合函数求导法则相对应的积分方法. 先看一个例子.

例 1 求 $\int \sin 2x \, dx$.

解 这里不能直接用公式 $\int \sin x \, dx = -\cos x + C$, 因为被积函数 $\sin 2x$ 是一个复合函数, 为了套用这个公式, 需先把原积分变形, 然后再计算. 注意到 $dx = d\left(\dfrac{1}{2} \cdot 2x\right) = \dfrac{1}{2} d(2x)$, 所以

$$\int \sin 2x \, dx = \int \sin 2x \cdot \frac{1}{2} d(2x) = \frac{1}{2} \int \sin 2x \, d(2x)$$

令 $u = 2x$, 则 $\int \sin 2x \, dx = \dfrac{1}{2} \int \sin u \, du = -\dfrac{1}{2} \cos u + C = -\dfrac{1}{2} \cos 2x + C$.

一般地, 若不定积分的被积表达式可写为

$$f(x) \, dx = g[\varphi(x)] \varphi'(x) \, dx = g[\varphi(x)] \, d\varphi(x)$$

的形式, 则令 $u = \varphi(x)$, 可将关于变量 x 的积分转化为关于变量 u 的积分, 于是有

$$\int f(x) \, dx = \int g[\varphi(x)] \varphi'(x) \, dx = \int g[\varphi(x)] \, d\varphi(x) = \int g(u) \, du$$

当 $\int g(u) \, du = F(u) + C$ 求得后, 再将 $u = \varphi(x)$ 回代, 即求得 $\int f(x) \, dx = F[\varphi(x)] + C$. 这种方法, 我们称为第一类换元积分法. 它的基本思想是先凑微分再积分, 因此也称为凑微分法. 对积分步骤比较熟悉后, 换元的过程也可不写出来.

例 2 求 $\int (3x - 1)^{10} \, dx$.

解 因为 $dx = \dfrac{1}{3} d(3x - 1)$, 所以 $\int (3x - 1)^{10} \, dx = \dfrac{1}{3} \int (3x - 1)^{10} \, d(3x - 1)$,

令 $u = 3x - 1$, 则 $\int (3x - 1)^{10} \, dx = \dfrac{1}{3} \int u^{10} \, du = \dfrac{1}{33} u^{11} + C = \dfrac{1}{33} (3x - 1)^{11} + C$.

例 3 求 $\int \dfrac{1}{1 + x} \, dx$.

解 因为 $dx = d(1 + x)$, 所以 $\int \dfrac{dx}{1 + x} = \int \dfrac{d(1 + x)}{1 + x}$,

令 $u = 1 + x$, 则 $\int \dfrac{1}{1 + x} \, dx = \int \dfrac{du}{u} = \ln |u| + C = \ln |1 + x| + C$.

例 4 求 $\int x\mathrm{e}^{x^2}\mathrm{d}x$.

解 因为 $x\mathrm{d}x = \dfrac{1}{2}\mathrm{d}(x^2)$ ，所以 $\int x\mathrm{e}^{x^2}\mathrm{d}x = \dfrac{1}{2}\int \mathrm{e}^{x^2}\mathrm{d}(x^2)$ ，

令 $u = x^2$ ，则 $\int x\mathrm{e}^{x^2}\mathrm{d}x = \dfrac{1}{2}\int \mathrm{e}^u \mathrm{d}u = \dfrac{1}{2}\mathrm{e}^u + C = \dfrac{1}{2}\mathrm{e}^{x^2} + C$.

例 5 求 $\int \dfrac{1}{\sqrt{x}(1+x)}\mathrm{d}x$.

解 因为 $\dfrac{1}{\sqrt{x}}\mathrm{d}x = 2\mathrm{d}\sqrt{x}$ ，所以

$$\int \frac{1}{\sqrt{x}(1+x)}\mathrm{d}x = \int \frac{2\mathrm{d}\sqrt{x}}{1+(\sqrt{x})^2} = 2\arctan\sqrt{x} + C$$

例 6 求 $\int \dfrac{\sin\dfrac{1}{x}}{x^2}\mathrm{d}x$.

解 因为 $\dfrac{1}{x^2}\mathrm{d}x = -\mathrm{d}\left(\dfrac{1}{x}\right)$ ，所以

$$\int \frac{\sin\dfrac{1}{x}}{x^2}\mathrm{d}x = -\int \sin\frac{1}{x}\mathrm{d}\left(\frac{1}{x}\right) = \cos\frac{1}{x} + C$$

例 7 求 $\int \tan x\mathrm{d}x$.

解 因为 $\sin x\mathrm{d}x = -\mathrm{d}\cos x$ ，所以

$$\int \tan x\mathrm{d}x = \int \frac{\sin x}{\cos x}\mathrm{d}x = -\int \frac{1}{\cos x}\mathrm{d}\cos x = -\ln|\cos x| + C$$

类似地，可得 $\int \cot x\mathrm{d}x = \ln|\sin x| + C$.

例 8 求 $\int \tan^3 x\sec^2 x\mathrm{d}x$.

解 因为 $\sec^2 x\mathrm{d}x = \mathrm{d}\tan x$ ，所以

$$\int \tan^3 x\sec^2 x\mathrm{d}x = \int \tan^3 x\mathrm{d}\tan x = \frac{1}{4}\tan^4 x + C$$

例 9 求 $\int \dfrac{\arctan x}{1+x^2}\mathrm{d}x$.

解 因为 $\dfrac{1}{1+x^2}\mathrm{d}x = \mathrm{d}\arctan x$ ，所以

$$\int \frac{\arctan x}{1+x^2}\mathrm{d}x = \int \arctan x\mathrm{d}\arctan x = \frac{1}{2}\arctan^2 x + C$$

从上面例题可以看出，用第一类换元积分法计算积分时，关键是把被积表达式凑成两部分，使其中一部分为 $\mathrm{d}\varphi(x)$ ，另一部分为 $\varphi(x)$ 的函数 $g[\varphi(x)]$. 一般地，常用的凑微分式子有：

(1) $dx = \dfrac{1}{a}d(ax+b)$	(2) $e^x dx = de^x$
(3) $x dx = \dfrac{1}{2}dx^2$	(4) $\dfrac{1}{\sqrt{x}}dx = 2d\sqrt{x}$
(5) $x^n dx = \dfrac{1}{n+1}dx^{n+1}$ $(n \neq -1)$	(6) $\dfrac{1}{x}dx = d\ln|x|$
(7) $\cos x dx = d\sin x$	(8) $\sin x dx = -d\cos x$
(9) $\sec^2 x dx = d\tan x$	(10) $\csc^2 x dx = -d\cot x$
(11) $\dfrac{1}{\sqrt{1-x^2}}dx = d(\arcsin x)$	(12) $\dfrac{1}{1+x^2}dx = d\arctan x$

2. 第二类换元积分法

如果 $\int f(x)dx$ 用前面的方法不易求得，可适当地选择 $x = \varphi(t)$ 进行换元，得到关于 t 的

积分 $\int f[\varphi(t)]\varphi'(t)dt$，若容易求得为 $F(t) + C$，再将 $t = \varphi^{-1}(x)$ 回代得到 $F[\varphi^{-1}(x)] +$

C，即为所求积分结果，这就是第二类换元积分法，即

$$\int f(x)dx = \int f[\varphi(t)]d[\varphi(t)] = \int f[\varphi(t)]\varphi'(t)dt = F(t) + C = F[\varphi^{-1}(x)] + C$$

第二类换元积分法解题关键是变量替换 $x = \varphi(t)$ 存在反函数. 常用的第二类换元积分
法有根式代换和三角代换.

例 10 求 $\int \dfrac{1}{1 + \sqrt{2+x}}dx$.

解 令 $t = \sqrt{2+x}$，则 $x = t^2 - 2(t \geq 0)$，$dx = 2tdt$，于是

$$\int \frac{1}{1+\sqrt{2+x}}dx = \int \frac{1}{1+t}d(t^2-2) = \int \frac{1}{1+t} \cdot 2tdt$$

$$= 2\int \frac{t+1-1}{t+1}dt = 2\int \left(1 - \frac{1}{t+1}\right)dt = 2(t - \ln|t+1|) + C$$

将变量 $t = \sqrt{2+x}$ 回代，得 $\int \dfrac{1}{1+\sqrt{2+x}}dx = 2[\sqrt{2+x} - \ln(1 + \sqrt{2+x})] + C$.

常用的三角代换有以下三种：

(1) 当被积函数含有 $\sqrt{a^2 - x^2}$ 时，可令 $x = a\sin t$，$t \in \left[-\dfrac{\pi}{2}, \dfrac{\pi}{2}\right]$；

(2) 当被积函数含有 $\sqrt{a^2 + x^2}$ 时，可令 $x = a\tan t$，$t \in \left(-\dfrac{\pi}{2}, \dfrac{\pi}{2}\right)$；

(3) 当被积函数含有 $\sqrt{x^2 - a^2}$ 时，可令 $x = a\sec t$，$t \in \left(0, \dfrac{\pi}{2}\right)$.

例 11 求 $\int \sqrt{a^2 - x^2}dx$ $(a > 0)$.

解 令 $x = a\sin t$, $t \in \left[-\dfrac{\pi}{2}, \dfrac{\pi}{2}\right]$,

$$\int \sqrt{a^2 - x^2}\,\mathrm{d}x = \int \sqrt{a^2 - a^2\sin^2 t}\,\mathrm{d}(a\sin t) = a\int \sqrt{1 - \sin^2 t} \cdot a\cos t\,\mathrm{d}t$$

$$= a^2\int \cos^2 t\,\mathrm{d}t = \frac{a^2}{2}\int (1 + \cos 2t)\,\mathrm{d}t = \frac{a^2}{2}\left(t + \frac{1}{2}\sin 2t\right) + C$$

$$= \frac{a^2}{2}(t + \sin t \cdot \cos t) + C$$

因为 $x = a\sin t$, 所以 $t = \arcsin \dfrac{x}{a}$, $\cos t = \sqrt{1 - \sin^2 t} = \dfrac{\sqrt{a^2 - x^2}}{a}$, 故

$$\int \sqrt{a^2 - x^2}\,\mathrm{d}x = \frac{a^2}{2}\left(\arcsin \frac{x}{a} + \frac{x}{a} \cdot \frac{\sqrt{a^2 - x^2}}{a}\right) + C$$

$$= \frac{a^2}{2}\arcsin \frac{x}{a} + \frac{x\sqrt{a^2 - x^2}}{2} + C$$

例 12 求 $\int x^2 (2 - x)^{10}\,\mathrm{d}x$.

解 $(2 - x)^{10}$ 利用二项式定理展开较复杂, 可令 $t = 2 - x$, 则 $x = 2 - t$.

$$\int x^2 (2 - x)^{10}\,\mathrm{d}x = \int (2 - t)^2 \cdot t^{10}\,\mathrm{d}(2 - t)$$

$$= -\int (2 - t)^2 t^{10}\,\mathrm{d}t = -\int (4 - 4t + t^2) \cdot t^{10}\,\mathrm{d}t$$

$$= -\int (4t^{10} - 4t^{11} + t^{12})\,\mathrm{d}t = -\frac{4}{11}t^{11} + \frac{4}{12}t^{12} - \frac{1}{13}t^{13} + C$$

$$= -\frac{4}{11}(2 - x)^{11} + \frac{1}{3}(2 - x)^{12} - \frac{1}{13}(2 - x)^{13} + C$$

3.2.2 分部积分法

设 $u = u(x)$, $v = v(x)$ 具有连续导数, 根据乘积的微分法则, 有

$$\mathrm{d}(uv) = v\mathrm{d}u + u\mathrm{d}v$$

移项得

$$u\mathrm{d}v = \mathrm{d}(uv) - v\mathrm{d}u$$

两边同时积分得

$$\int u\mathrm{d}v = uv - \int v\mathrm{d}u$$

上式就叫作分部积分公式, 如果把 v 和 u 的微分求出来, 它也可写为

$$\int uv'\mathrm{d}x = uv - \int vu'\mathrm{d}x$$

其作用在于把左边难求的不定积分 $\int u\mathrm{d}v$ 转化为右边易求的不定积分 $\int v\mathrm{d}u$.

例 13 求 $\int x\cos x\,\mathrm{d}x$.

解 令 $u = x$, 则 $v' = \cos x$, $v = \sin x$,

$$\int x\cos x\,\mathrm{d}x = \int x\mathrm{d}\sin x = x\sin x - \int \sin x\,\mathrm{d}x = x\sin x + \cos x + C$$

此题中，如果选择 $u = \cos x$，则 $v' = x$，$v = \dfrac{x^2}{2}$，

$$\int x\cos x\mathrm{d}x = \int \cos x\mathrm{d}\frac{x^2}{2} = \frac{x^2}{2}\cos x - \int \frac{x^2}{2}\mathrm{d}\cos x = \frac{x^2}{2}\cos x + \int \frac{x^2}{2}\sin x\mathrm{d}x$$

而 $\int \dfrac{x^2}{2}\sin x\mathrm{d}x$ 比 $\int x\cos x\mathrm{d}x$ 更难求. 可见，分部积分法的关键在于选取适当的 u、v.

一般地，使用分部积分的经验可归结为："指三幂对反". 若被积函数是指数函数、三角函数、幂函数、对数函数和反三角函数中的某两个时，排序在后的选作 u，排序在前的与 $\mathrm{d}x$ 凑成 $\mathrm{d}v$. 如例13中，被积函数为幂函数 x 与三角函数 $\cos x$ 的乘积，应选幂函数 x 作 u，三角函数 $\cos x$ 与 $\mathrm{d}x$ 凑成 $\mathrm{d}\sin x$.

例 14　求 $\int x^2 \mathrm{e}^x \mathrm{d}x$.

分析：被积函数为幂函数 x^2 与指数函数 e^x 的乘积，应选幂函数 x^2 作 u，指数函数 e^x 与 $\mathrm{d}x$ 凑成 $\mathrm{d}\mathrm{e}^x$.

解　$\int x^2 \mathrm{e}^x \mathrm{d}x = \int x^2 \mathrm{d}\mathrm{e}^x = x^2 \mathrm{e}^x - \int \mathrm{e}^x \mathrm{d}x^2 = x^2 \mathrm{e}^x - 2\int x\mathrm{e}^x \mathrm{d}x$

$\int x\mathrm{e}^x \mathrm{d}x$ 与原不定积分仍是同一类型不定积分，只是幂函数的次数降低一次，我们继续使用分部积分法求 $\int x\mathrm{e}^x \mathrm{d}x$.

$$\int x\mathrm{e}^x \mathrm{d}x = \int x\mathrm{d}\mathrm{e}^x = x\mathrm{e}^x - \int \mathrm{e}^x \mathrm{d}x = x\mathrm{e}^x - \mathrm{e}^x + C$$

所以　　　　　　　　　$$\int x^2 \mathrm{e}^x \mathrm{d}x = x^2 \mathrm{e}^x - 2x\mathrm{e}^x + 2\mathrm{e}^x + C$$

例 15　求 $\int \mathrm{e}^x \cos x\mathrm{d}x$.

解　$\int \mathrm{e}^x \cos x\mathrm{d}x = \int \cos x\mathrm{d}\mathrm{e}^x = \mathrm{e}^x \cos x - \int \mathrm{e}^x \mathrm{d}\cos x$

$\qquad\qquad = \mathrm{e}^x \cos x + \int \mathrm{e}^x \sin x\mathrm{d}x$（与原不定积分同类型，再使用分部积分法）

$\qquad\qquad = \mathrm{e}^x \cos x + \int \sin x\mathrm{d}\mathrm{e}^x = \mathrm{e}^x \cos x + (\mathrm{e}^x \sin x - \int \mathrm{e}^x \mathrm{d}\sin x)$

$\qquad\qquad = \mathrm{e}^x \cos x + \mathrm{e}^x \sin x - \int \mathrm{e}^x \cos x\mathrm{d}x$

注意使用两次分部积分后，等式两边均出现了所求不定积分，且不能抵消，我们把它们合并，即

$$\int \mathrm{e}^x \cos x\mathrm{d}x = \mathrm{e}^x \cos x + \mathrm{e}^x \sin x - \int \mathrm{e}^x \cos x\mathrm{d}x$$

$$2\int \mathrm{e}^x \cos x\mathrm{d}x = \mathrm{e}^x(\sin x + \cos x)$$

故　　　　　　　　$$\int \mathrm{e}^x \cos x\mathrm{d}x = \frac{\mathrm{e}^x}{2}(\sin x + \cos x) + C$$

例 16　求 $\int \ln x\mathrm{d}x$.

解 令 $u = \ln x$，$v = x$，则

$$\int \ln x \mathrm{d}x = x \ln x - \int x \mathrm{d}\ln x = x \ln x - \int x \cdot \frac{1}{x} \mathrm{d}x$$

$$= x \ln x - \int \mathrm{d}x = x \ln x - x + C$$

例 17 求 $\int \mathrm{e}^{\sqrt{2x+1}} \mathrm{d}x$.

解 令 $t = \sqrt{2x+1}$，则 $x = \frac{t^2 - 1}{2}$，

$$\int \mathrm{e}^{\sqrt{2x+1}} \mathrm{d}x = \int \mathrm{e}^t \mathrm{d}\left(\frac{t^2-1}{2}\right) = \int \mathrm{e}^t \cdot t \mathrm{d}t = \int t \mathrm{d}\mathrm{e}^t$$

$$= t\mathrm{e}^t - \int \mathrm{e}^t \mathrm{d}t = t\mathrm{e}^t - \mathrm{e}^t + C = \sqrt{2x+1}\mathrm{e}^{\sqrt{2x+1}} - \mathrm{e}^{\sqrt{2x+1}} + C.$$

本题先用换元法作根式代换，消去不定积分中的根式，然后用分部积分法，将两种方法结合使用.

习题3.2

1. 在下列各式等号右端的空白处填入适当系数：

(1) $\mathrm{d}x = $ _____ $\mathrm{d}(1 - x)$；
(2) $x\mathrm{d}x = $ _____ $\mathrm{d}(5x^2 - 1)$；

(3) $x^3 \mathrm{d}x = $ _____ $\mathrm{d}(3x^4 + 2)$；
(4) $3^x \mathrm{d}x = $ _____ $\mathrm{d}(3^x)$；

(5) $\sin \frac{x}{2} \mathrm{d}x = $ _____ $\mathrm{d}\left(\cos \frac{x}{2}\right)$；
(6) $\sin 2x \mathrm{d}x = $ _____ $\mathrm{d}(\sin^2 x)$；

(7) $\frac{1}{1 + 9x^2} \mathrm{d}x = $ _____ $\mathrm{d}(\arctan 3x)$；
(8) $\sec^2 3x \mathrm{d}x = $ _____ $\mathrm{d}(\tan 3x)$.

2. 用凑微分法求下列不定积分：

(1) $\int \frac{1}{1 - x} \mathrm{d}x$；
(2) $\int \frac{1}{3 + 2x} \mathrm{d}x$；

(3) $\int \frac{2x}{x^2 + 2} \mathrm{d}x$；
(4) $\int \frac{x}{(1 + x^2)^{100}} \mathrm{d}x$；

(5) $\int x^2 \sqrt{1 - 4x^3} \mathrm{d}x$；
(6) $\int \frac{10^{2\arcsin x}}{\sqrt{1 - x^2}} \mathrm{d}x$；

(7) $\int \csc^2 3x \mathrm{d}x$；
(8) $\int \cos(2x + 1) \mathrm{d}x$；

(9) $\int x^2 \mathrm{e}^{x^3} \mathrm{d}x$；
(10) $\int x \mathrm{e}^{-x^2} \mathrm{d}x$；

(11) $\int x^2 \cos x^3 \mathrm{d}x$；
(12) $\int x \sin(2x^2 - 1) \mathrm{d}x$；

(13) $\int \frac{x^3}{\sqrt{3 - 2x^4}} \mathrm{d}x$；
(14) $\int \frac{\mathrm{d}x}{x(1 + 2\ln x)}$.

3. 用换元法求下列不定积分:

(1) $\int \dfrac{1}{\sqrt{3x-7}}\mathrm{d}x$;

(2) $\int \dfrac{\sqrt{x}}{1+x}\mathrm{d}x$;

(3) $\int \dfrac{\mathrm{e}^x}{1+\mathrm{e}^x}\mathrm{d}x$;

(4) $\int \dfrac{\sin x}{\cos^2 x}\mathrm{d}x$;

(5) $\int x\,(x-1)^{100}\mathrm{d}x$;

(6) $\int \tan^3 x\mathrm{d}x$;

(7) $\int \dfrac{1}{\sqrt{a^2-x^2}}\mathrm{d}x \quad (a>0)$;

(8) $\int \dfrac{1}{\sqrt{(x^2+1)^3}}\mathrm{d}x$.

4. 用分部积分法求下列不定积分:

(1) $\int x\ln(2x)\mathrm{d}x$;

(2) $\int (x-2)\sin 3x\mathrm{d}x$;

(3) $\int x\mathrm{e}^{-x}\mathrm{d}x$;

(4) $\int \mathrm{e}^{-x}\cos x\mathrm{d}x$;

(5) $\int \arcsin x\mathrm{d}x$;

(6) $\int (\ln x)^2\mathrm{d}x$.

5. 求不定积分 $\int \mathrm{e}^{-\sqrt{x}}\mathrm{d}x$.

6. 设 $f(x)$ 的一个原函数为 $\dfrac{\sin x}{x}$, 求 $\int xf'(x)\mathrm{d}x$.

3.3　定积分的概念与性质

3.3.1　引例

1. 曲边梯形的面积

设 $y=f(x)$ 在 $[a,b]$ 上非负且连续. 由直线 $x=a$、$x=b$、$y=0$ 及曲线 $y=f(x)$ 所围成的图形 (见图 $3-1$), 称为曲边梯形, 其中曲线弧称为曲边. 现在问, 如何求这曲边梯形的面积 A 呢?

分析: 需借助现有的规则图形面积的计算公式, 采用以直代曲、近似计算、极限方法逐步逼近等思想求出曲边梯形的面积. 下面我们分四步介绍.

(1) 分割: 在区间 $[a,b]$ 上任意插入 $n-1$ 个分点 $a=x_0<x_1<x_2<\cdots<x_{n-1}<x_n=b$, 把 $[a,b]$ 分成 n 个小区间 $[x_0,x_1]$, $[x_1,x_2]$, $\cdots$, $[x_{n-1},x_n]$, 第 i 个小区间的长度记为 $\Delta x_i(i=1,2,\cdots,n)$, 即 $\Delta x_i=x_i-x_{i-1}(i=1,2,\cdots,n)$.

(2) 局部近似: 经过每一个分点作平行于 y 轴的直线段, 把曲边梯形分成 n 个窄曲边梯形, 在每个小区间 $[x_{i-1},x_i]$ 上任取一点 ξ_i, 以 $[x_{i-1},x_i]$ 为底、

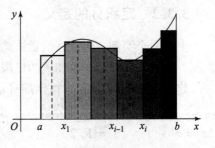

图 3-1

$f(\xi_i)$ 为高的窄矩形面积近似替代第 i 个窄曲边梯形面积 ΔA_i，即 $\Delta A_i \approx f(\xi_i) \cdot \Delta x_i (i = 1, 2, \cdots, n)$.

（3）总体近似：把得到的 n 个窄矩形面积之和作为所求曲边梯形面积 A 的近似值，即

$$A = \sum_{i=1}^{n} \Delta A_i \approx \sum_{i=1}^{n} f(\xi_i) \Delta x_i$$

（4）取极限：当每个小区间的长度都趋于零时，即取 $\lambda = \max\{\Delta x_1, \Delta x_2, \cdots, \Delta x_n\}$，当 $\lambda \to 0$ 时，可得曲边梯形的面积

$$A = \lim_{\lambda \to 0} \sum_{i=1}^{n} f(\xi_i) \Delta x_i$$

上述表明，曲边梯形的面积是一个和式的极限.

2. 由边际计算总改变量

某商品的总产量在时刻 t 的变化率为 $Q'(t)$，求从 T_1 到 T_2 这段时间内总产量的改变量.

分析： 如果 $Q'(t)$ 是常数，那么总产量的改变量就是 $Q'(t)(T_2 - T_1)$. 但一般情况下 $Q'(t)$ 是变化的，用 $Q'(t)(T_2 - T_1)$ 计算显然不合适，同样需采用分割、近似、逼近的方法计算.

（1）分割：在时间 $[T_1, T_2]$ 上任意插入 $n - 1$ 个分点 $T_1 = t_0 < t_1 < t_2 < \cdots < t_{n-1} < t_n = T_2$，把 $[T_1, T_2]$ 分成 n 个小区间 $[t_0, t_1]$，$[t_1, t_2]$，$\cdots$，$[t_{n-1}, t_n]$，第 i 个小区间的长度记为 $\Delta t_i (i = 1, 2, \cdots, n)$，即 $\Delta t_i = t_i - t_{i-1} (i = 1, 2, \cdots, n)$.

（2）局部近似：在每个小区间 $[t_{i-1}, t_i]$ 上任取一点 ξ_i，在很短的时间间隔内，产量的变化是微小的，可以将 $[t_{i-1}, t_i]$ 内平均产量 $Q'(\xi_i) \Delta t_i$ 近似替代该时间段内产量的改变量 ΔQ_i，即 $\Delta Q_i \approx Q'(\xi_i) \Delta t_i (i = 1, 2, \cdots, n)$.

（3）总体近似：把 n 个小区间内产量的改变量相加，得到整段时间 $[T_1, T_2]$ 上产量改变量的近似值，即

$$\Delta Q = \sum_{i=1}^{n} \Delta Q_i \approx \sum_{i=1}^{n} Q'(\xi_i) \Delta t_i$$

（4）取极限：当每个小区间的长度的最大值 $\lambda = \max\{\Delta t_1, \Delta t_2, \cdots, \Delta t_n\}$ 趋于零时，可得整段时间 $[T_1, T_2]$ 上产量改变量的精确值 $\Delta Q = \lim_{\lambda \to 0} \sum_{i=1}^{n} Q'(\xi_i) \Delta t_i$.

上述表明，时间 $[T_1, T_2]$ 上总产量的改变量也是一个和式的极限.

3.3.2 定积分的定义

上面两个实例，所计算的量虽然具有不同的实际意义，但解决问题的思想方法与步骤却相同，并且都归结为一种和式的极限. 对于这种和式的极限，给出下面的定义.

定义 1 设函数 $f(x)$ 在区间 $[a, b]$ 上有界，在 $[a, b]$ 上任意取 $n - 1$ 个分点 $a = x_0 < x_1 < \cdots < x_n = b$，将其分成 n 个小区间 $[x_{i-1}, x_i] (i = 1, 2, \cdots, n)$，每个小区间的长度为 $\Delta x_i = x_i - x_{i-1} (i = 1, 2, \cdots, n)$，记 $\lambda = \max_{1 \leq i \leq n}\{\Delta x_i\}$，任取 $\xi_i \in [x_{i-1}, x_i]$，若极限 $\lim_{\lambda \to 0} \sum_{i=1}^{n} f(\xi_i) \Delta x_i$ 存在，且其值与区间 $[a, b]$ 的分法及点 ξ_i 的取法无关，则称此极限值为

函数 $f(x)$ 在 $[a, b]$ 上的定积分，记作 $\int_a^b f(x)\mathrm{d}x$，即

$$\int_a^b f(x)\mathrm{d}x = I = \lim_{\lambda \to 0} \sum_{i=1}^n f(\xi_i)\Delta x_i$$

其中 $f(x)$ 叫作被积函数；$f(x)\mathrm{d}x$ 叫作被积表达式；x 叫作积分变量；a 与 b 分别叫作积分下限与上限；$[a, b]$ 叫作积分区间.

如果定积分 $\int_a^b f(x)\mathrm{d}x$ 存在，则称 $f(x)$ 在 $[a, b]$ 上可积.

由定积分的定义可知，前面两个引例中，曲边梯形的面积与商品总产量的改变量可以分别由定积分 $\int_a^b f(x)\mathrm{d}x$ 与 $\int_{T_1}^{T_2} Q'(t)\mathrm{d}t$ 来计算.

注意：定积分的值仅与被积函数 $f(x)$ 和积分区间 $[a, b]$ 有关，而与积分变量的符号无关，即

$$\int_a^b f(x)\mathrm{d}x = \int_a^b f(t)\mathrm{d}t = \int_a^b f(u)\mathrm{d}u$$

那么，什么情况下 $f(x)$ 在 $[a, b]$ 上一定可积呢？我们有下面的两个定理.

定理 1　设 $f(x)$ 在 $[a, b]$ 上连续，则 $f(x)$ 在 $[a, b]$ 上可积.

定理 2　设 $f(x)$ 在 $[a, b]$ 上有界，且只有有限个间断点，则 $f(x)$ 在 $[a, b]$ 上可积.

3.3.3　定积分的几何意义

(1) 当 $f(x) \geqslant 0$，$x \in [a, b]$ 时，定积分 $\int_a^b f(x)\mathrm{d}x$ 表示曲边梯形的面积 A，即 $\int_a^b f(x)\mathrm{d}x = A$（见图 3 - 2（a））.

(2) 当 $f(x) \leqslant 0$，$x \in [a, b]$ 时，定积分 $\int_a^b f(x)\mathrm{d}x$ 表示曲边梯形面积 A 的负值，即 $\int_a^b f(x)\mathrm{d}x = -A$（见图 3 - 2（b））.

(3) 当 $f(x)$ 在 $[a, b]$ 上有正有负时，如果约定：在 x 轴上方的图形面积为正，在 x 轴下方的图形面积为负，则定积分 $\int_a^b f(x)\mathrm{d}x$ 表示介于直线 $x = a$ 与 $x = b$ 之间的、在 x 轴上下方图形面积的代数和，如图 3 - 2（c）所示，$\int_a^b f(x)\mathrm{d}x = A_1 - A_2 + A_3$.

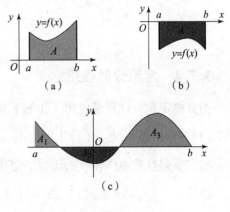

图 3 - 2

例 1　用定积分表示图 3 - 3 中两个阴影部分的面积，并根据几何意义计算定积分的值.

解　图 3 - 3（a）所示的阴影部分是由 x 轴、直线 $x = 0$、$x = 1$ 及 $y = x$ 围成的直角三角形，其面积用定积分表示为 $A = \int_0^1 x\mathrm{d}x$；易知该直角三角形的面积为 $\dfrac{1}{2}$，故 $\int_0^1 x\mathrm{d}x = \dfrac{1}{2}$.

图 3 - 3（b）所示的阴影部分由 x 轴、直线 $x = a$、$x = b$ 及 $y = 1$ 围成的矩形，其面积用

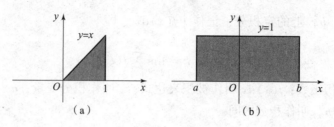

图 3-3

定积分表示为 $A = \int_a^b \mathrm{d}x$；易知该矩形的面积为 $b - a$，故 $\int_a^b \mathrm{d}x = b - a$.

根据定积分的几何意义，我们有下面的定理.

定理3 设函数 $f(x)$ 在 $[-a, a]$ 上连续，

（1）若 $f(x)$ 是 $[-a, a]$ 上的偶函数，则 $\int_{-a}^a f(x)\mathrm{d}x = 2\int_0^a f(x)\mathrm{d}x$（见图 3-4（a））；

（2）若 $f(x)$ 是 $[-a, a]$ 上的奇函数，则 $\int_{-a}^a f(x)\mathrm{d}x = 0$（见图 3-4（b））.

例如，由于曲线 $y = \sin x$ 关于原点对称，是 $[-\pi, \pi]$ 上的奇函数，故 $\int_{-\pi}^{\pi} \sin x\mathrm{d}x = 0$（见图 3-4（c））.

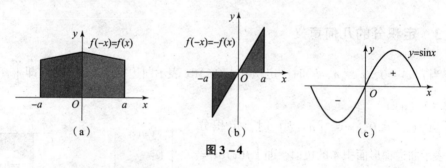

图 3-4

3.3.4 定积分的性质

为方便定积分计算及应用，作如下补充规定：

（1）$\int_a^a f(x)\mathrm{d}x = 0$；（2）$\int_a^b f(x)\mathrm{d}x = -\int_b^a f(x)\mathrm{d}x$.

假定下列性质中所涉及的函数的定积分都是存在的，由定积分的定义易推得下列性质：

性质1 $\int_a^b [f(x) \pm g(x)]\mathrm{d}x = \int_a^b f(x)\mathrm{d}x \pm \int_a^b g(x)\mathrm{d}x$.

性质2 $\int_a^b kf(x)\mathrm{d}x = k\int_a^b f(x)\mathrm{d}x$（$k$ 是常数）.

性质3（积分区间的可加性） $\int_a^b f(x)\mathrm{d}x = \int_a^c f(x)\mathrm{d}x + \int_c^b f(x)\mathrm{d}x$，其中 c 可在 $[a, b]$ 内也可在 $[a, b]$ 外.

用定积分的几何意义可推得性质3，如图 3-5 所示.

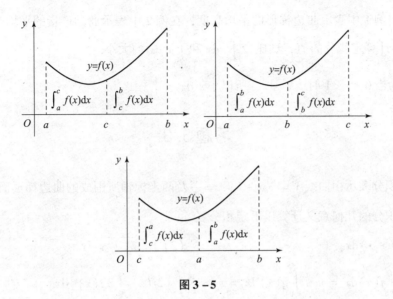

图 3 - 5

性质 4（单调性）　如果在区间 $[a, b]$ 上，$f(x) \leqslant g(x)$，则 $\int_a^b f(x)\mathrm{d}x \leqslant \int_a^b g(x)\mathrm{d}x$（见图 3 - 6）.

性质 5（估值定理）　设 M 与 m 分别是函数 $f(x)$ 在 $[a, b]$ 上的最大值及最小值，则

$$m(b - a) \leqslant \int_a^b f(x)\mathrm{d}x \leqslant M(b - a)$$

估值定理的几何意义是：曲边梯形的面积介于一大一小两个矩形的面积之间（见图 3 - 7）.

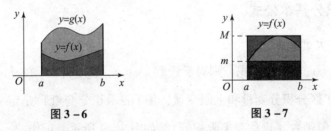

图 3 - 6　　　　　　　　图 3 - 7

性质 6（定积分中值定理）　如果函数 $f(x)$ 在闭区间 $[a, b]$ 上连续，则在积分区间 $[a, b]$ 上至少存在一点 ξ，使下式成立：

$$\int_a^b f(x)\mathrm{d}x = f(\xi)(b - a) \qquad (a \leqslant \xi \leqslant b)$$

上式叫作积分中值公式，显然无论 $a > b$，还是 $a < b$，它都恒成立.

积分中值定理的几何解释如下：在区间 $[a, b]$ 上至少存在一个 ξ，使得以区间 $[a, b]$ 为底边，以曲线 $y = f(x)$ 为曲边的曲边梯形的面积等于同一底边而高为 $f(\xi)$ 的一个矩形的面积（见图 3 - 8）. 而 $f(\xi) = \dfrac{1}{b - a}\int_a^b f(x)\mathrm{d}x$ 是 $f(x)$ 在 $[a, b]$ 上的

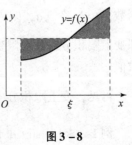

图 3 - 8

平均值，在引例 1 中表示曲边梯形的平均高度，在例 2 中表示商品产量的平均改变量.

例 1 不计算定积分的值，试比较 $\int_0^1 x \mathrm{d}x$ 和 $\int_0^1 x^2 \mathrm{d}x$ 的大小.

解 因为当 $0 < x < 1$ 时，$x^2 < x$，所以 $\int_0^1 x^2 \mathrm{d}x < \int_0^1 x \mathrm{d}x$.

习题 3.3

1. 用定积分表示由曲线 $y = \cos x + 1$、$x = \dfrac{\pi}{2}$ 及两坐标轴所围成的曲边梯形面积.

2. 用定积分的几何意义计算以下定积分：

(1) $\int_0^1 (1 - x) \mathrm{d}x$；   (2) $\int_0^1 \sqrt{1 - x^2} \mathrm{d}x$.

3. 已知 $\int_0^2 f(x) \mathrm{d}x = m$，$\int_0^2 g(x) \mathrm{d}x = n$，求 $\int_2^0 [2f(x) + 3g(x)] \mathrm{d}x$.

4. 判断下列定积分的大小：

(1) $\int_0^{\frac{\pi}{4}} \sin x \mathrm{d}x$ 和 $\int_0^{\frac{\pi}{4}} \cos x \mathrm{d}x$；   (2) $\int_0^1 \mathrm{e}^x \mathrm{d}x$ 和 $\int_0^1 x \mathrm{d}x$.

3.4 定积分的计算

用定积分的定义计算定积分的值是十分麻烦的，有时甚至无法计算. 本节先介绍定积分计算的有力工具——微积分基本定理，再介绍定积分的换元法和分部积分法.

3.4.1 微积分基本公式

1. 变上限积分及其导数

如果 $f(x)$ 在 $[a, b]$ 上可积，则对于任意 $x \in [a, b]$，$f(x)$ 在 $[a, x]$ 上也可积. 定积分 $\int_a^x f(t) \mathrm{d}t$（为了区分积分变量和上限变量，用 t 表示积分变量）是定义在 $[a, b]$ 上的函数，称为积分上限函数（也称变上限积分），如图 3-9 所示，记作

$$\Phi(x) = \int_a^x f(t) \mathrm{d}t, \quad x \in [a, b]$$

定理 1 若 $f(x)$ 在 $[a, b]$ 上连续，$x \in [a, b]$，则积分上限函数 $\Phi(x)$ 在 $[a, b]$ 上可导，且 $\Phi'(x) = \left(\int_a^x f(t) \mathrm{d}t \right)_x' = f(x)$，即变上限积分对其上限变量 x 的导数等于被积函数在上限 x 处的函数值.

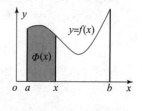

图 3-9

可见，变上限积分 $\int_a^x f(t) \mathrm{d}t$ 是被积函数 $f(x)$ 在 $[a, b]$ 上的一个原函数.

例 1 求 $\left(\int_1^x \sin t^2 \mathrm{d}t \right)_x'$.

解 $\left(\int_1^x \sin t^2 \mathrm{d}t\right)'_x = \sin t^2 \big|_{t=x} = \sin x^2.$

例2 求 $\dfrac{\mathrm{d}}{\mathrm{d}x}\left(\int_1^{x^2} \sin t^2 \mathrm{d}t\right).$

解 题中的变上限不是 x，而是 x^2，变上限积分可看成是由 $\int_1^u \sin t^2 \mathrm{d}t$ 和 $u = x^2$ 复合而成的，故对 x 求导时，按复合函数求导法则可得

$$\frac{\mathrm{d}}{\mathrm{d}x}\left(\int_1^{x^2} \sin t^2 \mathrm{d}t\right) = \frac{\mathrm{d}}{\mathrm{d}u}\left(\int_1^u \sin t^2 \mathrm{d}t\right) \cdot u'_x = \sin u^2 \cdot (x^2)' = 2x\sin x^4$$

例3 求 $\lim\limits_{x \to 0} \dfrac{\displaystyle\int_0^x t e^t \mathrm{d}t}{x}.$

解 易知这是个 "$\dfrac{0}{0}$" 型的不定式，可用洛必达法则来计算. 故

$$\lim_{x \to 0} \frac{\displaystyle\int_0^x t e^t \mathrm{d}t}{x} = \lim_{x \to 0} \frac{\left(\displaystyle\int_0^x t e^t \mathrm{d}t\right)'_x}{1} = \lim_{x \to 0} x e^x = 0$$

2. 微积分基本定理

定理2 设 $F(x)$ 是连续函数 $f(x)$ 在 $[a, b]$ 上的一个原函数，则

$$\int_a^b f(x)\mathrm{d}x = F(b) - F(a) \tag{3-1}$$

证 因为变上限积分 $\varPhi(x) = \displaystyle\int_a^x f(t)\mathrm{d}t$ 也是 $f(x)$ 的一个原函数，所以

$$F(x) - \varPhi(x) = F(x) - \int_a^x f(t)\mathrm{d}t = C \quad (a \leqslant x \leqslant b)$$

在上式中，令 $x = a$，得

$$F(a) - \int_a^a f(t)\mathrm{d}t = C$$

由于 $\displaystyle\int_a^a f(t)\mathrm{d}t = 0$，故有 $F(a) = C$，于是 $F(x) - \displaystyle\int_a^x f(t)\mathrm{d}t = F(a).$

再令 $x = b$，有 $F(b) - \displaystyle\int_a^b f(t)\mathrm{d}t = F(a)$，即

$$\int_a^b f(x)\mathrm{d}x = \int_a^b f(t)\mathrm{d}t = F(b) - F(a)$$

为了方便使用，把 $F(b) - F(a)$ 记成 $F(x)\big|_a^b$ 或 $[F(x)]_a^b$，于是式 (3-1) 又可写成

$$\int_a^b f(x)\mathrm{d}x = F(x)\big|_a^b = [F(x)]_a^b$$

注意：对于式 (3-1) 的结论，当 $a > b$ 时同样成立.

式 (3-1) 就是著名的牛顿—莱布尼茨公式. 它表明计算定积分只要先用不定积分求出被积函数的一个原函数，再将上、下限分别代入求其差即可. 这个公式为计算定积分开辟了一条新的途径，因此也被称为微积分基本公式.

例4 计算 $\displaystyle\int_0^{\frac{\pi}{2}} \cos x \mathrm{d}x.$

解 $\sin x$ 是 $\cos x$ 的一个原函数，故

$$\int_0^{\frac{\pi}{2}} \cos x \, dx = \sin x \Big|_0^{\frac{\pi}{2}} = \sin\frac{\pi}{2} - \sin 0 = 1$$

例5 计算 $\int_{-1}^{\sqrt{3}} \frac{dx}{1+x^2}$.

解 $\arctan x$ 是 $\frac{1}{1+x^2}$ 的一个原函数，故

$$\int_{-1}^{\sqrt{3}} \frac{dx}{1+x^2} = \arctan x \Big|_{-1}^{\sqrt{3}} = \arctan\sqrt{3} - \arctan(-1) = \frac{\pi}{3} - \left(-\frac{\pi}{4}\right) = \frac{7}{12}\pi$$

例6 计算 $\int_{-1}^{2} |x| \, dx$.

解 当 $-1 \leqslant x \leqslant 0$ 时，$|x| = -x$；当 $0 \leqslant x \leqslant 2$ 时，$|x| = x$. 所以

$$\int_{-1}^{2} |x| \, dx = \int_{-1}^{0} |x| \, dx + \int_{0}^{2} |x| \, dx = -\int_{-1}^{0} x \, dx + \int_{0}^{2} x \, dx = -\frac{1}{2}x^2 \Big|_{-1}^{0} + \frac{1}{2}x^2 \Big|_0^2 = \frac{5}{2}.$$

注意：当被积函数中含有绝对值时，应先结合积分区间将绝对值去掉再求值.

例7 计算由正弦曲线 $y = \sin x$ 在 $[0, \pi]$ 上与 x 轴所围成的平面图形的面积.

解 这个图形是曲边梯形的一个特例，它的面积

$$A = \int_0^{\pi} \sin x \, dx = (-\cos x)\Big|_0^{\pi} = (-\cos\pi) - (-\cos 0) = 2$$

3.4.2 换元积分法

由微积分基本公式知道，求定积分 $\int_b^a f(x) \, dx$ 就是求 $f(x)$ 的原函数 $F(x)$ 的增量，而求原函数的方法有换元法与分部积分法，故定积分也相应地有换元法和分部积分法.

定理3 设函数 $f(x)$ 在 $[a, b]$ 上连续，令 $x = \varphi(t)$，它满足：

(1) $\varphi(\alpha) = a$，$\varphi(\beta) = b$；

(2) $\varphi(t)$ 在 $[\alpha, \beta]$ 或 $[\beta, \alpha]$ 上单调且有连续的导数，则

$$\int_a^b f(x) \, dx = \int_{\alpha}^{\beta} f[\varphi(t)] \varphi'(t) \, dt$$

注意：(1) 利用换元法时，积分的上限 b 对上限 β，下限 a 对下限 α，α 不一定比 β 小；

(2) 公式从左到右和从右到左都可以使用.

例8 求 $\int_0^4 \frac{1}{1+\sqrt{x}} dx$.

解 令 $\sqrt{x} = t$，则 $x = t^2$，$dx = 2t \, dt$. 当 $x = 0$ 时，$t = 0$；当 $x = 4$ 时，$t = 2$，故

$$\int_0^4 \frac{1}{1+\sqrt{x}} dx = \int_0^2 \frac{1}{1+t} 2t \, dt = 2\int_0^2 \frac{t+1-1}{1+t} dt = 2\int_0^2 \left(1 - \frac{1}{1+t}\right) dt$$

$$= 2(t - \ln|1+t|)\Big|_0^2 = 4 - 2\ln 3$$

注意：在定积分的换元法中作变换后，积分上下限也要相应变化，即为新积分变量 t 的取值，因而求出原函数时不用变量回代.

例9 求 $\int_0^1 (3x-4)^3 \mathrm{d}x$.

解 （第二类换元积分法）令 $3x-4=t$，则 $x=\dfrac{t+4}{3}$，$\mathrm{d}x=\dfrac{1}{3}\mathrm{d}t$. 当 $x=0$ 时，$t=-4$；当 $x=1$ 时，$t=-1$，于是

$$\int_0^1 (3x-4)^3 \mathrm{d}x = \int_{-4}^{-1} t^3 \frac{1}{3}\mathrm{d}t = \frac{1}{12}t^4 \bigg|_{-4}^{-1} = -\frac{255}{12}$$

（第一类换元积分法）

$$\int_0^1 (3x-4)^3 \mathrm{d}x = \int_0^1 (3x-4)^3 \frac{1}{3}\mathrm{d}(3x-4) = \frac{1}{3}\int_0^1 (3x-4)^3 \mathrm{d}(3x-4)$$

$$= \frac{1}{3} \times \frac{1}{4}(3x-4)^4 \bigg|_0^1 = -\frac{255}{12}$$

在熟练的情况下，若可直接凑微分找出原函数，则变换可省略不写，因而也就不用求新的积分上下限了.

例10 证明：

（1）若 $f(x)$ 在 $[-a, a]$ 上连续且为偶函数，则 $\int_{-a}^a f(x)\mathrm{d}x = 2\int_0^a f(x)\mathrm{d}x$.

（2）若 $f(x)$ 在 $[-a, a]$ 上连续且为奇函数，则 $\int_{-a}^a f(x)\mathrm{d}x = 0$.

证 因为 $\int_{-a}^a f(x)\mathrm{d}x = \int_{-a}^0 f(x)\mathrm{d}x + \int_0^a f(x)\mathrm{d}x$，对积分 $\int_{-a}^0 f(x)\mathrm{d}x$ 作代换 $x=-t$，则

$$\int_{-a}^0 f(x)\mathrm{d}x = \int_a^0 f(-t)\mathrm{d}(-t) = \int_0^a f(-t)\mathrm{d}t = \int_0^a f(-x)\mathrm{d}x$$

于是　　　　　 $\int_{-a}^a f(x)\mathrm{d}x = \int_0^a f(-x)\mathrm{d}x + \int_0^a f(x)\mathrm{d}x = \int_0^a [f(x)+f(-x)]\mathrm{d}x$.

（1）若 $f(x)$ 为偶函数，则 $f(x)+f(-x)=2f(x)$，从而

$$\int_{-a}^a f(x)\mathrm{d}x = 2\int_0^a f(x)\mathrm{d}x$$

（2）若 $f(x)$ 为奇函数，则 $f(x)+f(-x)=0$，从而

$$\int_{-a}^a f(x)\mathrm{d}x = 0$$

利用上面的结论，常可简化计算奇、偶函数在对称区间上的定积分. 如 $\int_{-1}^1 \dfrac{\sin t}{1+t^2}\mathrm{d}t = 0$.

3.4.3 分部积分法

定理4 如果函数 $u=u(x)$、$v=v(x)$ 在 $[a, b]$ 上有连续导数，则

$$\int_a^b u\mathrm{d}v = (uv)\big|_a^b - \int_a^b v\mathrm{d}u$$

例11 求 $\int_0^\pi x\sin x\mathrm{d}x$.

解 $\int_0^\pi x\sin x\mathrm{d}x = -\int_0^\pi x\mathrm{d}\cos x = -\left[(x\cos x)\big|_0^\pi - \int_0^\pi \cos x\mathrm{d}x\right] = \pi + \sin x\big|_0^\pi = \pi.$

例 12 计算 $\int_0^1 \arctan x \mathrm{d}x$.

解 $\int_0^1 \arctan x \mathrm{d}x = (x\arctan x)\big|_0^1 - \int_0^1 x \mathrm{d}\arctan x = \arctan 1 - \int_0^1 \frac{x}{1+x^2}\mathrm{d}x$

$$= \frac{\pi}{4} - \frac{1}{2}\int_0^1 \frac{1}{1+x^2}\mathrm{d}x^2 = \frac{\pi}{4} - \frac{1}{2}\ln(1+x^2)\big|_0^1 = \frac{\pi}{4} - \frac{1}{2}\ln 2$$

例 13 求 $\int_0^{(\frac{\pi}{2})^2} \cos\sqrt{x}\mathrm{d}x$.

解 令 $\sqrt{x} = t$，则 $x = t^2$，$\mathrm{d}x = 2t\mathrm{d}t$，当 $x = 0$ 时，$t = 0$；当 $x = \left(\frac{\pi}{2}\right)^2$ 时，$t = \frac{\pi}{2}$.

$$\int_0^{(\frac{\pi}{2})^2} \cos\sqrt{x}\mathrm{d}x = 2\int_0^{\frac{\pi}{2}} t\cos t\mathrm{d}t = 2\int_0^{\frac{\pi}{2}} t\mathrm{d}(\sin t)$$

$$= 2\left[t\sin t\big|_0^{\frac{\pi}{2}} - \int_0^{\frac{\pi}{2}} \sin t\mathrm{d}t \right] = \pi + 2\cos t\big|_0^{\frac{\pi}{2}} = \pi - 2$$

习题 3.4

1. 求下列各式对 x 的导数：

(1) $\int_0^x \frac{t\sin t}{1+\cos^2 t}\mathrm{d}t$ ；

(2) $\int_x^0 \mathrm{e}^{-t^2}\mathrm{d}t$.

2. 求下列极限：

(1) $\lim_{x\to 0} \frac{1}{x}\int_0^x \sin 2t\mathrm{d}t$ ；

(2) $\lim_{x\to 0} \frac{\int_0^{2x} \ln(1+t)\mathrm{d}t}{x^2}$.

3. 计算下列定积分：

(1) $\int_0^1 \mathrm{e}^{-x}\mathrm{d}x$ ；

(2) $\int_{-2}^{-1} \frac{1}{x}\mathrm{d}x$ ；

(3) $\int_4^9 \sqrt{x}(1+\sqrt{x})\mathrm{d}x$ ；

(4) $\int_0^{2\pi} \sin\varphi\mathrm{d}\varphi$ ；

(5) $\int_{-1}^3 |x-1|\mathrm{d}x$ ；

(6) $\int_0^{2\pi} \sqrt{1-\cos^2 x}\mathrm{d}x$.

4. 已知 $f(x) = \begin{cases} x+1, & x \leqslant 1, \\ \dfrac{x^2}{2}, & x > 1. \end{cases}$ 求 $\int_0^2 f(x)\mathrm{d}x$.

5. 用换元法计算下列定积分：

(1) $\int_{-2}^1 \frac{\mathrm{d}x}{(11+5x)^3}$ ；

(2) $\int_{\frac{1}{\pi}}^{\frac{2}{\pi}} \frac{\sin\frac{1}{y}}{y^2}\mathrm{d}y$ ；

(3) $\int_0^{\frac{\pi}{2}} \sin\varphi\cos^3\varphi\mathrm{d}\varphi$ ；

(4) $\int_0^{\frac{\pi}{6}} \frac{1}{\cos^2 2\varphi}\mathrm{d}\varphi$ ；

(5) $\int_0^1 \frac{1}{(1+x)^2}\mathrm{d}x$ ；

(6) $\int_0^1 \frac{x}{1+x^2}\mathrm{d}x$ ；

(7) $\int_{-1}^{1} \dfrac{2x-1}{x-2}dx$；

(8) $\int_{0}^{3} \dfrac{x}{\sqrt{1+x}}dx$；

(9) $\int_{1}^{e} \dfrac{1+\ln x}{x}dx$；

(10) $\int_{\frac{\pi}{6}}^{\frac{\pi}{2}} \cos^2 u du$；

(11) $\int_{1}^{e^2} \dfrac{dx}{x\sqrt{1+\ln x}}$；

(12) $\int_{-\frac{1}{2}}^{\frac{1}{2}} \dfrac{(\arcsin x)^2}{\sqrt{1-x^2}}dx$；

(13) $\int_{0}^{1} \dfrac{1}{\sqrt{4-x^2}}dx$；

(14) $\int_{0}^{1} \sqrt{1+x}dx$；

(15) $\int_{0}^{\sqrt{2}} \sqrt{2-x^2}dx$；

(16) $\int_{0}^{\ln 2} \sqrt{e^x-1}dx$.

6. 利用函数的奇偶性计算定积分：

(1) $\int_{-1}^{1} x\cos x dx$；

(2) $\int_{-\frac{1}{2}}^{\frac{1}{2}} \ln\dfrac{1-x}{1+x}dx$；

(3) $\int_{-1}^{1} [x^2+\cos x\ln(x+\sqrt{1+x^2})]dx$；

(4) $\int_{-\frac{\pi}{4}}^{\frac{\pi}{4}} (x^3+3)|\sin 2x|dx$.

7. 用分部积分法计算下列定积分：

(1) $\int_{0}^{\pi} x\cos x dx$；

(2) $\int_{0}^{\frac{\pi}{2}} e^x\sin x dx$；

(3) $\int_{0}^{1} x^2 e^x dx$；

(4) $\int_{1}^{e} x\ln x dx$；

(5) $\int_{0}^{1} x\arctan x dx$；

(6) $\int_{0}^{\frac{1}{2}} \arcsin x dx$；

(7) $\int_{1}^{e} \ln x dx$；

(8) $\int_{0}^{1} e^{\sqrt{x}}dx$.

3.5　无穷区间上的广义积分

前面在讨论定积分时，总假定积分区间是有限的，被积函数是有界的. 但在实际问题中往往需要讨论积分区间无限或被积函数为无界函数的情形. 因此我们有必要把积分概念就这两种情形加以推广，这种推广后的积分称为广义积分（或反常积分）. 本节只讨论无穷区间上的广义积分.

定义 1 设函数 $f(x)$ 在 $[a, +\infty)$ 内连续，$t>a$，如果极限 $\lim\limits_{t\to\infty}\int_{a}^{t} f(x)dx$ 存在，则称此极限值为 $f(x)$ 在无穷区间 $[a, \infty]$ 上的广义积分，记作

$$\int_{a}^{+\infty} f(x)dx = \lim_{t\to +\infty}\int_{a}^{t} f(x)dx$$

这时也称广义积分 $\int_{a}^{+\infty} f(x)dx$ 收敛；如果上述极限不存在，则称广义积分 $\int_{a}^{+\infty} f(x)dx$ 发散.

类似地，可定义 $f(x)$ 在 $(-\infty, b]$ 上的广义积分为

$$\int_{-\infty}^{b} f(x)dx = \lim_{t\to -\infty}\int_{t}^{b} f(x)dx$$

而 $f(x)$ 在 $(-\infty, +\infty)$ 内的广义积分为

$$\int_{-\infty}^{+\infty} f(x)\,\mathrm{d}x = \int_{-\infty}^{0} f(x)\,\mathrm{d}x + \int_{0}^{+\infty} f(x)\,\mathrm{d}x$$

当 $\int_{0}^{+\infty} f(x)\,\mathrm{d}x$ 和 $\int_{-\infty}^{0} f(x)\,\mathrm{d}x$ 同时收敛时,称 $\int_{-\infty}^{+\infty} f(x)\,\mathrm{d}x$ 收敛;否则称广义积分 $\int_{-\infty}^{+\infty} f(x)\,\mathrm{d}x$ 发散.

由上述定义及牛顿—莱布尼茨公式可推出无穷区间上的广义积分的计算方法.

设 $F(x)$ 是 $f(x)$ 在 $[a, +\infty)$ 内的一个原函数,记 $\lim\limits_{t\to+\infty} F(t) = F(+\infty)$,于是有

$$\int_{a}^{+\infty} f(x)\,\mathrm{d}x = F(+\infty) - F(a) = F(x)\,\big|_{a}^{+\infty}$$

类似地,若记 $\lim\limits_{x\to-\infty} F(x) = F(-\infty)$,则

$$\int_{-\infty}^{b} f(x)\,\mathrm{d}x = F(b) - F(-\infty) = F(x)\,\big|_{-\infty}^{b}$$

$$\int_{-\infty}^{+\infty} f(x)\,\mathrm{d}x = F(+\infty) - F(-\infty) = F(x)\,\big|_{-\infty}^{+\infty}$$

例1 计算 $\int_{\frac{2}{\pi}}^{+\infty} \dfrac{1}{x^2}\sin\dfrac{1}{x}\,\mathrm{d}x$.

解 $\int_{\frac{2}{\pi}}^{+\infty} \dfrac{1}{x^2}\sin\dfrac{1}{x}\,\mathrm{d}x = -\int_{\frac{2}{\pi}}^{+\infty} \sin\dfrac{1}{x}\,\mathrm{d}\left(\dfrac{1}{x}\right)$

$$= \left[\cos\dfrac{1}{x}\right]_{\frac{2}{\pi}}^{+\infty} = \lim_{x\to+\infty}\cos\dfrac{1}{x} - \cos\dfrac{\pi}{2} = 1 - 0 = 1.$$

例2 计算 $\int_{-\infty}^{-1} \dfrac{1}{x^2}\,\mathrm{d}x$.

解 $\int_{-\infty}^{-1} \dfrac{1}{x^2}\,\mathrm{d}x = -\dfrac{1}{x}\,\Big|_{-\infty}^{-1} = -(-1) - \lim\limits_{x\to-\infty}\left(-\dfrac{1}{x}\right) = 1.$

例3 计算 $\int_{-\infty}^{+\infty} \dfrac{\mathrm{d}x}{1+x^2}$.

解 $\int_{-\infty}^{+\infty} \dfrac{\mathrm{d}x}{1+x^2} = \int_{-\infty}^{0} \dfrac{\mathrm{d}x}{1+x^2} + \int_{0}^{+\infty} \dfrac{\mathrm{d}x}{1+x^2} = \lim\limits_{a\to-\infty}\int_{a}^{0} \dfrac{\mathrm{d}x}{1+x^2} + \lim\limits_{b\to+\infty}\int_{0}^{b} \dfrac{\mathrm{d}x}{1+x^2}$

$$= \lim_{a\to-\infty}(-\arctan a) + \lim_{b\to+\infty}(\arctan b)$$

$$= -\left(-\dfrac{\pi}{2}\right) + \dfrac{\pi}{2} = \pi.$$

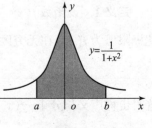

图 3-10

这个广义积分值的几何意义是:位于曲线 $f(x) = \dfrac{1}{1+x^2}$ 的下方、x 轴上方的图形的面积,当 $a\to-\infty$,$b\to+\infty$ 时,虽然图 3-10 中的阴影部分向左、右无限延伸,但其面积却是有限值 π.

习题 3.5

判定下列广义积分的敛散性，若收敛，求出其值：

(1) $\int_1^{+\infty} \dfrac{1}{\sqrt{x^2}}\mathrm{d}x$；

(2) $\int_{-\infty}^0 \cos x \mathrm{d}x$；

(3) $\int_{-\infty}^{+\infty} \dfrac{1}{4+x^2}\mathrm{d}x$；

(4) $\int_{\frac{1}{e}}^{+\infty} \dfrac{\ln x}{x}\mathrm{d}x$.

3.6　定积分的应用

定积分在几何和物理方面都有着广泛的应用，在介绍其应用前，我们先介绍定积分在应用中经常采用的一种重要方法——微元法.

3.6.1　定积分的微元法

用定积分表示一个量（几何量、物理量或其他的量），一般分四步来考虑. 我们来回顾一下解决曲边梯形面积的过程.

（1）分割：用任意一组分点把区间 $[a, b]$ 分成 n 个小区间，其中 $x_0 = a$，$x_n = b$.

$$[x_0, x_1], [x_1, x_2], [x_2, x_3], \cdots, [x_{n-1}, x_n]$$

（2）取近似：在每个 $[x_{i-1}, x_i]$ 上任取一点 ξ_i，以 $[x_{i-1}, x_i]$ 为底、$f(\xi_i)$ 为高的矩形面积近似替代第 i 个曲边梯形的面积 $(i=1,2,\cdots,n)$，即 $\Delta A_i \approx f(\xi_i)\Delta x_i (x_{i-1} \leqslant \xi_i \leqslant x_i)$.

（3）求和：计算曲边梯形面积 A 的近似值，即

$$A \approx f(\xi_1)\Delta x_1 + f(\xi_2)\Delta x_2 + \cdots + f(\xi_n)\Delta x_n = \sum_{i=1}^n f(\xi_i)\Delta x_i$$

（4）取极限：当 $n \to \infty$，$\lambda = \max\limits_{1 \leqslant i \leqslant n}\{\Delta x_i\} \to 0$ 时，增加分点，使每个小曲边梯形的宽度趋于零，相当于令 $\lambda \to 0$. 所以曲边梯形的面积为

$$A = \lim_{\lambda \to 0}\sum_{i=1}^n f(\xi_i)\Delta x_i = \int_a^b f(x)\mathrm{d}x$$

比较上述四步，我们发现第（2）步取近似时的形式 $f(\xi_i)\Delta x_i$ 与第（4）步积分 $\int_a^b f(x)\mathrm{d}x$ 中的被积表达式 $f(x)\mathrm{d}x$ 具有类同的形式. 如果把（2）步中的 ξ_i 用 x 替代，Δx_i 用 $\mathrm{d}x$ 替代，那么它就是第（4）积分中的被积表达式. 基于此，把上述四步简化为三步：

（1）选取积分变量，一般选 x 并确定其范围 $x \in [a,b]$，在其上任取一个小区间 $[x, x + \mathrm{d}x]$.

（2）求所求量 I 在小区间 $[x, x + \mathrm{d}x]$ 上的部分量 ΔI 的近似值 $\mathrm{d}I$，即 $\Delta I \approx \mathrm{d}I = f(x)\mathrm{d}x$，其中 $\mathrm{d}I = f(x)\mathrm{d}x$ 称为量 I 的微分元素.

（3）写出定积分表达式 $I = \int_a^b \mathrm{d}I = \int_a^b f(x)\mathrm{d}x$.

上述方法称为微元法（元素法）.

3.6.2 定积分在几何上的应用

1. 平面图形的面积

设平面图形由上下两条曲线 $y=f_上(x)$ 与 $y=f_下(x)$ 及左右两条直线 $x=a$ 与 $x=b$ 所围成，则面积元素为 $[f_上(x)-f_下(x)]dx$，于是平面图形的面积为

$$S = \int_a^b [f_上(x) - f_下(x)]dx$$

类似地，平面图形由左右两条曲线 $x=\varphi_左(y)$ 与 $x=\varphi_右(y)$ 及上下两条直线 $y=d$ 与 $y=c$ 所围成，则平面图形的面积为

$$S = \int_c^d [\varphi_右(y) - \varphi_左(y)]dy$$

例 1 计算抛物线 $y^2=x$、$y=x^2$ 所围成的图形的面积.

解 （1）画图（见图 3-11），并求出曲线交点以确定积分区间.

解方程组 $\begin{cases} y^2=x, \\ y=x^2. \end{cases}$ 得交点 $(0,0)$，$(1,1)$.

（2）确定在 x 轴上的投影区间：$[0,1]$.

（3）确定上下曲线：$f_上(x)=\sqrt{x}$，$f_下(x)=x^2$.面积元素为 $dS=(\sqrt{x}-x^2)dx$.

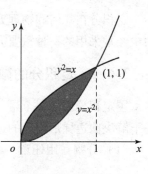

图 3-11

（4）所求图形的面积为积分

$$S = \int_0^1 (\sqrt{x} - x^2)dx = \left[\frac{2}{3}x^{\frac{3}{2}} - \frac{1}{3}x^3\right]_0^1 = \frac{1}{3}$$

例 2 计算抛物线 $y^2=2x$ 与直线 $y=x-4$ 所围成的图形的面积.

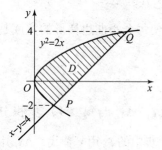

图 3-12

解 （1）画出图形简图（见图 3-12），求出曲线交点以确定积分区间.

解方程组 $\begin{cases} y^2=2x, \\ y=x-4. \end{cases}$ 得交点为 $(2,-2)$ 和 $(8,4)$.

（2）选择积分变量，选取 x 为积分变量，则 x 变化范围为 $[0,8]$.

（3）给出面积元素：

在 $0 \leqslant x \leqslant 2$ 上，$dA=[\sqrt{2x}-(-\sqrt{2x})]dx=2\sqrt{2x}dx$；

在 $2 \leqslant x \leqslant 8$ 上，$dA=[\sqrt{2x}-(x-4)]dx=(4+\sqrt{2x}-x)dx$.

（4）将 A 表示成定积分，并计算

$$A = \int_0^2 2\sqrt{2x}dx + \int_2^8 (4+\sqrt{2x}-x)dx$$

$$= \frac{4\sqrt{2}}{3}x^{\frac{3}{2}}\bigg|_0^2 + \left[4x+\frac{2\sqrt{2}}{3}x^{\frac{3}{2}}-\frac{1}{2}x^2\right]_2^8$$

$$= 18$$

另解：若选取 y 为积分变量，则 $-2 \leq y \leq 4$，面积元素

$$dA = \left[(y+4) - \frac{1}{2}y^2 \right]dy$$

从而

$$A = \int_{-2}^{4} \left(y + \frac{1}{2}y^2 \right)dy = \left(\frac{y^2}{2} + 4y - \frac{y^3}{6} \right)\Big|_{-2}^{4} = 18$$

注意：由例 2 可知，对同一问题，有时可选取不同的积分变量进行计算，计算的难易程度往往不同，因此在实际计算时，应选取合适的积分变量，使计算简化. 如果选择不当，将使积分变得十分复杂，甚至不能求得结果.

例 3　求椭圆 $\frac{x^2}{a^2} + \frac{y^2}{b^2} = 1$ 所围成的图形的面积.

解　设整个椭圆的面积是椭圆在第一象限部分的四倍，椭圆在第一象限部分在 x 轴上的投影区间为 $[0, a]$（见图 3–13）. 因为面积元素为 ydx，所以

$$S = 4\int_0^a ydx$$

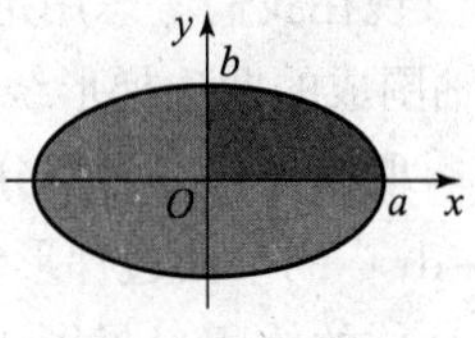

椭圆的参数方程为：$x = a\cos t$，$y = b\sin t$，
于是

$$S = 4\int_0^a ydx = 4\int_{\frac{\pi}{2}}^{0} b\sin t \, d(a\cos t)$$

$$= -4ab\int_{\frac{\pi}{2}}^{0} \sin^2 t \, dt = 2ab\int_0^{\frac{\pi}{2}} (1 - \cos 2t)dt = 2ab \cdot \frac{\pi}{2} = ab\pi$$

图 3–13

当 $a = b$ 时，就得到圆的面积公式 $S = \pi a^2$.

2. 由截面面积求立体体积

设一物体被垂直于某直线的平面所截得的面积可求，则该物体可用定积分求其体积.

如图 3–14 所示，取定轴为 x 轴，且设该立体在过点 $x = a$，$x = b$ 且垂直于 x 轴的两个平面之内，以 $A(x)$ 表示过点 x 且垂直于 x 轴的截面面积.

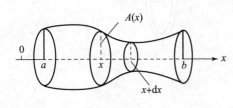

图 3–14

取 x 为积分变量，它的变化区间为 $[a, b]$. 立体中相应于 $[a, b]$ 上任一小区间 $[x, x+dx]$ 的一薄片的体积，近似于底面积为 $A(x)$、高为 dx 的扁圆柱体的体积. 即

　　　　体积微元为

$$dV = A(x)dx$$

于是，该立体的体积为 $V = \int_a^b A(x)dx$.

例 4　设有底圆半径为 R 的圆柱，被一与圆柱面交成 α 角，且过底圆直径的平面所截，求截下的楔形体积（见图 3–15）.

解　取坐标系如图，则底圆方程为

$$x^2 + y^2 = R^2$$

在 x 处垂直于 x 轴作立体的截面，得一直角三角形，其面积为

$$A(x) = \frac{1}{2}(R^2 - x^2)\tan\alpha$$

从而得楔形体积为

$$V = \int_{-R}^{R} \frac{1}{2}(R^2 - x^2)\tan\alpha \, dx = \tan\alpha \int_{0}^{R} (R^2 - x^2) \, dx$$

$$= \tan\alpha \left(R^2 x - \frac{x^2}{3} \right)\Big|_{0}^{R} = \frac{2}{3}R^3\tan\alpha$$

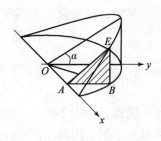

图 3-15

3. 旋转体的体积

旋转体就是由一个平面图形绕该平面内一条直线旋转一周而成的立体. 这条直线叫作旋转轴. 圆柱、圆锥、圆台、球体可以分别看成由矩形围绕它的一条边、直角三角形围绕它的直角边、直角梯形围绕它的直角腰、半圆围绕它的直径旋转一周而成的立体, 所以它们都是旋转体.

现在我们考虑用定积分来计算旋转体的体积. 考虑由连续曲线 $y = f(x)$, $x = a$, $x = b$ 及 x 轴围成的曲边梯形绕 x 轴旋转一周而成的旋转体的体积, 如图 3-16 所示.

取横坐标 x 为积分变量, 它的变化区间为 $[a, b]$, 相应于 $[a, b]$ 上任一小区间 $[x, x + dx]$ 的窄曲边梯形绕 x 轴旋转而成的薄片的体积, 近似于以 $f(x)$ 为半径、dx 为高的扁圆柱体的体积 (见图 3-17), 即体积微元

$$dV = \pi[f(x)]^2 dx$$

以 $\pi[f(x)]^2 dx$ 为被积表达式, 在闭区间 $[a, b]$ 上作定积分, 便得所求旋转体的体积为

$$V = \int_{a}^{b} \pi[f(x)]^2 dx$$

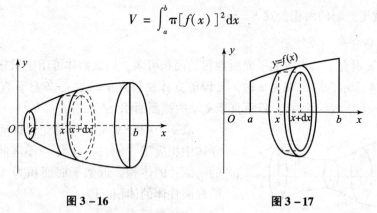

图 3-16   图 3-17

例 5 计算由椭圆 $\dfrac{x^2}{a^2} + \dfrac{y^2}{b^2} = 1$ 所围成的图形绕 x 轴旋转一周而成的旋转体 (叫作旋转椭圆球体) 的体积.

解 这个旋转椭圆球体也可以看作由半个椭圆及 x 轴围成的图形绕 x 轴旋转一周而成的立体. 取 x 为积分变量, 它的变化区间为 $[-a, a]$, 旋转椭圆球体中相应于 $[-a, a]$ 上任一小区间 $[x, x + dx]$ 的薄片的体积, 近似于底半径为 $\dfrac{b}{a}\sqrt{a^2 - x^2}$、高为 dx 的扁圆柱体的体积 (见图 3-18), 即体积微元

$$dV = \frac{\pi b^2}{a^2}(a^2 - x^2) dx$$

于是所求旋转椭圆球体的体积为

$$V = \int_{-a}^{a} \frac{\pi b^2}{a^2}(a^2 - x^2)\,\mathrm{d}x$$

$$= \pi \frac{b^2}{a^2}\left[a^2 x - \frac{x^3}{3}\right]_{-a}^{a} = \frac{4}{3}\pi ab^2$$

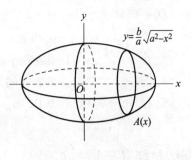

图 3－18

当 $a = b$ 时，旋转椭球体就成为半径 a 的球体，它的体积

为 $\frac{4}{3}\pi a^3$.

3.6.3　定积分在物理中的应用

1. 变力做功

从物理学知道，如果物体在直线运动的过程中有一个不变的力 F 作用在这物体上，且这力的方向与物体运动的方向一致，那么在物体移动了距离 s 时，力 F 对物体所做的功为 $W = F \cdot s$.

设物体在变力 $y = f(x)$ 作用下，沿 x 轴正向从点 a 移动到点 b，求它所做的功 W. 在 $[a, b]$ 上任取相邻两点 x 和 $x + \mathrm{d}x$，则变力 $f(x)$ 所做的微功为

$$\mathrm{d}W = f(x)\,\mathrm{d}x$$

于是得

$$W = \int_{a}^{b} f(x)\,\mathrm{d}x$$

例 6　根据虎克定律，弹簧的弹力与形变的长度成正比. 已知汽车车厢下的减震弹簧压缩 1 cm 需力 14 000 N，求弹簧压缩 2 cm 时所做的功.

解　由题意，弹簧的弹力为 $f(x) = kx$（k 为比例系数），当 $x = 0.01$ cm 时

$$f(0.01) = k \times 0.01 = 1.4 \times 10^4\,(\mathrm{N})$$

由此知 $k = 1.4 \times 10^6$，故弹力为 $f(x) = 1.4 \times 10^6$ N.

于是

$$W = \int_{0}^{0.02} 1.4 \times 10^6 x\,\mathrm{d}x = \frac{1.4 \times 10^6}{2} x^2 \Big|_{0}^{0.02} = 280\,（\mathrm{J}）$$

即弹簧压缩 2 cm 时所做的功为 280 J.

习题 3.6

1. 求下面的平面图形的面积：

（1）$y = \frac{1}{2}x^2$ 与 $x^2 + y^2 = 8$（两部分均计算）；

（2）$y = \frac{1}{x}$ 与直线 $y = x$ 及 $x = 2$；

（3）$y = \mathrm{e}^x$，$y = \mathrm{e}^{-x}$ 与直线 $x = 1$；

（4）$y = \ln x$，y 轴与直线 $y = \ln a$，$y = \ln b$（$b > a$）；

（5）曲线 $y = \sin x$ 与直线 $x = 0$，$y = 1$ 所围成的区间 $\left[0, \frac{\pi}{2}\right]$ 上的图形；

（6）曲线 $y = x^3 - 3x + 2$ 介于 x 轴与两极值点对应直线间的曲边梯形.

2. 求由 $y = \sqrt{x}$，$y = 0$，$x = 1$ 围成的平面绕 x 轴旋转形成的旋转体的体积.

3. 由 $y = x^2$，$y = 1$ 围成的平面绕 y 轴旋转，求形成的旋转体的体积.

4. 有一个宽 2 m、高 3 m 的矩形闸门，水面与闸门顶端平齐，求闸门上所受的总压力.

5. 已知一弹簧拉长 0.02 m，需用 9.8 N 的力，求把该弹簧拉 0.1 m 所做的功.

阅读材料（三）

微积分是谁发明的？牛顿与莱布尼茨的巨人之争

2001 年，备受期待的电影《美丽心灵》上映，影片以诺贝尔经济学奖数学家约翰·纳什的生平经历为基础，讲述了他患有精神分裂症但却在博弈论和微分几何学领域取得骄人成绩的励志故事. 影片当中有这样一个情节：教室里，纳什教授在给二十几个学生上课. 教室窗外的楼下有几个工人正施工，机器的响声成了刺耳的噪声，于是纳什走到窗前狠狠地把窗户关上. 马上有同学提出意见："教授，请别关窗子，实在太热了！" 而纳什教授一脸严肃地回答说："课堂的安静比你舒不舒服重要得多！"

正当教授一边自语一边在黑板上写公式的时候，一位叫阿丽莎的女同学走到窗边打开了窗户. 电影中纳什用责备的眼神看着阿丽莎，而阿丽莎却对窗外的工人说道："打扰一下，我们有点小小的问题，关上窗户，这里会很热；开着，却又太吵. 我想能不能请你们先修别的地方，大约 45 分钟就好了." 正在干活的工人愉快地答应了. 看罢，纳什教授一边微笑，一边评论她的做法似的对同学们说："你们会发现在多变量的微积分中，往往一个难题会有多种解答."

正如纳什教授口中的描述，"微积分" 是一种变量的数学. 微积分是高等数学中研究函数的微分、积分以及有关概念和应用的数学分支. 它是数学的一个基础学科. 内容主要包括极限、微分学、积分学及其应用. 微积分创立之前的数学，研究对象和解决的问题都是属于静态的，就是所谓积分的方法. 精确而瞬时的动态计算必然要涉及微分的概念. 所以，将微分和积分的理论统一起来的微积分学，本质上是一种运动的数学.

作为一门学科，微分和积分的思想早在古代就已经产生了. 公元前 3 世纪，古希腊的阿基米德在研究解决抛物弓形的面积、球和球冠面积、旋转双曲体的体积等问题中，就隐含着近代积分学的思想. 而在我国的《庄子·天下篇》中，记有 "一尺之棰，日取其半，万世不竭." 这些都是朴素的极限概念，正是微分学的基础思想.

17 世纪初期，伽利略和开普勒在天体运动中所得到的一系列观察和试验结果，导致科学家们对新一代数学工具的强烈需求，也激发了新型数学思想的诞生. 从大量的数据中，如何才能抽象出大自然的秘密，也就是物体的运动规律来呢？

在伽利略的时代，已经有了速度的概念. 那时的科学家们已经知道运动距离与运动时间相除得到速度. 如果物体运动的快慢始终一样，那就叫匀速运动，否则就是非匀速运动. 伽利略在试验中发现，在地球引力持久作用下物体的运动，快慢并非始终一致的，开始时下落得比较慢，后来则下落得越来越快. 伽利略又发现，无论是在下落的开始还是最后，速度增加的效果是一样的，这也就是我们现在所熟知的说法："地面上自由落体的运动是一种等加速度运动."

速度、加速度、匀速、匀加速、平均速度、瞬时速度……现在学生很容易理解概念，但在当时，这些名词却曾经困惑过像伽利略这样的大师. 从定义平均速度，到定义瞬时速度，是概念上的一个飞跃. 平均速度很容易计算：用时间去除距离就可以了. 但是，如果速度和加速度每时每刻都在变化的话，又怎么办呢？

可以相信，开普勒在总结他的行星运动三定律时，也曾经有类似的困惑. 开普勒得出了行星运动的轨迹是个椭圆，他也认识到行星沿着这个椭圆轨迹运动时，速度和加速度的方向和大小都在不停地变化. 但是，他尚未有极限的概念，也没有曲线的切线及法线的相关知识，不知如何描述这种变化，于是，便只好用"行星与太阳的连线扫过的面积"这种静态积分量来表达他的第二定律.

伽利略和开普勒去世后，两位大师将他们的成果和困惑留在了世界上，等待一代代杰出的数学家对新一代数学工具发起总攻，直至微积分的发明. 然而，谁也没有想到，这个划时代的重大成果竟然导致了世界科学史上的一桩公案——"微积分究竟是谁发明的？" 1684 年，德国数学家莱布尼茨发表了他的微积分论文. 3 年后，牛顿在 1687 年出版的《自然哲学的数学原理》书

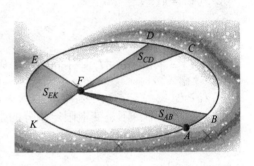

中对莱布尼茨的贡献表示认同，但是却说："和我的几乎没什么不同，只不过表达的用字和符号不一样." 这几句话，导致和莱布尼茨产生极大的矛盾. 莱布尼茨发表论文二十年后，牛顿的流数理论正式发表. 在序言中，牛顿提到 1676 年给莱布尼茨的信，并补充说："若干年前我曾出借过一份包含这些定理的原稿，之后就见到一些从那篇当中抄出来的东西，所以我现在公开发表这份原稿." 这话的意思就暗指他的手稿曾经被莱布尼茨看到过，而莱布尼茨的论文就是从他的手稿中抄来的. 在今后的一百年间，关于"谁发明微积分"的真相变得扑朔迷离. 现在，经过历史考证，莱布尼茨和牛顿的方法和途径均不一样，对微积分学的贡献也各有所长. 牛顿注重于与运动学的结合，发展完善了"变量"的概念，为微积分在各门学科的应用开辟道路. 莱布尼茨从几何出发，发明了一套简明方便使用至今的微积分符号体系. 因此，如今学术界将微积分的发明权判定为他们两人共同享有.

微积分在人类社会从农业文明跨入工业文明的过程中起到了决定性的作用. 城市的繁荣，交通工具的不断进步，航空航天领域的飞速发展给人类社会带来了日新月异的变化，而这一切都离不开微积分的诞生.

测试题三

一、选择题（从下列各题四个备选答案中选出一个正确选项，答案错选或未选者，该题不得分. 本大题共 10 小题，每小题 3 分，共 30 分.）

1. 如果函数 $f(x)$ 在区间 I 内连续，则在 I 内 $f(x)$ 的原函数（   ）.

A. 有唯一一个   B. 有有限多个

C. 有无穷多个   D. 不一定存在

2. 若 $f'(x) = \varphi(x)$，则（   ）.

A. $f(x)$ 为 $\varphi(x)$ 的一个原函数   B. $\varphi(x)$ 为 $f(x)$ 的一个原函数

C. $f(x)$ 为 $\varphi(x)$ 的不定积分   D. $\int \varphi(x)\mathrm{d} = f(x)$

3. 若 $F(x)$ 是 $f(x)$ 的一个原函数，C 为常数，则下列仍是 $f(x)$ 的原函数的是
（   ）.

A. $F(cx)$ B. $F(x) + 2\,019$ C. $F(x + c)$ D. $cF(x)$

4. 若 $\int \mathrm{d}f(x) = \int \mathrm{d}g(x)$，则下列式中不成立的是（   ）.

A. $f(x) = g(x)$ B. $f'(x) = g'(x)$

C. $\mathrm{d}f(x) = \mathrm{d}g(x)$ D. $\mathrm{d}\int f'(x)\mathrm{d}x = \mathrm{d}\int g'(x)\mathrm{d}x$

5. 设 $I_1 = \int_3^4 \ln^2 x \mathrm{d}x$，$I_2 = \int_2^4 \ln^4 x \mathrm{d}x$，则（   ）.

A. $I_1 > I_2$ B. $I_1 < I_2$ C. $I_1^2 = I_2$ D. $I_2 = 2I_1$

6. 下列选项中，不是变上限定积分的是（   ）.

A. $\int_0^x \cos t^2 \mathrm{d}t$ B. $\int_0^{x^2} \sin t^2 \mathrm{d}t$ C. $\int_0^x e^{t^2} \mathrm{d}t$ D. $\int_0^1 e^t \mathrm{d}t$

7. $\lim\limits_{x \to 0^+} \dfrac{\int_0^{x^2} \sin\sqrt{t}\,\mathrm{d}t}{x^3} = ($ $)$.

A. $\dfrac{2}{3}$ B. $-\dfrac{2}{3}$ C. $\dfrac{1}{3}$ D. $-\dfrac{1}{3}$

8. $\int_0^2 3x^2 \mathrm{d}x = ($ $)$.

A. 6   B. 8   C. -8 D. 4

9. 设 e^{x^2} 是 $f(x)$ 的一个原函数，则 $\int_0^1 x f'(x)\mathrm{d}x = ($ $)$.

A. 1   B. e   C. $e + 1$ D. $\dfrac{1}{2}$

10. 下列选项中，不是广义积分的是（   ）.

A. $\int_{-\infty}^{-1} \dfrac{1}{x^2}\mathrm{d}x$ B. $\int_1^{+\infty} \dfrac{1}{x}\mathrm{d}x$ C. $\int_0^1 \dfrac{1}{1+x^2}\mathrm{d}x$ D. $\int_{-\infty}^{+\infty} \dfrac{1}{1+x^2}\mathrm{d}x$

二、填空题（将答案填写到该题横线上，本大题共 5 个空，每空 3 分，共 15 分.）

1. 设 $f(x) = xe^{-x^2}$，则 $\int f'(x)\mathrm{d}x = $ _____.

2. 设 $\sin 2x$ 是 $f(x)$ 的一个原函数，则 $f'\left(\dfrac{\pi}{6}\right) = $ _____.

3. $\int_0^x f(t)\mathrm{d}t = x^2 + \cos x$，则 $f(x) = $ _____.

4. $\displaystyle\int_{0}^{\frac{\pi}{2}} \cos x \, \mathrm{d}x =$ _____ .

5. $\displaystyle\int_{-\frac{\pi}{2}}^{\frac{\pi}{2}} (x^3 + 2) \sin^2 x \, \mathrm{d}x =$ _____ .

三、判断题（判断以下事件是否为随机事件，认为是的就在题前【　】划 "√"，认为不是的划 "×"．本大题共 5 小题，每小题 2 分，共 10 分．）

【　】1. $\displaystyle\int a^x \, \mathrm{d}x = a^x + C.$

【　】2. $\displaystyle\int [f(x)g(x)] \, \mathrm{d}x = \int f(x) \, \mathrm{d}x \int g(x) \, \mathrm{d}x.$

【　】3. $\displaystyle\int_a^b f(x) \, \mathrm{d}x = \int_a^b f(t) \, \mathrm{d}t.$

【　】4. 当函数 $f(x) > 0$ 时，定积分 $\displaystyle\int_a^b f(x) \, \mathrm{d}x$ 在几何上表示由曲线 $y = f(x)$、两直线 $x = a$，$x = b$ 与 x 轴所围成的曲边梯形的面积．

【　】5. $\displaystyle\int \sin^2 \frac{x}{2} \, \mathrm{d}x = \int \frac{1}{2}(1 - \cos x) \, \mathrm{d}x = \frac{1}{2}(x - \sin x) + c$，此积分的计算过程是正确的．

四、计算题（写出主要计算步骤及结果．本大题共 6 小题，每小题 6 分，共 36 分．）

1. 计算 $\displaystyle\int (x - 2)^2 \, \mathrm{d}x.$

2. 计算 $\displaystyle\int \frac{1}{1 + \sqrt{x}} \, \mathrm{d}x.$

3. 计算 $\displaystyle\int x e^x \, \mathrm{d}x.$

4. 计算 $\displaystyle\int_0^1 e^{-x} \, \mathrm{d}x.$

5. 计算 $\displaystyle\int_0^1 \frac{x}{1 + x^2} \, \mathrm{d}x.$

6. 计算 $\displaystyle\int_1^e x \ln x \, \mathrm{d}x.$

五、应用题（写出主要计算步骤及结果．本大题共 1 小题，每小题 9 分，共 9 分．）

设有函数 $y = x^2$，$0 \leq x \leq 1$（见图），求 t 的值，使图中阴影部分的面积 S_1 与 S_2 的和最小．

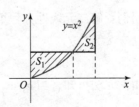

第四章

线性代数及其应用

线性代数在科学技术和工程中有着广泛的应用. 行列式和矩阵在线性代数的发展史上起着重要作用，是研究近代数学以及许多应用科学不可缺少的工具. 本章将在低维的情形下介绍行列式、矩阵、线性方程组等线性代数的初步知识.

4.1　行列式的概念

行列式是一个重要的数学工具，不仅在数学中有广泛的应用，在其他学科中也经常遇到. 历史上，最早使用行列式概念的是 17 世纪德国数学家莱布尼茨，后来瑞士数学家克莱姆于 1750 年发表了著名的用行列式解线性方程组的克莱姆法则，首先将行列式的理论脱离开线性方程组的是数学家范德蒙，1772 年他对行列式作出连贯的逻辑阐述.

法国数学家柯西于 1841 年首先创立了现代的行列式概念和符号，包括行列式一词的使用，但他的某些思想和方法是来自高斯的. 在行列式理论的形成与发展的过程中作出过重大贡献的还有拉格朗日、维尔斯特拉斯、西勒维斯特和凯莱等数学家.

4.1.1　二阶行列式

行列式的研究起源于对线性方程组的研究. 中学阶段，我们曾用消元法解二元和三元线性方程组.

引例： 解二元线性方程组

$$\begin{cases} a_{11}x_1 + a_{12}x_2 = b_1, \\ a_{21}x_1 + a_{22}x_2 = b_2 \end{cases} \qquad (4-1)$$

由消元法可知，当 $a_{11}a_{22} - a_{12}a_{21} \neq 0$ 时，得方程组（4-1）的唯一解：

$$x_1 = \frac{b_1 a_{22} - b_2 a_{12}}{a_{11}a_{22} - a_{21}a_{12}}, \quad x_2 = \frac{b_2 a_{11} - b_1 a_{21}}{a_{11}a_{22} - a_{21}a_{12}} \qquad (4-2)$$

为了便于记忆方程组（4-1）的解（4-2），我们引入二阶行列式的定义.

定义1 由 2×2 个元素 a_{ij}（ $(i, j = 1, 2)$ ）排成 2 行 2 列的式子（横排称行，竖排称列）

$$\begin{vmatrix} a_{11} & a_{12} \\ a_{21} & a_{22} \end{vmatrix} = a_{11}a_{22} - a_{21}a_{12} \tag{4-3}$$

称为二阶行列式，记为 D.

二阶行列式可用对角线法则来记忆. 如下所示，把 a_{11} 到 a_{22} 的实连线称为主对角线，a_{12} 到 a_{21} 的虚连线称为次对角线，于是二阶行列式等于它的主对角线上的两个元素的乘积减去次对角线上的两个元素的乘积.

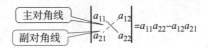

如

$$\begin{vmatrix} \cos a & -\sin a \\ \sin a & \cos a \end{vmatrix} = \cos^2 a + \sin^2 a = 1$$

对于二元线性方程组（4-1），称行列式

$$\begin{vmatrix} a_{11} & a_{12} \\ a_{21} & a_{22} \end{vmatrix}$$

为系数行列式，记为 D，即

$$D = \begin{vmatrix} a_{11} & a_{12} \\ a_{21} & a_{22} \end{vmatrix}$$

同时记

$$D_1 = \begin{vmatrix} b_1 & a_{12} \\ b_2 & a_{22} \end{vmatrix}, \quad D_2 = \begin{vmatrix} a_{11} & b_1 \\ a_{22} & b_2 \end{vmatrix}$$

显然，$D_j (j = 1, 2)$ 是把系数行列式 D 中第 j 列的元素用方程组右端的常数项代替后，所得到的二阶行列式. 当系数行列式 $a_{11}a_{22} - a_{12}a_{21} \neq 0$ 时，二元线性方程组（4-1）的解（4-2）可简记为

$$\begin{cases} x_1 = \dfrac{D_1}{D}, \\ x_2 = \dfrac{D_2}{D} \end{cases} \tag{4-4}$$

例1 用行列式解二元一次方程组：

$$\begin{cases} 2x_1 - x_2 = 5, \\ 3x_1 + 2x_2 = 11. \end{cases}$$

解 因为

$$D = \begin{vmatrix} 2 & -1 \\ 3 & 2 \end{vmatrix} = 2 \times 2 - (-1) \times 3 = 7 \neq 0$$

$$D_1 = \begin{vmatrix} 5 & -1 \\ 11 & 2 \end{vmatrix} = 21 , \quad D_2 = \begin{vmatrix} 2 & 5 \\ 3 & 11 \end{vmatrix} = 7$$

所以，得

$$x_1 = \frac{D_1}{D} = \frac{21}{7} = 3 , \quad x_2 = \frac{D_2}{D} = \frac{7}{7} = 1$$

故原方程组的解是

$$\begin{cases} x_1 = 3 , \\ x_2 = 1 \end{cases}$$

4.1.2　三阶行列式

同解二元线性方程组一样，在解三元线性方程组时，也需要用到三阶行列式.

定义2　由 3×3 个元素 a_{ij} （$i , j = 1 , 2 , 3$） 排成 3 行 3 列的式子（横排称行，竖排称列）

$$\begin{vmatrix} a_{11} & a_{12} & a_{13} \\ a_{21} & a_{22} & a_{23} \\ a_{31} & a_{32} & a_{33} \end{vmatrix} = a_{11}a_{22}a_{33} + a_{12}a_{23}a_{31} + a_{13}a_{21}a_{32} - a_{11}a_{23}a_{32} - a_{12}a_{21}a_{33} - a_{13}a_{22}a_{31}$$

$$(4 - 5)$$

称为三阶行列式.

三阶行列式也可用对角线法则计算，如图所示：

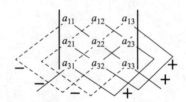

引进了三阶行列式，三元线性方程组

$$\begin{cases} a_{11}x_1 + a_{12}x_2 + a_{13}x_3 = b_1 , \\ a_{21}x_1 + a_{22}x_2 + a_{23}x_3 = b_2 , \\ a_{31}x_1 + a_{32}x_2 + a_{33}x_3 = b_3 \end{cases} \quad (4 - 6)$$

的解与二元线性方程组一样，可写成：

$$x_1 = \frac{D_1}{D} , \quad x_2 = \frac{D_2}{D} , \quad x_3 = \frac{D_3}{D}$$

D 也称为方程组的系数行列式：

其中
$$D = \begin{vmatrix} a_{11} & a_{12} & a_{13} \\ a_{21} & a_{22} & a_{23} \\ a_{31} & a_{32} & a_{33} \end{vmatrix} \neq 0$$

$$D_1 = \begin{vmatrix} b_1 & a_{12} & a_{13} \\ b_2 & a_{22} & a_{23} \\ b_3 & a_{32} & a_{33} \end{vmatrix}, \quad D_2 = \begin{vmatrix} a_{11} & b_1 & a_{13} \\ a_{21} & b_2 & a_{23} \\ a_{31} & b_3 & a_{33} \end{vmatrix}, \quad D_3 = \begin{vmatrix} a_{11} & a_{12} & b_1 \\ a_{21} & a_{22} & b_2 \\ a_{31} & a_{32} & b_3 \end{vmatrix}$$

例2 计算三阶行列式

$$D = \begin{vmatrix} -1 & 3 & 2 \\ 3 & 0 & -2 \\ -2 & 1 & 3 \end{vmatrix}$$

解 由对角线法则，有

$$\begin{vmatrix} -1 & 3 & 2 \\ 3 & 0 & -2 \\ -2 & 1 & 3 \end{vmatrix} = (-1) \times 0 \times 3 + 3 \times (-2) \times (-2) + 2 \times 3 \times 1 - (-2) \times 0 \times 2 -$$

$$3 \times 3 \times 3 - (-1) \times 1 \times (-2)$$

$$= 0 + 12 + 6 - 0 - 27 - 2$$

$$= -11$$

例3 用行列式解三元线性方程组：

$$\begin{cases} x_1 + 2x_2 + x_3 = 3, \\ -2x_1 + x_2 - x_3 = -3, \\ x_1 - 4x_2 + 2x_3 = -5. \end{cases}$$

解 因为

$$D = \begin{vmatrix} 1 & 2 & 1 \\ -2 & 1 & -1 \\ 1 & -4 & 2 \end{vmatrix} = 2 + 8 - 2 - 1 + 8 - 4 = 11 \neq 0$$

且

$$D_1 = \begin{vmatrix} 3 & 2 & 1 \\ -3 & 1 & -1 \\ -5 & -4 & 2 \end{vmatrix} = 33, \quad D_2 = \begin{vmatrix} 1 & 3 & 1 \\ -2 & -3 & -1 \\ 1 & -5 & 2 \end{vmatrix} = 11, \quad D_3 = \begin{vmatrix} 1 & 2 & 3 \\ -2 & 1 & -3 \\ 1 & -4 & -5 \end{vmatrix} = -22$$

所以，得

$$x_1 = \frac{33}{11} = 3, \quad x_2 = \frac{11}{11} = 1, \quad x_3 = \frac{-22}{11} = -2$$

4.1.3 n 阶行列式

定义3 由将 $n \times n$ 个元素 a_{ij} （$i, j = 1, 2, \cdots, n$）排成 n 行 n 列的式子（横排称行，竖排称列）

$$\begin{vmatrix} a_{11} & a_{12} & \cdots & a_{1n} \\ a_{21} & a_{22} & \cdots & a_{2n} \\ \vdots & \vdots & & \vdots \\ a_{n1} & a_{n2} & \cdots & a_{nn} \end{vmatrix}$$

称为 n 阶行列式，记为 D_n.

一般来说，低阶行列式比高阶行列式容易计算，因此我们希望用低阶行列式来表示高阶行列式，这就是行列式的按行（列）展开. 为此我们引进余子式和代数余子式的概念.

定义 4 在 n 阶行列式 D_n 中，把元素 a_{ij} 所在的第 i 行与第 j 列划去后留下来的 $n-1$ 阶行列式叫作元素 a_{ij} 的余子式，记作 M_{ij}. 而 $A_{ij} = (-1)^{i+j}M_{ij}$ 叫作 a_{ij} 的代数余子式.

$$M_{ij} = \begin{vmatrix} a_{11} & \cdots & a_{1j-1} & a_{1j+1} & \cdots & a_{1n} \\ \vdots & & \vdots & \vdots & & \vdots \\ a_{i-11} & \cdots & a_{i-1j-1} & a_{i-1j+1} & \cdots & a_{i-1n} \\ a_{i+11} & \cdots & a_{i+1j-1} & a_{i+1j+1} & \cdots & a_{i+1n} \\ \vdots & & \vdots & \vdots & & \vdots \\ a_{n1} & \cdots & a_{nj-1} & a_{nj+1} & \cdots & a_{nn} \end{vmatrix}$$

例如：$D = \begin{vmatrix} 0 & 2 & 0 \\ 1 & 3 & 5 \\ 4 & 2 & 3 \end{vmatrix}$，$M_{12} = \begin{vmatrix} 1 & 5 \\ 4 & 3 \end{vmatrix} = -17$，$A_{12} = (-1)^{1+2}M_{12} = 17$.

对于三阶行列式，由定义得

$$\begin{vmatrix} a_{11} & a_{12} & a_{13} \\ a_{21} & a_{22} & a_{23} \\ a_{31} & a_{32} & a_{33} \end{vmatrix} = a_{11}a_{22}a_{33} + a_{12}a_{23}a_{31} + a_{13}a_{21}a_{32} - a_{11}a_{23}a_{32} - a_{12}a_{21}a_{33} - a_{13}a_{22}a_{31}$$

$$= a_{11}(a_{22}a_{33} - a_{23}a_{32}) - a_{12}(a_{21}a_{33} - a_{23}a_{31}) + a_{13}(a_{21}a_{32} - a_{22}a_{31})$$

$$= a_{11}\begin{vmatrix} a_{22} & a_{23} \\ a_{32} & a_{33} \end{vmatrix} - a_{12}\begin{vmatrix} a_{21} & a_{23} \\ a_{31} & a_{33} \end{vmatrix} + a_{13}\begin{vmatrix} a_{21} & a_{22} \\ a_{31} & a_{32} \end{vmatrix}$$

$$= a_{11}M_{11} - a_{12}M_{12} + a_{13}M_{13}$$

$$= a_{11}A_{11} + a_{12}A_{12} + a_{13}A_{13}$$

$$= \sum_{j=1}^{3} a_{1j}A_{1j}$$

对于 n 阶行列式的计算，利用代数余子式，有如下的展开定理：

定理 1 行列式等于它的任一行（列）的各元素与其对应的代数余子式的乘积之和，即

$$D = a_{i1}A_{i1} + a_{i2}A_{i2} + \cdots + a_{in}A_{in} = \sum_{k=1}^{n} a_{ik}A_{ik} \text{（行列式按第 } i \text{ 行展开）}$$

或 $$D = a_{1j}A_{1j} + a_{2j}A_{2j} + \cdots + a_{nj}A_{nj} = \sum_{k=1}^{n} a_{kj}A_{kj} \text{（行列式按第 } j \text{ 列展开）}$$

注意：（1）行列式是一个数；

（2）对于四阶及四阶以上的行列式，对角线法则已经不再适用.

例 4 计算

$$D = \begin{vmatrix} 1 & 0 & -2 & -1 \\ 2 & 1 & -1 & 0 \\ 0 & 2 & 1 & -1 \\ 1 & -1 & 0 & 2 \end{vmatrix}$$

解 将行列式按第 1 行展开, 得

$$D = 1 \times (-1)^{1+1} \begin{vmatrix} 1 & -1 & 0 \\ 2 & 1 & -1 \\ -1 & 0 & 2 \end{vmatrix} + 0 \times (-1)^{1+2} \begin{vmatrix} 2 & -1 & 0 \\ 0 & 1 & -1 \\ 1 & 0 & 2 \end{vmatrix} +$$

$$(-2) \times (-1)^{1+3} \begin{vmatrix} 2 & 1 & 0 \\ 0 & 2 & -1 \\ 1 & -1 & 2 \end{vmatrix} + (-1) \times (-1)^{1+4} \begin{vmatrix} 2 & 1 & -1 \\ 0 & 2 & 1 \\ 1 & -1 & 0 \end{vmatrix}$$

$$= 1 \times 5 + (-2) \times 5 - (-1) \times 5 = 0$$

例 5 计算下列三角行列式 (即主对角线上方的所有元素都为零的行列式):

$$\begin{vmatrix} a_{11} & & & \\ a_{21} & a_{22} & & \\ \vdots & \vdots & \ddots & \\ a_{n1} & a_{n2} & \cdots & a_{nn} \end{vmatrix}.$$

解 $D = a_{11} a_{22} \cdots a_{nn}$.

几个特殊的行列式:

①上三角行列式 (主对角线以下的元素全为 0).

$$D = \begin{vmatrix} a_{11} & a_{12} & \cdots & a_{1n} \\ 0 & a_{22} & \cdots & a_{2n} \\ 0 & 0 & \ddots & \vdots \\ 0 & 0 & \cdots & a_{nn} \end{vmatrix} = a_{11} a_{22} \cdots a_{nn}$$

②下三角行列式 (主对角线以上的元素全为 0).

$$\begin{vmatrix} a_{11} & 0 & \cdots & 0 \\ a_{21} & a_{22} & \cdots & 0 \\ \vdots & \vdots & \ddots & \vdots \\ a_{n1} & a_{n2} & \cdots & a_{nn} \end{vmatrix} = a_{11} a_{22} \cdots a_{nn}$$

③对角形行列式.

$$\begin{vmatrix} a_{11} & 0 & \cdots & 0 \\ 0 & a_{22} & \cdots & 0 \\ \vdots & \vdots & \ddots & \vdots \\ 0 & 0 & \cdots & a_{nn} \end{vmatrix} = a_{11} a_{22} \cdots a_{nn}$$

上 (下) 三角形行列式及对角形行列式的值, 均等于主对角线上元素的乘积.

习题 4.1

1. 计算下列行列式的值:

(1) $\begin{vmatrix} 1 & 2 \\ 3 & 4 \end{vmatrix}$;

(2) $\begin{vmatrix} a & b \\ a^2 & b^2 \end{vmatrix}$;

(3) $\begin{vmatrix} x-1 & 1 \\ x^2 & x^2+x+1 \end{vmatrix}$;

(4) $\begin{vmatrix} 1 & \log_b a \\ \log_a b & 1 \end{vmatrix}$;

(5) $\begin{vmatrix} 1 & -1 & 2 \\ 3 & 2 & 1 \\ 0 & -1 & 4 \end{vmatrix}$;

(6) $\begin{vmatrix} 0 & a & 0 \\ b & c & d \\ 0 & e & 0 \end{vmatrix}$.

2. 用行列式解下列方程组:

(1) $\begin{cases} x_1+2x_2=6, \\ 5x_1+3x_2=3; \end{cases}$

(2) $\begin{cases} x_1\cos\theta-x_2\sin\theta=a, \\ x_1\sin\theta+x_2\cos\theta=b; \end{cases}$

(3) $\begin{cases} x+2y+z=0, \\ 2x-y+z=1, \\ x-y-2z=3; \end{cases}$

(4) $\begin{cases} 2x-y+3z=3, \\ 3x+y-5z=0, \\ 4x-y+z=3. \end{cases}$

3. 试求下列方程的根:

(1) $\begin{vmatrix} x-6 & 5 & 3 \\ -3 & x+2 & 2 \\ -2 & 2 & x \end{vmatrix}=0$;

(2) $\begin{vmatrix} 1 & 1 & 2 & 3 \\ 1 & 2-x^2 & 2 & 3 \\ 2 & 3 & 1 & 5 \\ 2 & 3 & 1 & 9-x^2 \end{vmatrix}=0$.

4. 举例说明,当二元一次方程组的系数行列式的值为零时,方程组的解会有怎样的可能?

4.2 行列式的性质

上节我们介绍了行列式的定义,为简化行列式的计算,本节我们介绍行列式的性质.

设 $D = \begin{vmatrix} a_{11} & a_{12} & \cdots & a_{1n} \\ a_{21} & a_{22} & \cdots & a_{2n} \\ \vdots & \vdots & & \vdots \\ a_{n1} & a_{n2} & \cdots & a_{nn} \end{vmatrix}$,把 D 的行和列互换叫转置,得到的新行列式称为 D 的转置

行列式,记为 $D^{\mathrm{T}} = \begin{vmatrix} a_{11} & a_{21} & \cdots & a_{n1} \\ a_{12} & a_{22} & \cdots & a_{n2} \\ \vdots & \vdots & & \vdots \\ a_{1n} & a_{2n} & \cdots & a_{nn} \end{vmatrix}$.

如 $D = \begin{vmatrix} 1 & 2 & 3 \\ 4 & 5 & 6 \\ 7 & 8 & 9 \end{vmatrix}$,则 $D^{\mathrm{T}} = \begin{vmatrix} 1 & 4 & 7 \\ 2 & 5 & 8 \\ 3 & 6 & 9 \end{vmatrix}$.

性质1 行列式转置后其值不变,即 $D = D^{\mathrm{T}}$.

如二阶行列式

$$D = \begin{vmatrix} a_{11} & a_{12} \\ a_{21} & a_{22} \end{vmatrix} = a_{11}a_{22} - a_{12}a_{21}$$

$$D^{\mathrm{T}} = \begin{vmatrix} a_{11} & a_{21} \\ a_{12} & a_{22} \end{vmatrix} = a_{11}a_{22} - a_{12}a_{21}$$

所以，$D = D^{\mathrm{T}}$.

性质 1 说明行列式的行和列具有同等地位，即对于行成立的性质，对于列也同样成立，反之亦然，以下各条性质只对行说明，对列也同样成立.

性质 2 互换行列式中任意两行或两列，行列式改变符号.

例如，我们容易验证

$$\begin{vmatrix} a_{11} & a_{12} & a_{13} \\ a_{21} & a_{22} & a_{23} \\ a_{31} & a_{32} & a_{33} \end{vmatrix} = - \begin{vmatrix} a_{31} & a_{32} & a_{33} \\ a_{21} & a_{22} & a_{23} \\ a_{11} & a_{12} & a_{13} \end{vmatrix}$$

推论 1 如果行列式中有两行（列）的对应元素相同，则此行列式的值为 0.

推论 2 n 阶行列式的任一行（列）的元素与另一行（列）对应元素的代数余子式的积之和等于零，即

$$a_{i1}A_{k1} + a_{i2}A_{k2} + \cdots + a_{in}A_{kn} = 0 \, (i \neq k) \tag{4-7}$$

$$a_{1j}A_{1k} + a_{2j}A_{2k} + \cdots + a_{nj}A_{nk} = 0 \, (j \neq k) \tag{4-8}$$

证 考虑行列式 D 以及第 i 行与第 k 行元素相同的行列式 D_1：

$$D = \begin{vmatrix} a_{11} & a_{12} & \cdots & a_{1n} \\ \vdots & \vdots & & \vdots \\ a_{i1} & a_{i2} & \cdots & a_{in} \\ \vdots & \vdots & & \vdots \\ a_{k1} & a_{k2} & \cdots & a_{kn} \\ \vdots & \vdots & & \vdots \\ a_{n1} & a_{n2} & \cdots & a_{nn} \end{vmatrix} \begin{matrix} \\ \\ i\,行 \\ \\ k\,行 \\ \\ \end{matrix}, \quad D_1 = \begin{vmatrix} a_{11} & a_{12} & \cdots & a_{1n} \\ \vdots & \vdots & & \vdots \\ a_{i1} & a_{i2} & \cdots & a_{in} \\ \vdots & \vdots & & \vdots \\ a_{i1} & a_{i2} & \cdots & a_{in} \\ \vdots & \vdots & & \vdots \\ a_{n1} & a_{n2} & \cdots & a_{nn} \end{vmatrix} \begin{matrix} \\ \\ i\,行 \\ \\ k\,行 \\ \\ \end{matrix}$$

显然 $D_1 = 0$. 又 D_1 与 D 除第 k 行外，其余各行元素完全相同，所以 D_1 中第 k 行元素的代数余子式与 D 中第 k 行对应元素的代数余子式相同. 把 D_1 按第 k 行展开，即得

$$a_{i1}A_{k1} + a_{i2}A_{k2} + \cdots + a_{in}A_{kn} = 0$$

类似可证式（4-8）成立.

综合定理 4.1 和推论 2，对于 n 阶行列式有下面的结论：

$$a_{i1}A_{k1} + a_{i2}A_{k2} + \cdots + a_{in}A_{kn} = \begin{cases} D, & k = i, \\ 0, & k \neq i \end{cases} \quad (i = 1, 2, \cdots, n) \text{（按行展开）}$$

$$a_{1j}A_{1k} + a_{2j}A_{2k} + \cdots + a_{nj}A_{nk} = \begin{cases} D, & k = j, \\ 0, & k \neq j \end{cases} \quad (j = 1, 2, \cdots, n) \text{（按列展开）}$$

性质 3 行列式的某一行（列）中所有的元素都乘以同一数 k，等于用 k 乘此行列式，即

$$D_1 = \begin{vmatrix} a_{11} & a_{12} & \cdots & a_{1n} \\ \vdots & \vdots & & \vdots \\ ka_{i1} & ka_{i1} & \cdots & ka_{in} \\ \vdots & \vdots & & \vdots \\ a_{n1} & a_{n2} & \cdots & a_{nn} \end{vmatrix} = k \begin{vmatrix} a_{11} & a_{12} & \cdots & a_{1n} \\ \vdots & \vdots & & \vdots \\ a_{i1} & a_{i1} & \cdots & a_{in} \\ \vdots & \vdots & & \vdots \\ a_{n1} & a_{n2} & \cdots & a_{nn} \end{vmatrix} = kD$$

证 将 D_1 按第 i 行展开得

$$D_1 = ka_{i1}A_{i1} + ka_{i2}A_{i2} + \cdots + ka_{in}A_{in} = k(a_{i1}A_{i1} + a_{i2}A_{i2} + \cdots + a_{in}A_{in}) = kD$$

所以结论成立.

例1 计算行列式 $\begin{vmatrix} 2 & 5 & 5 \\ 6 & 4 & 10 \\ 3 & 6 & 15 \end{vmatrix}$.

解 行列式的第 2、3 行和第 3 列分别有公因数 2，3，5，所以，由性质 3 可得

$$\begin{vmatrix} 2 & 5 & 5 \\ 6 & 4 & 10 \\ 3 & 6 & 15 \end{vmatrix} = 2 \begin{vmatrix} 2 & 5 & 5 \\ 3 & 2 & 5 \\ 3 & 6 & 15 \end{vmatrix} = 2 \times 3 \begin{vmatrix} 2 & 5 & 5 \\ 3 & 2 & 5 \\ 1 & 2 & 5 \end{vmatrix}$$

$$= 2 \times 3 \times 5 \begin{vmatrix} 2 & 5 & 1 \\ 3 & 2 & 1 \\ 1 & 2 & 1 \end{vmatrix} = -180$$

特别地，行列式每个元素都有公因子 k 时，则有

$$\begin{vmatrix} ka_{11} & ka_{12} & \cdots & ka_{1n} \\ \vdots & \vdots & & \vdots \\ ka_{i1} & ka_{i1} & \cdots & ka_{in} \\ \vdots & \vdots & & \vdots \\ ka_{n1} & ka_{n2} & \cdots & ka_{nn} \end{vmatrix} = k^n \begin{vmatrix} a_{11} & a_{12} & \cdots & a_{1n} \\ \vdots & \vdots & & \vdots \\ a_{i1} & a_{i1} & \cdots & a_{in} \\ \vdots & \vdots & & \vdots \\ a_{n1} & a_{n2} & \cdots & a_{nn} \end{vmatrix}$$

推论1 行列式中某一行（列）的所有元素的公因子可以提到行列式外面.

推论2 行列式中某一行（列）的所有元素全为 0，则此行列式等于 0.

推论3 行列式中如果有两行（列）元素成比例，则此行列式等于 0.

例2 计算行列式 $\begin{vmatrix} 3 & 2 & 4 \\ 0 & 0 & 0 \\ 5 & 7 & 8 \end{vmatrix}$ 的值.

解 因为这个行列式的第 2 行元素全为零，根据推论 2，所以 $\begin{vmatrix} 3 & 2 & 4 \\ 0 & 0 & 0 \\ 5 & 7 & 8 \end{vmatrix} = 0$.

例3 计算行列式的值：$\begin{vmatrix} 2 & 4 & 5 \\ -1 & -2 & 3 \\ 4 & 8 & 10 \end{vmatrix}$.

解　因为这个行列式的第 1 行与第 3 行成比例，根据推论 3，所以 $\begin{vmatrix} 2 & 4 & 5 \\ -1 & -2 & 3 \\ 4 & 8 & 10 \end{vmatrix} = 0.$

性质 4　行列式中如果某一行（列）的元素都是两数之和，则此行列式等于两个相应的行列式的和，即

$$\begin{vmatrix} a_{11} & a_{12} & \cdots & a_{1n} \\ \vdots & \vdots & & \vdots \\ b_{i1}+c_{i1} & b_{i2}+c_{i2} & \cdots & b_{in}+c_{in} \\ \vdots & \vdots & & \vdots \\ a_{n1} & a_{n2} & \cdots & a_{nn} \end{vmatrix} = \begin{vmatrix} a_{11} & a_{12} & \cdots & a_{1n} \\ \vdots & \vdots & & \vdots \\ b_{i1} & b_{i2} & \cdots & b_{in} \\ \vdots & \vdots & & \vdots \\ a_{n1} & a_{n2} & \cdots & a_{nn} \end{vmatrix} + \begin{vmatrix} a_{11} & a_{12} & \cdots & a_{1n} \\ \vdots & \vdots & & \vdots \\ c_{i1} & c_{i2} & \cdots & c_{in} \\ \vdots & \vdots & & \vdots \\ a_{n1} & a_{n2} & \cdots & a_{nn} \end{vmatrix}$$

证　根据定理 5.1，将上式左右两端的行列式分别按第 i 行展开，记第 i 行各元素的代数余子式依次为 A_{i1}，A_{i2}，$\cdots$，A_{in}，得

$$左 = (b_{i1}+c_{i1})A_{i1} + (b_{i2}+c_{i2})A_{i2} + \cdots + (b_{in}+c_{in})A_{in}$$
$$= (b_{i1}A_{i1} + b_{i2}A_{i2} + \cdots + b_{in}A_{in}) + (c_{i1}A_{i1} + c_{i2}A_{i2} + \cdots + c_{in}A_{in})$$
$$= 右$$

例 4　求证 $\begin{vmatrix} 1 & x^2 & a^2+x^2 \\ 1 & y^2 & a^2+y^2 \\ 1 & z^2 & a^2+z^2 \end{vmatrix} = 0.$

证　原式 $= \begin{vmatrix} 1 & x^2 & a^2 \\ 1 & y^2 & a^2 \\ 1 & z^2 & a^2 \end{vmatrix} + \begin{vmatrix} 1 & x^2 & x^2 \\ 1 & y^2 & y^2 \\ 1 & z^2 & z^2 \end{vmatrix} = a^2\begin{vmatrix} 1 & x^2 & 1 \\ 1 & y^2 & 1 \\ 1 & z^2 & 1 \end{vmatrix} + \begin{vmatrix} 1 & x^2 & x^2 \\ 1 & y^2 & y^2 \\ 1 & z^2 & z^2 \end{vmatrix} = 0$

性质 5　把行列式的某一行（列）的所有元素乘以数 k 加到另一行（列）的相应元素上，行列式的值不变．即

$$D = \begin{vmatrix} a_{11} & a_{12} & \cdots & a_{1n} \\ \vdots & \vdots & & \vdots \\ a_{i1} & a_{i2} & \cdots & a_{in} \\ \vdots & \vdots & & \vdots \\ a_{s1} & a_{s2} & \cdots & a_{sn} \\ \vdots & \vdots & & \vdots \\ a_{n1} & a_{n2} & \cdots & a_{nn} \end{vmatrix} = \begin{vmatrix} a_{11} & a_{12} & \cdots & a_{1n} \\ \vdots & \vdots & & \vdots \\ a_{i1} & a_{i2} & \cdots & a_{in} \\ \vdots & \vdots & & \vdots \\ ka_{i1}+a_{s1} & ka_{i2}+a_{s2} & \cdots & ka_{in}+a_{sn} \\ \vdots & \vdots & & \vdots \\ a_{n1} & a_{n2} & \cdots & a_{nn} \end{vmatrix}$$

利用性质 4 及推论 3，即可得性质 5 成立．

在行列式的计算过程中，为简明起见，引入以下记号来表示行列式的三种变形：

（1）对换行列式的 i，j 两行（两列），记为 $r_i \leftrightarrow r_j$（$c_i \leftrightarrow c_j$）；

（2）把行列式的第 i 行（列）提公因子 k，记为 r_i/k（c_i/k）；

（3）把行列式的第 j 行（列）的 k 倍加到第 i 行（列）上，记为 $r_i + kr_j$（$c_i + kc_j$）．

行列式的性质和推论主要用于化简行列式，使行列式中更多的元素变为 0，或化为特殊的行列式（对角、上三角行列式）．

例 5 计算行列式 $D = \begin{vmatrix} a_1 - b_1 & a_1 - b_2 & a_1 - b_3 \\ a_2 - b_1 & a_2 - b_2 & a_2 - b_3 \\ a_3 - b_1 & a_3 - b_2 & a_3 - b_3 \end{vmatrix}$.

解 $D \xlongequal[r_3 + (-1)r_1]{r_2 + (-1)r_1} \begin{vmatrix} a_1 - b_1 & a_1 - b_2 & a_1 - b_3 \\ a_2 - a_1 & a_2 - a_1 & a_2 - a_1 \\ a_3 - a_1 & a_3 - a_2 & a_3 - a_1 \end{vmatrix}$

$= (a_2 - a_1)(a_3 - a_1) \begin{vmatrix} a_1 - b_1 & a_1 - b_2 & a_1 - b_3 \\ 1 & 1 & 1 \\ 1 & 1 & 1 \end{vmatrix}$

$= 0.$

注意：此例告诉我们，行列式的性质在计算行列式时可以连续使用，但要注意先后次序.

例 6 计算 $D = \begin{vmatrix} a & b & b & b \\ b & a & b & b \\ b & b & a & b \\ b & b & b & a \end{vmatrix}$.

解 这个行列式各行的 4 个数之和都是 $a + 3b$，把第 2，3，4 列都加到第 1 列，提出第 1 列的公因子 $a + 3b$，然后第 2，3，4 行都减去第 1 行.

$D \xlongequal{c_1 + c_2 + c_3 + c_4} \begin{vmatrix} a + 3b & b & b & b \\ a + 3b & a & b & b \\ a + 3b & b & a & b \\ a + 3b & b & b & a \end{vmatrix} = (a + 3b) \begin{vmatrix} 1 & b & b & b \\ 1 & a & b & b \\ 1 & b & a & b \\ 1 & b & b & a \end{vmatrix}$

$\xlongequal[\substack{r_3 - r_1 \\ r_4 - r_1}]{r_2 - r_1} (a + 3b) \begin{vmatrix} 1 & b & b & b \\ 0 & a - b & 0 & 0 \\ 0 & 0 & a - b & 0 \\ 0 & 0 & 0 & a - b \end{vmatrix} = (a + 3b)(a - b)^3$

习题 4.2

1. 计算下列行列式：

(1) $\begin{vmatrix} 1 & 1 & 2 \\ 2 & 1 & 1 \\ 1 & 2 & 1 \end{vmatrix}$;

(2) $\begin{vmatrix} -3 & 2 & 1 \\ 203 & 298 & 399 \\ \dfrac{1}{3} & \dfrac{1}{2} & \dfrac{2}{3} \end{vmatrix}$;

(3) $\begin{vmatrix} a^2 & ab & b^2 \\ 2a & a+b & 2b \\ 1 & 1 & 1 \end{vmatrix}$;

(4) $\begin{vmatrix} -ab & ac & ae \\ bd & -cd & de \\ bf & cf & -ef \end{vmatrix}$;

(5) $\begin{vmatrix} 1 & 2 & 1 & -1 \\ 1 & 0 & -2 & 0 \\ 3 & 2 & 1 & -1 \\ 1 & 2 & 3 & 4 \end{vmatrix}$;

(6) $\begin{vmatrix} 3 & -7 & 2 & 4 \\ -2 & 5 & 1 & -3 \\ 1 & -3 & -1 & 2 \\ 4 & -6 & 3 & 8 \end{vmatrix}$;

(7) $\begin{vmatrix} 1 & 3 & 1 & 2 \\ 1 & 5 & 3 & -4 \\ 0 & 4 & 1 & -1 \\ -5 & 1 & 3 & -6 \end{vmatrix}$;

(8) $\begin{vmatrix} 1 & -1 & 1 & x-1 \\ 1 & -1 & x+1 & -1 \\ 1 & x-1 & 1 & -1 \\ x+1 & -1 & 1 & -1 \end{vmatrix}$;

(9) $\begin{vmatrix} 2 & 1 & 0 & \cdots & 0 & 0 \\ 1 & 2 & 1 & \cdots & 0 & 0 \\ 0 & 1 & 2 & \cdots & 0 & 0 \\ 0 & 0 & 1 & \cdots & 0 & 0 \\ \vdots & \vdots & \vdots & & \vdots & \vdots \\ 0 & 0 & 0 & \cdots & 1 & 2 \end{vmatrix}$.

2. 证明下列各等式：

(1) $\begin{vmatrix} a_1+b_1 & b_1+c_1 & c_1+a_1 \\ a_2+b_2 & b_2+c_2 & c_2+a_2 \\ a_3+b_3 & b_3+c_3 & c_3+a_3 \end{vmatrix} = 2 \begin{vmatrix} a_1 & b_1 & c_1 \\ a_2 & b_2 & c_2 \\ a_3 & b_3 & c_3 \end{vmatrix}$;

(2) $\begin{vmatrix} 1+x_1y_1 & 1+x_1y_2 & 1+x_1y_3 \\ 1+x_2y_1 & 1+x_2y_2 & 1+x_2y_3 \\ 1+x_3y_1 & 1+x_3y_2 & 1+x_3y_3 \end{vmatrix} = 0$.

3. 设 4 阶行列式的第 2 列元素依次为 2，m，k，3，第 2 列元素的余子式依次为 1，-1，1，-1，第 4 列元素的代数余子式依次为 3，1，4，2，且行列式的值为 1，求 m，k.

4.3 克莱姆法则

在第一节中我们介绍了利用行列式解二元与三元线性方程组的方法，在学习了 n 阶行列式的计算方法后，同样也可以借助行列式来解 n 元线性方程组.

设含有 n 个未知数，n 个方程的线性方程组为

$$\begin{cases} a_{11}x_1 + x_{12}x_2 + \cdots + a_{1n}x_n = b_1, \\ a_{21}x_1 + x_{22}x_2 + \cdots + a_{2n}x_n = b_2, \\ \quad\cdots \\ a_{n1}x_1 + x_{n2}x_2 + \cdots + a_{nn}x_n = b_n \end{cases} \tag{4-9}$$

它的系数 a_{ij} 构成的行列式

$$D = \begin{vmatrix} a_{11} & a_{12} & \cdots & a_{1n} \\ a_{21} & a_{22} & \cdots & a_{2n} \\ \vdots & \vdots & & \vdots \\ a_{n1} & a_{n2} & \cdots & a_{nn} \end{vmatrix}$$

称为方程组（4-9）的系数行列式.

定理 1　（克莱姆法则）如果线性方程组（5-9）的系数行列式 $D \neq 0$，则方程组有唯一解：

$$x_1 = \frac{D_1}{D}, \ x_2 = \frac{D_2}{D}, \ \cdots, \ x_n = \frac{D_n}{D} \tag{4-10}$$

其中 D_j $(j=1,\ 2,\ \cdots,\ n)$ 是 D 中第 j 列换成常数项 $b_1,\ b_2,\ \cdots,\ b_n$ 其余各列不变而得到的行列式. 即

$$D_j = \begin{vmatrix} a_{11} & \cdots & a_{1,j-1} & b_1 & a_{1,j+1} & \cdots & a_{1n} \\ a_{21} & \cdots & a_{2,j-1} & b_2 & a_{2,j+1} & \cdots & a_{2n} \\ \vdots & & \vdots & \vdots & \vdots & & \vdots \\ a_{n,1} & \cdots & a_{n,j-1} & b_n & a_{n,j+1} & \cdots & a_{nn} \end{vmatrix}$$

证　当系数行列式 $D \neq 0$ 时，先证式（4-10）是方程组（4-9）的解，将式（4-10）代入任第 i 个方程，得

$$\sum_{j=1}^{n} a_{ij} x_j = \sum_{j=1}^{n} a_{ij} \frac{D_j}{D} = \frac{1}{D} \sum_{j=1}^{n} a_{ij} D_j$$

因为　　　　　$D_j = b_1 A_{1j} + \cdots + b_i A_{ij} + \cdots + b_n A_{nj} \quad (j=1,\ 2,\ \cdots,\ n)$

所以　　　　　$\dfrac{1}{D} \sum_{j=1}^{n} a_{ij} D_j = \dfrac{1}{D} \sum_{j=1}^{n} a_{ij} (b_1 A_{1j} + \cdots + b_i A_{ij} + \cdots + b_n A_{nj})$

$$= \frac{1}{D} \left(b_1 \sum_{j=1}^{n} a_{ij} A_{1j} + \cdots + b_i \sum_{j=1}^{n} a_{ij} A_{ij} + \cdots + b_n \sum_{j=1}^{n} a_{ij} A_{nj} \right)$$

$$= \frac{1}{D} (0 + \cdots + b_i D + \cdots + 0) = b_i$$

由此可知，式（4-10）是方程组（4-9）的解.

再证方程组（4-9）解的唯一性.

设 $c_1,\ c_2,\ \cdots,\ c_n$ 是方程组（4-9）的一个解，即有

$$\begin{cases} a_{11}c_1 + a_{12}c_2 + \cdots + a_{1n}c_n = b_1, \\ a_{21}c_1 + a_{22}c_2 + \cdots + a_{2n}c_n = b_2, \\ \qquad\qquad \cdots \\ a_{n1}c_1 + a_{n2}c_2 + \cdots + a_{nn}c_n = b_n \end{cases} \tag{4-11}$$

用系数行列式 D 的第 j 列元素的代数余子式 $A_{1j},\ A_{2j},\ \cdots,\ A_{nj}$ 依次乘以方程组（4-11）的每一个方程，然后将这 n 个等式相加，化简整理，左端得

$$(a_{11}A_{1j} + a_{21}A_{2j} + \cdots + a_{n1}A_{nj})c_1 + \cdots + (a_{1j}A_{1j} + a_{2j}A_{2j} + \cdots + a_{nj}A_{nj})c_j + \cdots +$$

$$(a_{1n}A_{1j} + a_{2n}A_{2j} + \cdots + a_{nn}A_{nj})c_n$$

$$= 0 \cdot c_1 + \cdots + D \cdot c_j + \cdots + 0 \cdot c_n \quad (j = 1, 2, \cdots, n)$$

右端为

$$b_1 A_{1j} + \cdots + b_i A_{ij} + \cdots + b_n A_{nj} = D_j \quad (j = 1, 2, \cdots, n)$$

所以 $D \cdot c_j = D_j$.

当系数行列式 $D \neq 0$ 时，$c_j = \dfrac{D_j}{D}$ $(j = 1, 2, \cdots, n)$.

由此，方程组（4-9）的解的唯一性得证.

这个法则包含着两个结论：（1）方程组（4-9）有解；（2）解唯一.

注意：用克莱姆法则解线性方程组时，必须满足两个条件：（1）方程的个数与未知量的个数相等；（2）系数行列式 $D \neq 0$.

克莱姆法则是线性代数中的一个基本定理，其逆否命题也是成立的，即如果线性方程组（4-9）无解或有两个不同的解，那么它的系数行列式 $D = 0$.

例1 解线性方程组 $\begin{cases} 2x_1 + x_2 - 5x_3 + x_4 = 8, \\ x_1 - 3x_2 \qquad\quad - 6x_4 = 9, \\ \qquad\;\; 2x_2 - x_3 + 2x_4 = -5, \\ x_1 + 4x_2 - 7x_3 + 6x_4 = 0. \end{cases}$

解

$$D = \begin{vmatrix} 2 & 1 & -5 & 1 \\ 1 & -3 & 0 & -6 \\ 0 & 2 & -1 & 2 \\ 1 & 4 & -7 & 6 \end{vmatrix} \xlongequal[r_4 - r_2]{r_1 - 2r_2} \begin{vmatrix} 0 & 7 & -5 & 13 \\ 1 & -3 & 0 & -6 \\ 0 & 2 & -1 & 2 \\ 0 & 7 & -7 & 12 \end{vmatrix} = (-1)^{2+1} \begin{vmatrix} 7 & -5 & 13 \\ 2 & -1 & 2 \\ 7 & -7 & 12 \end{vmatrix}$$

$$\xlongequal[c_3 + 2c_2]{c_1 + 2c_2} - \begin{vmatrix} -3 & -5 & 3 \\ 0 & -1 & 0 \\ -7 & -7 & -2 \end{vmatrix} = -(-1)(-1)^{2+2} \begin{vmatrix} -3 & 3 \\ -7 & -2 \end{vmatrix} = 27.$$

$$D_1 = \begin{vmatrix} 8 & 1 & -5 & 1 \\ 9 & -3 & 0 & -6 \\ -5 & 2 & -1 & 2 \\ 0 & 4 & -7 & 6 \end{vmatrix} = 81, \quad D_2 = \begin{vmatrix} 2 & 8 & -5 & 1 \\ 1 & 9 & 0 & -6 \\ 0 & -5 & -1 & 2 \\ 1 & 0 & -7 & 6 \end{vmatrix} = -108$$

$$D_3 = \begin{vmatrix} 2 & 1 & 8 & 1 \\ 1 & -3 & 9 & -6 \\ 0 & 2 & -5 & 2 \\ 1 & 4 & 0 & 6 \end{vmatrix} = -27, \quad D_4 = \begin{vmatrix} 2 & 1 & -5 & 8 \\ 1 & -3 & 0 & 9 \\ 0 & 2 & -1 & -5 \\ 1 & 4 & -7 & 0 \end{vmatrix} = 27$$

于是，$x_1 = 3$，$x_2 = -4$，$x_3 = -1$，$x_4 = 1$.

当方程组（4-9）中的常数项 b_1，b_2，$\cdots$，b_n 不全为0时，称方程组（4-9）为非齐次线性方程组；当方程组（4-9）中的常数项 b_1，b_2，$\cdots$，b_n 全等于0时，即

$$\begin{cases} a_{11}x_1 + a_{12}x_2 + \cdots + a_{1n}x_n = 0, \\ a_{21}x_1 + a_{22}x_2 + \cdots + a_{2n}x_n = 0, \\ \cdots \\ a_{n1}x_1 + a_{n2}x_2 + \cdots + a_{nn}x_n = 0 \end{cases} \tag{4-12}$$

称为齐次线性方程组.

显然，齐次线性方程组（4-12）总是有解的，因为 $x_1 = 0$，$x_2 = 0$，$\cdots$，$x_n = 0$ 必定满足方程组（4-12），这组解称为零解，也就是说：齐次线性方程组必有零解．在解 $x_1 = k_1$，$x_2 = k_2$，$\cdots$，$x_n = k_n$ 不全为零时，称这组解为方程组（4-12）的非零解．但它不一定有非零解.

由克莱姆法则易知，若齐次线性方程组（4-12）的系数行列式 $D \neq 0$，则它只有零解．其逆否命题如下：

定理 2 若齐次线性方程组（4-12）有非零解，则它的系数行列式 $D = 0$.

例 2 k 取何值时，齐次线性方程组

$$\begin{cases} kx + y + z = 0, \\ x + ky + z = 0, \\ x + y + kz = 0 \end{cases}$$

有非零解？

解 方程组的系数行列式为

$$D = \begin{vmatrix} k & 1 & 1 \\ 1 & k & 1 \\ 1 & 1 & k \end{vmatrix} = (k+2)(k-1)^2$$

由定理 4.3 知，若齐次线性方程组有非零解，则它的系数行列式 D 必为零，即

$$(k+2)(k-1)^2 = 0$$

解得 $k = -2$ 或 $k = 1$.

容易验证，当 $k = -2$ 或 1 时，方程组确有非零解.

习题 4.3

1. 用克莱姆法则解下列方程组：

（1）$\begin{cases} x + y - 2z = -3, \\ 5x - 2y + 7z = 22, \\ 2x - 5y + 4z = 4; \end{cases}$

（2）$\begin{cases} bx - ay + 2ab = 0, \\ -2cy + 3bz - bc = 0, （其中 a，b，c 均不为零） \\ cx + az = 0; \end{cases}$

（3）$\begin{cases} 6x_1 + 4x_3 + x_4 = 3, \\ x_1 - x_2 + 2x_3 + x_4 = 1, \\ 4x_1 + x_2 + 2x_3 = 1, \\ x_1 + x_2 + x_3 + x_4 = 0; \end{cases}$

$$(4)\begin{cases}2x_1 +3x_2 - x_3 - x_4 =0,\\ x_1 -3x_2 - 6x_4 =0,\\ 2x_2 - x_3 +2x_4 =0,\\ x_1 +2x_2 +3x_3 - x_4 =0;\end{cases}$$

$$(5)\begin{cases}x_1 + x_2 + x_3 + x_4 =5,\\ x_1 +2x_2 - x_3 + 4x_4 = -2,\\ 2x_1 -3x_2 - x_3 - 5x_4 = -2,\\ 3x_1 + x_2 +2x_3 +11x_4 =0;\end{cases}$$

$$(6)\begin{cases}5x_1 +6x_2 =1,\\ x_1 +5x_2 +6x_3 =0,\\ x_2 +5x_3 +6x_4 =0,\\ x_3 +5x_4 =1.\end{cases}$$

2. （1）k 取何值时，齐次线性方程组仅有零解？

$$\begin{cases}kx + y - z =0,\\ x + ky - z =0,\\ 2x - y + z =0\end{cases}$$

（2）k 取何值时，齐次线性方程组有非零解？

$$\begin{cases}(1-k)x_1 - 2x_2 + 4x_3 =0,\\ 2x_1 +(3-k)x_2 + x_3 =0,\\ x_1 + x_2 +(1-k)x_3 =0\end{cases}$$

3. 已知 $p(x)$ 为 x 的三次多项式，且 $p(-1) = -4$，$p(0) = -1$，$p(1) =0$，$p(2) =5$，求 $p(x)$ 的表达式.

4.4 矩阵的概念及运算

矩阵是数学中一个重要的概念，它被广泛地应用到现代管理科学、自然科学、工程技术等各个领域. 矩阵是线性代数的主要研究对象之一. 本节主要介绍矩阵的概念及运算.

4.4.1 矩阵定义

1. 矩阵定义

案例 1［成绩统计］　某校学生甲、学生乙，第一学期的数学、英语、大学计算机文化基础成绩如表 4－1 所示.

表 4－1

项目	数学	英语	大学计算机文化基础
学生甲	74	96	91
学生乙	82	89	75

为了简便，可以把它写成二行三列的矩形数表

$$\begin{bmatrix} 74 & 96 & 91 \\ 82 & 89 & 75 \end{bmatrix}$$

案例 2 [居民水电气用量] 北京市某户居民第三季度每个月水（单位：t）、电（单位：$kW \cdot h$）、天然气（单位：m^3）的使用情况，可以用一个三行三列的数表示为

$$\begin{array}{ccc} & 水 & 电 & 气 \\ 7\text{月} & \begin{bmatrix} 10 & 190 & 15 \\ 8\text{月} & 10 & 195 & 16 \\ 9\text{月} & 9 & 165 & 14 \end{bmatrix} \end{array}$$

这种数表在数学上称为矩阵.

定义 1 有 $m \times n$ 个数 a_{ij} $(i = 1, 2, \cdots, m; \ j = 1, 2, \cdots, n)$ 排列成一个 m 行 n 列的数表

$$\begin{bmatrix} a_{11} & a_{12} & \cdots & a_{1n} \\ a_{21} & a_{22} & \cdots & a_{2n} \\ \vdots & \vdots & & \vdots \\ a_{m1} & a_{m2} & \cdots & a_{mn} \end{bmatrix} \quad \text{或} \quad \begin{pmatrix} a_{11} & a_{12} & \cdots & a_{1n} \\ a_{21} & a_{22} & \cdots & a_{2n} \\ \vdots & \vdots & & \vdots \\ a_{m1} & a_{m2} & \cdots & a_{mn} \end{pmatrix}$$

称为 m 行 n 列矩阵，简称 $m \times n$ 矩阵. 其中 a_{ij} 称为矩阵第 i 行第 j 列元素，i 称为 a_{ij} 的行标，j 称为 a_{ij} 的列标. 矩阵通常用大写字母 $\boldsymbol{A}$，$\boldsymbol{B}$，$\boldsymbol{C}$，$\cdots$ 表示，例如上述矩阵可以记作 $\boldsymbol{A}$ 或 $\boldsymbol{A}_{m \times n}$，常记作 $\boldsymbol{A}_{m \times n}$ 或 $[a_{ij}]_{m \times n}$.

若把矩阵 $\boldsymbol{A} = [a_{ij}]_{m \times n}$ 中的各元素变号，则得到矩阵 $[-a_{ij}]_{m \times n}$，称为矩阵 $\boldsymbol{A}$ 的负矩阵，记作 $-\boldsymbol{A}$，即若

$$\boldsymbol{A} = [a_{ij}]_{m \times n} = \begin{bmatrix} a_{11} & a_{12} & \cdots & a_{1n} \\ a_{21} & a_{22} & \cdots & a_{2n} \\ \vdots & \vdots & & \vdots \\ a_{m1} & a_{m2} & \cdots & a_{mn} \end{bmatrix}$$

则

$$-\boldsymbol{A} = [-a_{ij}]_{m \times n} = \begin{bmatrix} -a_{11} & -a_{12} & \cdots & -a_{1n} \\ -a_{21} & -a_{22} & \cdots & -a_{2n} \\ \vdots & \vdots & & \vdots \\ -a_{m1} & -a_{m2} & \cdots & -a_{mn} \end{bmatrix}$$

2. 特殊的矩阵

（1）行矩阵（n 维向行量）：只有一行的矩阵 $\begin{bmatrix} a_{11} & a_{12} & \cdots & a_{1n} \end{bmatrix}$；

列矩阵（n 维向列量）：只有一列的矩阵 $\begin{bmatrix} a_{11} \\ a_{21} \\ \vdots \\ a_{m1} \end{bmatrix}$.

（2）方阵：当 $m = n$ 时，称 $\boldsymbol{A}$ 为 n 阶矩阵或 n 阶方阵. 即

$$A = \begin{bmatrix} a_{11} & a_{12} & \cdots & a_{1n} \\ a_{21} & a_{22} & \cdots & a_{2n} \\ \vdots & \vdots & & \vdots \\ a_{n1} & a_{n2} & \cdots & a_{nn} \end{bmatrix}$$

在 n 阶方阵中，从左上角到右下角的 n 个元素 a_{11}，a_{12}，$\cdots$，a_{nn} 称为 n 阶方阵的主对角线元素.

（3）三角形矩阵：方阵的主对角线下方的元素全为零，称为上三角形矩阵，即

$$A = \begin{bmatrix} a_{11} & a_{12} & \cdots & a_{1n} \\ 0 & a_{22} & \cdots & a_{2n} \\ \vdots & \vdots & & \vdots \\ 0 & 0 & \cdots & a_{nn} \end{bmatrix}$$

方阵的主对角线上方的元素全为零，称为下三角形矩阵，即

$$A = \begin{bmatrix} a_{11} & 0 & \cdots & 0 \\ a_{21} & a_{22} & \cdots & 0 \\ \vdots & \vdots & & \vdots \\ a_{n1} & a_{n2} & \cdots & a_{nn} \end{bmatrix}$$

上三角形矩阵和下三角形矩阵统称为三角形矩阵.

（4）对角矩阵：方阵中不在主对角线上的元素全为零，即

$$A = \begin{bmatrix} a_{11} & 0 & \cdots & 0 \\ 0 & a_{22} & \cdots & 0 \\ \vdots & \vdots & & \vdots \\ 0 & 0 & \cdots & a_{nn} \end{bmatrix}$$

（5）单位矩阵：方阵的主对角线上元素是1，其余元素全部是零的方阵，记作 E_n 或 E，即有

$$E_n = \begin{bmatrix} 1 & 0 & \cdots & 0 \\ 0 & 1 & \cdots & 0 \\ \vdots & \vdots & & \vdots \\ 0 & 0 & \cdots & 1 \end{bmatrix}$$

当 $n = 2$，3 时，

$$E = \begin{bmatrix} 1 & 0 \\ 0 & 1 \end{bmatrix}, \quad E = \begin{bmatrix} 1 & 0 & 0 \\ 0 & 1 & 0 \\ 0 & 0 & 1 \end{bmatrix}$$

就是二阶、三阶单位矩阵.

（6）零矩阵：所有元素全为零的矩阵，记作 $O_{m \times n}$ 或 O.

$$O_{n \times n} = \begin{bmatrix} 0 & 0 & \cdots & 0 \\ 0 & 0 & \cdots & 0 \\ \vdots & \vdots & & \vdots \\ 0 & 0 & \cdots & 0 \end{bmatrix}$$

4.4.2 矩阵的运算

无论在理论上还是在实际应用中，矩阵都是一个很重要的概念，如果仅把矩阵作为一个数表，就不能充分发挥其作用．因此，对矩阵定义一些运算就显得十分必要．在介绍矩阵运算前，先给出两个矩阵相等的概念．

如果两个 $m \times n$ 矩阵 A、B 的对应元素相等，即 $a_{ij} = b_{ij}$（$i = 1$，2，$\cdots$，m，$j = 1$，2，$\cdots$，n），则称矩阵 A、B 相等，记作 $A = B$ 或 $[a_{ij}]_{m \times n} = [b_{ij}]_{m \times n}$.

1. 矩阵的加法

定义 2　设 $A = [a_{ij}]$，$B = [b_{ij}]$ 是两个 $m \times n$ 矩阵，规定：

$$A + B = [a_{ij} + b_{ij}] = \begin{bmatrix} a_{11} + b_{11} & a_{12} + b_{12} & \cdots & a_{1n} + b_{1n} \\ a_{21} + b_{21} & a_{22} + b_{22} & \cdots & a_{2n} + b_{2n} \\ \vdots & \vdots & & \vdots \\ a_{m1} + b_{m1} & a_{m2} + b_{m2} & \cdots & a_{mn} + b_{mn} \end{bmatrix}$$

称矩阵 A 与矩阵 B 的和，记作 $A + B$.

$$A - B = [a_{ij} - b_{ij}] = \begin{bmatrix} a_{11} - b_{11} & a_{12} - b_{12} & \cdots & a_{1n} - b_{1n} \\ a_{21} - b_{21} & a_{22} - b_{22} & \cdots & a_{2n} - b_{2n} \\ \vdots & \vdots & & \vdots \\ a_{m1} - b_{m1} & a_{m2} - b_{m2} & \cdots & a_{mn} - b_{mn} \end{bmatrix}$$

称矩阵 A 与矩阵 B 的差，记作 $A - B$.

注意：只有行数、列数分别相同的两个矩阵，才能作加法和减法运算．

矩阵的加法满足以下运算律（设 A，B，C，O 都是 $m \times n$ 矩阵）：

（1）加法交换律：$A + B = B + A$；

（2）加法结合律：$(A + B) + C = A + (B + C)$；

（3）零矩阵满足：$A + O = A$；

（4）存在矩阵 $-A$，满足 $A - A = A + (-A) = O$.

例 1　设矩阵 $A = \begin{bmatrix} 4 & 0 & 5 \\ -1 & 3 & 2 \end{bmatrix}$，$B = \begin{bmatrix} 1 & 1 & 1 \\ 3 & 5 & 7 \end{bmatrix}$，$C = \begin{bmatrix} 2 & -3 \\ 0 & 1 \end{bmatrix}$.　求 $A + B$，$A + C$.

解　$A + B = \begin{bmatrix} 4 & 0 & 5 \\ -1 & 3 & 2 \end{bmatrix} + \begin{bmatrix} 1 & 1 & 1 \\ 3 & 5 & 7 \end{bmatrix} = \begin{bmatrix} 5 & 1 & 6 \\ 2 & 8 & 9 \end{bmatrix}$，

但 $A + C$ 没有意义．

例 2　电器公司有甲、乙、丙三个配件厂，分别向Ⅰ、Ⅱ、Ⅲ、Ⅳ四家装配车间供应零配件（单位：千），若全年的供应情况用矩阵 A 表示，前三个季度的供应情况用矩阵 B 表示，即

$$A = \begin{array}{c} \\ \\ \\ \\ \end{array} \begin{array}{cccc} \text{I} & \text{II} & \text{III} & \text{IV} \\ \end{array} \\ \begin{bmatrix} 30 & 25 & 17 & 45 \\ 20 & 50 & 22 & 23 \\ 60 & 20 & 20 & 30 \end{bmatrix} \begin{array}{c} \text{甲} \\ \text{乙} \\ \text{丙} \end{array}, \quad B = \begin{array}{cccc} \text{I} & \text{II} & \text{III} & \text{IV} \\ \end{array} \\ \begin{bmatrix} 10 & 15 & 13 & 30 \\ 0 & 40 & 16 & 17 \\ 50 & 10 & 0 & 10 \end{bmatrix} \begin{array}{c} \text{甲} \\ \text{乙} \\ \text{丙} \end{array}$$

求第四个季度的供应情况.

解 因为矩阵 A 与矩阵 B 行列相等，所以可以进行减法运算.第四个季度的供应情况应是矩阵 A 减去矩阵 B，即

$$A - B = \begin{bmatrix} 30 & 25 & 17 & 45 \\ 20 & 50 & 22 & 23 \\ 60 & 20 & 20 & 30 \end{bmatrix} - \begin{bmatrix} 10 & 15 & 13 & 30 \\ 0 & 40 & 16 & 17 \\ 50 & 10 & 0 & 10 \end{bmatrix}$$

$$= \begin{bmatrix} 30-10 & 25-15 & 17-13 & 45-30 \\ 20-0 & 50-40 & 22-16 & 23-17 \\ 60-50 & 20-10 & 20-0 & 30-10 \end{bmatrix}$$

$$\begin{array}{cccc} \text{I} & \text{II} & \text{III} & \text{IV} \end{array}$$

$$= \begin{bmatrix} 20 & 10 & 4 & 15 \\ 20 & 10 & 6 & 6 \\ 10 & 10 & 20 & 20 \end{bmatrix} \begin{matrix} \text{甲} \\ \text{乙} \\ \text{丙} \end{matrix}$$

2. 矩阵的数乘

案例 2 ［运输费用］ 某钢铁公司从甲、乙、丙三个铁矿厂，向 I、II、III、IV 四个炼铁厂运送铁矿石，三个铁矿厂到四个炼铁厂之间的距离（单位：km）用矩阵 A 表示

$$A = \begin{bmatrix} 120 & 170 & 80 & 90 \\ 80 & 140 & 40 & 60 \\ 130 & 190 & 90 & 100 \end{bmatrix}$$

若每吨铁矿石的运费为 2 元/km，那么甲、乙、丙三地到四个炼铁厂之间每吨铁矿石的运费为

$$2A = 2\begin{bmatrix} 120 & 170 & 80 & 90 \\ 80 & 140 & 40 & 60 \\ 130 & 190 & 90 & 100 \end{bmatrix}$$

$$= \begin{bmatrix} 2\times120 & 2\times170 & 2\times80 & 2\times90 \\ 2\times80 & 2\times140 & 2\times40 & 2\times60 \\ 2\times130 & 2\times190 & 2\times90 & 2\times100 \end{bmatrix} = \begin{bmatrix} 240 & 340 & 160 & 180 \\ 160 & 280 & 80 & 120 \\ 260 & 380 & 180 & 200 \end{bmatrix}$$

这种运算是用数乘矩阵的每一个元素，这就是我们要定义的数与矩阵相乘.

定义 3 设 k 是任意一个实数，$A = (a_{ij})$ 是一个 $m \times n$ 矩阵，规定

$$kA = \left[ka_{ij} \right]_{m \times n} = \begin{bmatrix} ka_{11} & ka_{12} & \cdots & ka_{1n} \\ ka_{21} & ka_{22} & \cdots & ka_{2n} \\ \vdots & \vdots & & \vdots \\ ka_{m1} & ka_{m2} & \cdots & ka_{mn} \end{bmatrix}$$

称该矩阵为数 k 与矩阵 A 的数量乘积，或称为矩阵的数乘.

数与矩阵的乘法满足以下运算律（设 A，B 都是 $m \times n$ 矩阵，k，l 是实数）：

（1）数对矩阵的分配律：$k(A + B) = kA + kB$；

（2）矩阵对数的分配律：$(k+1)A = kA + 1A$；

（3）数与矩阵的结合律：$(kl)\boldsymbol{A} = k(l\boldsymbol{A}) = l(k\boldsymbol{A})$；

（4）数 1 与矩阵满足：$1\boldsymbol{A} = \boldsymbol{A}$.

如 $\boldsymbol{A} = \begin{bmatrix} 2 & 4 & 1 \\ 3 & 5 & -2 \end{bmatrix}$，则 $2\boldsymbol{A} = \begin{bmatrix} 2\times 2 & 2\times 4 & 2\times 1 \\ 2\times 3 & 2\times 5 & 2\times(-2) \end{bmatrix} = \begin{bmatrix} 4 & 8 & 2 \\ 6 & 10 & -4 \end{bmatrix}$.

矩阵的加法和矩阵的数乘统称为矩阵的线性运算.

3. 矩阵的乘法

案例 3 [**家用电器销售单价和利润**]　某地区甲、乙、丙三家商场同时销售两种品牌的家用电器，如果用矩阵 $\boldsymbol{A}$ 表示各商场销售这两种家用电器的日平均销售量（单位：台），用 $\boldsymbol{B}$ 表示两种家用电器的单位售价（单位：千元）和单位利润（单位：千元）：

$$\boldsymbol{A} = \begin{bmatrix} 20 & 10 \\ 25 & 11 \\ 18 & 9 \end{bmatrix} \begin{matrix} 甲 \\ 乙 \\ 丙 \end{matrix}, \quad \boldsymbol{B} = \begin{bmatrix} 3.5 & 0.8 \\ 5 & 1.2 \end{bmatrix} \begin{matrix} \text{I} \\ \text{II} \end{matrix}$$

用矩阵 $\boldsymbol{C} = [c_{ij}]_{3\times 2}$ 表示这三家商场销售两种家用电器的每日总收入和总利润，那么 $\boldsymbol{C}$ 中的元素分别为

总收入 $\begin{cases} c_{11} = 20\times 3.5 + 10\times 5 = 120, \\ c_{21} = 25\times 3.5 + 11\times 5 = 142.5, \\ c_{31} = 18\times 3.5 + 9\times 5 = 108 \end{cases}$

总利润 $\begin{cases} c_{12} = 20\times 0.8 + 10\times 1.2 = 28, \\ c_{22} = 25\times 0.8 + 11\times 1.2 = 33.2, \\ c_{32} = 18\times 0.8 + 9\times 1.2 = 25.2 \end{cases}$

即

$$\boldsymbol{C} = \begin{bmatrix} c_{11} & c_{12} \\ c_{21} & c_{22} \\ c_{31} & c_{32} \end{bmatrix} = \begin{bmatrix} 20\times 3.5 + 10\times 5 & 20\times 0.8 + 10\times 1.2 \\ 25\times 3.5 + 11\times 5 & 25\times 0.8 + 11\times 1.2 \\ 18\times 3.5 + 9\times 5 & 18\times 0.8 + 9\times 1.2 \end{bmatrix} = \begin{bmatrix} 120 & 28 \\ 142.5 & 33.2 \\ 108 & 25.2 \end{bmatrix}$$

其中，矩阵 $\boldsymbol{C}$ 中的第 i 行第 j 列的元素是矩阵 $\boldsymbol{A}$ 第 i 行元素与矩阵 $\boldsymbol{B}$ 第 j 列对应元素的乘积之和.

定义 4　设 $\boldsymbol{A}$ 是一个 $m\times s$ 矩阵，$\boldsymbol{B}$ 是一个 $s\times n$ 矩阵，

$$\boldsymbol{A} = \begin{bmatrix} a_{11} & a_{12} & \cdots & a_{1s} \\ a_{21} & a_{22} & \cdots & a_{2s} \\ \vdots & \vdots & & \vdots \\ a_{m1} & a_{m2} & \cdots & a_{ms} \end{bmatrix}, \quad \boldsymbol{B} = \begin{bmatrix} b_{11} & b_{12} & \cdots & b_{1n} \\ b_{21} & b_{22} & \cdots & b_{2n} \\ \vdots & \vdots & & \vdots \\ b_{s1} & b_{s2} & \cdots & b_{sn} \end{bmatrix}$$

则称 $m\times n$ 矩阵 $\boldsymbol{C} = [c_{ij}]$ 为矩阵 $\boldsymbol{A}$ 与 $\boldsymbol{B}$ 的乘积，记作 $\boldsymbol{C} = \boldsymbol{AB}$. 其中

$$c_{ij} = a_{i1}b_{1j} + a_{i2}b_{2j} + \cdots + a_{is}b_{sj} = \sum_{k=1}^{s} a_{ik}b_{kj} \quad (i = 1,2,\cdots,m; \; j = 1,2,\cdots,n)$$

由定义可知，只有当矩阵 $\boldsymbol{A}$ 的列数等于矩阵 $\boldsymbol{B}$ 的行数时，$\boldsymbol{A}$、$\boldsymbol{B}$ 才能作乘法运算 $\boldsymbol{C} = \boldsymbol{AB}$；两个矩阵的乘积 $\boldsymbol{C} = \boldsymbol{AB}$ 亦是矩阵，它的行数等于矩阵 $\boldsymbol{A}$ 的行数，它的列数等于矩阵 $\boldsymbol{B}$

的列数；乘积矩阵 $C = AB$ 中的第 i 行第 j 列的元素等于 A 的第 i 行元素与 B 的第 j 列对应元素的乘积之和.

例 3 设矩阵 $A = \begin{bmatrix} 2 & -1 \\ -4 & 0 \\ 3 & 5 \end{bmatrix}$，$B = \begin{bmatrix} 9 & -8 \\ -7 & 10 \end{bmatrix}$，求 AB.

解 $AB = \begin{bmatrix} 2 & -1 \\ -4 & 0 \\ 3 & 5 \end{bmatrix} \begin{bmatrix} 9 & -8 \\ -7 & 10 \end{bmatrix}$

$= \begin{bmatrix} 2 \times 9 + (-1) \times (-7) & 2 \times (-8) + (-1) \times 10 \\ -4 \times 9 + 0 \times (-7) & -4 \times (-8) + 0 \times 10 \\ 3 \times 9 + 5 \times (-7) & 3 \times (-8) + 5 \times 10 \end{bmatrix} = \begin{bmatrix} 25 & -26 \\ -36 & 32 \\ -8 & 26 \end{bmatrix}$.

说明：由于矩阵 B 有 2 列，矩阵 A 有 3 行，B 的列数 $\neq A$ 的行数，因此 BA 无意义.

例 4 设矩阵 $A = \begin{bmatrix} 2 & 4 \\ 1 & 2 \end{bmatrix}$，$B = \begin{bmatrix} 2 & -2 \\ -1 & 1 \end{bmatrix}$. 求 AB 和 BA.

解 $AB = \begin{bmatrix} 2 & 4 \\ 1 & 2 \end{bmatrix} \begin{bmatrix} 2 & -2 \\ -1 & 1 \end{bmatrix} = \begin{bmatrix} 2 \times 2 + 4 \times (-1) & 2 \times (-2) + 4 \times 1 \\ 1 \times 2 + 2 \times (-1) & 1 \times (-2) + 2 \times 1 \end{bmatrix} = \begin{bmatrix} 0 & 0 \\ 0 & 0 \end{bmatrix}$

$$BA = \begin{bmatrix} 2 & -2 \\ -1 & 1 \end{bmatrix} \begin{bmatrix} 2 & 4 \\ 1 & 2 \end{bmatrix} = \begin{bmatrix} 2 & 4 \\ -1 & -2 \end{bmatrix}$$

由例 4 可知，当乘积矩阵 AB 有意义时，BA 不一定有意义，即使乘积矩阵 AB 和 BA 有意义时，AB 和 BA 也不一定相等. 因此，矩阵乘法不满足交换律.

例 5 设矩阵 $A = \begin{bmatrix} -2 & 4 \\ -3 & 6 \end{bmatrix}$，$B = \begin{bmatrix} 2 & 10 \\ 1 & 5 \end{bmatrix}$，$C = \begin{bmatrix} -6 & 4 \\ -3 & 2 \end{bmatrix}$. 求 AB 和 AC.

解 $$AB = \begin{bmatrix} -2 & 4 \\ -3 & 6 \end{bmatrix} \begin{bmatrix} 2 & 10 \\ 1 & 5 \end{bmatrix} = \begin{bmatrix} 0 & 0 \\ 0 & 0 \end{bmatrix}$$

$$AC = \begin{bmatrix} -2 & 4 \\ -3 & 6 \end{bmatrix} \begin{bmatrix} -6 & 4 \\ -3 & 2 \end{bmatrix} = \begin{bmatrix} 0 & 0 \\ 0 & 0 \end{bmatrix}$$

一般地，当乘积矩阵 $AB = AC$，且 $A \neq O$ 时，不能消去矩阵 A，而得到 $B = C$. 这说明矩阵乘法也不满足消去律.

矩阵乘法满足下列运算律：

（1）乘法结合律：$(AB)C = A(BC)$；

（2）左乘分配律：$A(B + C) = AB + AC$；

（3）右乘分配律：$(B + C)A = BA + CA$；

（4）数乘结合律：$k(AB) = (kA)B = A(kB)$，其中 k 是一个常数.

例 6 某建筑公司承包一住宅小区的六栋 I 类住房、五栋 II 类住房和三栋 III 类住房的基建任务，各类住房每幢所需的主要原材料及单位价如表 4 - 2 所示. 利用矩阵计算：

（1）完成这些基建任务所需各种主要原材料的数量；

（2）购买这些原材料共需支付多少款项？

表 4 - 2

数量 原材料 类别	钢筋 /t	水泥 /t	石子 /t	黄沙 /t
Ⅰ	80	330	1 480	780
Ⅱ	95	390	1 780	930
Ⅲ	110	460	2 080	1 090
单价/元	2 500	350	25	20

解 设各类住房的数量的矩阵 $A = \begin{bmatrix} 6 & 5 & 3 \end{bmatrix}$,

各类住房所需各种原材料数量的矩阵 $B = \begin{bmatrix} 80 & 330 & 1\,480 & 780 \\ 95 & 390 & 1\,780 & 930 \\ 110 & 460 & 2\,080 & 1\,090 \end{bmatrix}$,

各种原材料单价矩阵 $C = \begin{bmatrix} 2\,500 \\ 350 \\ 25 \\ 20 \end{bmatrix}$.

(1) 完成基建任务所需各种原材料的数量为

$$AB = \begin{bmatrix} 6 & 5 & 3 \end{bmatrix} \begin{bmatrix} 80 & 330 & 1\,480 & 780 \\ 95 & 390 & 1\,780 & 930 \\ 110 & 460 & 2\,080 & 1\,090 \end{bmatrix}$$

$$= \begin{bmatrix} 1\,285 & 5\,310 & 24\,020 & 12\,600 \end{bmatrix}$$

即需要用钢筋 1 285 t, 水泥 5 310 t, 石子 24 020 t, 黄沙 12 600 t.

(2) 购买这些原材料所需支付的款项为

$$ABC = \begin{bmatrix} 6 & 5 & 3 \end{bmatrix} \begin{bmatrix} 80 & 330 & 1\,480 & 780 \\ 95 & 390 & 1\,780 & 930 \\ 110 & 460 & 2\,080 & 1\,090 \end{bmatrix} \begin{bmatrix} 2\,500 \\ 350 \\ 25 \\ 20 \end{bmatrix}$$

$$= \begin{bmatrix} 1\,285 & 5\,310 & 24\,020 & 12\,600 \end{bmatrix} \begin{bmatrix} 2\,500 \\ 350 \\ 25 \\ 20 \end{bmatrix}$$

$$= 5\,923\,500 (元)$$

即需要支付 5 923 500 元.

有了矩阵的乘法, 就可定义方阵的幂. 设 A 是 n 阶方阵, 定义

$$A^1 = A, \ A^2 = AA, \ \cdots, \ A^{k+1} = A^k A^1$$

其中 k 为正整数, 这就是说, A^k 就是 k 个 A 连乘. 显然只有方阵的幂才有意义.

由于矩阵的乘法适合结合律，因此矩阵的幂满足以下算律：

$$A^k A^l = A^{k+l}, \quad (A^k)^l = A^{kl} \quad (k, \ l \ \text{为正整数})$$

又因为矩阵乘法一般不满足交换律，所以对于两个 n 阶矩阵 A 与 B，一般来说 $(AB)^k \neq A^k B^k$，$(A+B)^2 \neq A^2 + 2AB + B^2$；只有当 A，B 可以交换时，$(AB)^k = A^k B^k$，$(A+B)^2 = A^2 + 2AB + B^2$ 才成立.

4. 矩阵的转置

定义5 将一个 $m \times n$ 矩阵

$$A = \begin{bmatrix} a_{11} & a_{12} & \cdots & a_{1n} \\ a_{21} & a_{22} & \cdots & a_{2n} \\ \vdots & \vdots & & \vdots \\ a_{m1} & a_{m2} & \cdots & a_{mn} \end{bmatrix}$$

的行和列按顺序互换得到的 $n \times m$ 矩阵，称为 A 的转置矩阵，记作 A^{T} 或 A'. 即

$$A^{\mathrm{T}} = \begin{bmatrix} a_{11} & a_{21} & \cdots & a_{m1} \\ a_{12} & a_{22} & \cdots & a_{m2} \\ \vdots & \vdots & & \vdots \\ a_{1n} & a_{2n} & \cdots & a_{mn} \end{bmatrix}$$

例如矩阵 $A = \begin{bmatrix} 1 & 7 & 0 & 4 \\ 3 & -1 & 2 & 5 \end{bmatrix}$ 的转置矩阵为 $A^{\mathrm{T}} = \begin{bmatrix} 1 & 3 \\ 7 & -1 \\ 0 & 2 \\ 4 & 5 \end{bmatrix}$.

矩阵的转置是矩阵的一种重要运算，它满足以下运算律：

(1) $(A^{\mathrm{T}})^{\mathrm{T}} = A$；

(2) $(A+B)^{\mathrm{T}} = A^{\mathrm{T}} + B^{\mathrm{T}}$；

(3) $(kA)^{\mathrm{T}} = kA^{\mathrm{T}}$；

(4) $(AB)^{\mathrm{T}} = B^{\mathrm{T}} A^{\mathrm{T}}$.

例7 设矩阵 $A = \begin{bmatrix} 4 & -1 \\ 0 & 2 \\ -3 & 2 \end{bmatrix}$，$B = \begin{bmatrix} 2 & 1 \\ 3 & 4 \end{bmatrix}$，求 $(AB)^{\mathrm{T}}$ 和 $B^{\mathrm{T}} A^{\mathrm{T}}$.

解 因为 $AB = \begin{bmatrix} 4 & -1 \\ 0 & 2 \\ -3 & 2 \end{bmatrix} \begin{bmatrix} 2 & 1 \\ 3 & 4 \end{bmatrix} = \begin{bmatrix} 5 & 0 \\ 6 & 8 \\ 0 & 5 \end{bmatrix}$，

所以 $(AB)^{\mathrm{T}} = \begin{bmatrix} 5 & 0 \\ 6 & 8 \\ 0 & 5 \end{bmatrix}^{\mathrm{T}} = \begin{bmatrix} 5 & 6 & 0 \\ 0 & 8 & 5 \end{bmatrix}$；

又因为 $A^{\mathrm{T}} = \begin{bmatrix} 4 & -1 \\ 0 & 2 \\ -3 & 2 \end{bmatrix}^{\mathrm{T}} = \begin{bmatrix} 4 & 0 & -3 \\ -1 & 2 & 2 \end{bmatrix}$，$B^{\mathrm{T}} = \begin{bmatrix} 2 & 1 \\ 3 & 4 \end{bmatrix}^{\mathrm{T}} = \begin{bmatrix} 2 & 3 \\ 1 & 4 \end{bmatrix}$，

所以 $B^{\mathrm{T}} A^{\mathrm{T}} = \begin{bmatrix} 2 & 3 \\ 1 & 4 \end{bmatrix} \begin{bmatrix} 4 & 0 & -3 \\ -1 & 2 & 2 \end{bmatrix} = \begin{bmatrix} 5 & 6 & 0 \\ 0 & 8 & 5 \end{bmatrix}$，

即 $(AB)^\mathrm{T} = B^\mathrm{T}A^\mathrm{T}$.

习题 4.4

1. 计算下列各题：

(1) $\begin{bmatrix} 1 \\ 2 \\ 3 \end{bmatrix} \begin{bmatrix} 3 & 2 & 1 \end{bmatrix}$;

(2) $\begin{bmatrix} 3 & 2 & 1 \end{bmatrix} \begin{bmatrix} 1 \\ 2 \\ 3 \end{bmatrix}$;

(3) $\begin{bmatrix} 1 & 2 & 3 \\ -2 & 1 & 2 \end{bmatrix} \begin{bmatrix} 1 & 2 & 0 \\ 0 & 1 & 1 \\ 3 & 0 & -1 \end{bmatrix}$;

(4) $\begin{bmatrix} \sin\theta & \cos\theta \\ \cos\theta & \sin\theta \end{bmatrix}^2$;

(5) $\begin{bmatrix} 1 & 2 & 3 \\ 4 & 5 & 6 \\ 7 & 8 & 9 \end{bmatrix} \begin{bmatrix} x_1 \\ x_2 \\ x_3 \end{bmatrix}$;

(6) $\begin{bmatrix} 2 \\ -1 \\ 3 \end{bmatrix} (2 \quad -1) \begin{bmatrix} 1 & -1 \\ 3 & -2 \end{bmatrix}$.

2. 设 $A = \begin{bmatrix} 3 & 1 & 0 \\ -1 & 2 & 1 \\ 3 & 4 & 2 \end{bmatrix}$, $B = \begin{bmatrix} 1 & 0 & 2 \\ -1 & 1 & 1 \\ 2 & 1 & 1 \end{bmatrix}$, 求出 X 满足 $3A - 2X = B$.

3. 设 $A = \begin{bmatrix} 1 & 0 & 3 \\ 2 & -1 & 0 \end{bmatrix}$, $B = \begin{bmatrix} 1 & -1 \\ 2 & 3 \\ 4 & 0 \end{bmatrix}$, 求 AB, BA.

4. 设 $A = \begin{bmatrix} 2 & 0 & -1 \\ 1 & 3 & 2 \end{bmatrix}$, $B = \begin{bmatrix} 1 & 7 & -1 \\ 4 & 2 & 3 \\ 2 & 0 & 1 \end{bmatrix}$, 验证 $(AB)^\mathrm{T} = B^\mathrm{T}A^\mathrm{T}$.

5. 矩阵 S 给出了本周的各种沙发、椅子、咖啡桌和大桌的订货量，从生产车间运到售货超市的家具组合有三种款式：古式的、普通式的和现代式的，矩阵 T 给出了仓库中家具数量的清单．试问：

$$S = \begin{matrix} \text{古 普 现} \\ \begin{bmatrix} 2 & 0 & 1 \\ 10 & 2 & 3 \\ 2 & 4 & 3 \\ 6 & 8 & 2 \end{bmatrix} \begin{matrix} 沙 \\ 椅 \\ 咖 \\ 桌 \end{matrix} \end{matrix}, \quad T = \begin{matrix} \text{古 普 现} \\ \begin{bmatrix} 12 & 10 & 15 \\ 40 & 15 & 17 \\ 17 & 42 & 18 \\ 24 & 24 & 24 \end{bmatrix} \begin{matrix} 沙 \\ 椅 \\ 咖 \\ 桌 \end{matrix} \end{matrix}$$

(1) 在矩阵 S 中的 10 是什么意思？

(2) S, T 是几阶矩阵？

(3) 计算 $T - S$，并给出它的实际意义.

(4) 由于销售季节早到，预计下周每种家具的销量比本周高 50%，用 S, T 来表示下周末仓库中存货的清单（用矩阵表示）.

4.5　矩阵的初等变换

本节引进矩阵的另一个重要概念，矩阵的初等行变换. 它有很多用处，例如可以利用它来化简矩阵和求矩阵的秩，求矩阵的逆等，它在研究线性方程组问题上也起着重要的作用.

4.5.1　初等变换的概念

案例 1［盐水配制］　用含盐 5% 与 53% 的两种盐水，混合配制成含盐 25% 的盐水 300 kg，需要这两种盐水各多少千克？

解　设需要这两种盐水各为 x_1、x_2 kg，根据题意，可建立如下线性方程组

$$\begin{cases} 0.05x_1 + 0.53x_2 = 75, \\ x_1 + \quad x_2 = 300 \end{cases}$$

解方程组消元的过程如表 4-3 左边所示，系数及常数项对应的矩阵（增广矩阵）变换的过程如表 4-3 右边所示.

表 4-3

解方程组消元过程	增广矩阵变换过程
$\begin{cases} 0.05x_1 + 0.53x_2 = 75,(1) \\ x_1 + \quad x_2 = 300(2) \end{cases}$	$\begin{bmatrix} 0.05 & 0.53 & 75 \\ 1 & 1 & 300 \end{bmatrix}$
(1)、(2)对换 $\begin{cases} x_1 + \quad x_2 = 300,(1) \\ 0.05x_1 + 0.53x_2 = 75(2) \end{cases}$	第 1 行、2 行互换 $\begin{bmatrix} 1 & 1 & 300 \\ 0.05 & 0.53 & 75 \end{bmatrix}$
$100 \times (2)\begin{cases} x_1 + \quad x_2 = 300,(1) \\ 5x_1 + 53x_2 = 7\,500(2) \end{cases}$	100 乘以第 2 行 $\begin{bmatrix} 1 & 1 & 300 \\ 5 & 53 & 7\,500 \end{bmatrix}$
$(2) - 5(1)\begin{cases} x_1 + \quad x_2 = 300,(1) \\ 48x_2 = 6\,000(2) \end{cases}$	第 1 行的 -5 倍加到第 2 行 $\begin{bmatrix} 1 & 1 & 300 \\ 0 & 48 & 6\,000 \end{bmatrix}$
$\frac{1}{48} \times (2)\begin{cases} x_1 + x_2 = 300,(1) \\ x_2 = 125(2) \end{cases}$	$\frac{1}{48}$ 乘以第 2 行乘 $\begin{bmatrix} 1 & 1 & 300 \\ 0 & 1 & 125 \end{bmatrix}$
$(1) - (2)\begin{cases} x_1 = 175,(1) \\ x_2 = 125(2) \end{cases}$	第 2 行的 -1 倍加到第 1 行 $\begin{bmatrix} 1 & 0 & 175 \\ 0 & 1 & 125 \end{bmatrix}$

从上面的分析可以看出，解线性方程组的过程完全可以归结为对矩阵的变换，即矩阵的三种初等变换.

定义 1　对矩阵进行下列三种变换，称为矩阵的初等变换：

（1）互换矩阵两行（列）的位置，如第 i 行（列）和第 j 行（列）互换，记为 $r_i \leftrightarrow r_j$（$c_i \leftrightarrow c_j$）.

（2）用一个非零数遍乘矩阵的某一行（列），常用 $kr_i(kc_i)$ 表示用数 k 乘以第 i 行（列）.

（3）将矩阵某一行（列）乘以数 k 加到另一行（列），常用 $r_i + kr_j(c_i + kc_j)$ 表示第 j 行（列）的 k 倍加到第 i 行（列）.

注意到矩阵经初等变换后所得到的矩阵与原矩阵并不相等，我们用 $A \rightarrow B$ 表示矩阵 A 经初等变换得到 B.

写出一个矩阵经初等变换后的结果是很容易的，例如有

$$\begin{bmatrix} -3 & 4 & 1 & 2 \\ 2 & 0 & 5 & 7 \\ 3 & 1 & 4 & 5 \\ 8 & 6 & -1 & 2 \end{bmatrix} \xrightarrow{r13} \begin{bmatrix} 3 & 1 & 4 & 5 \\ 2 & 0 & 5 & 7 \\ -3 & 4 & 1 & 2 \\ 8 & 6 & -1 & 2 \end{bmatrix} \xrightarrow{c24} \begin{bmatrix} 3 & 5 & 4 & 1 \\ 2 & 7 & 5 & 0 \\ -3 & 2 & 1 & 4 \\ 8 & 2 & -1 & 6 \end{bmatrix}$$

矩阵的初等变换还可用矩阵的乘法运算来表示. 先引入初等矩阵的概念.

定义 2 将单位矩阵施行一次初等变换所得的矩阵称为初等矩阵.

三种初等变换对应有三种初等矩阵：

（1）对调单位矩阵第 i, j 两行（列），得到初等矩阵 $E(i, j)$；

（2）用非零数 k 乘单位矩阵的第 i 行（列），得到初等矩阵 $E(i, (k))$；

（3）用数 k 乘单位矩阵的第 j 行加到第 i 行上或以数 k 乘单位矩阵的第 i 列加到第 j 列上，得到初等矩阵 $E(i, j(k))$.

例如 $n = 3$ 的情况有

$$\begin{bmatrix} 1 & 0 & 0 \\ 0 & 1 & 0 \\ 0 & 0 & 1 \end{bmatrix} \xrightarrow{r12} \begin{bmatrix} 0 & 1 & 0 \\ 1 & 0 & 0 \\ 0 & 0 & 1 \end{bmatrix} = E(1, 2)$$

$$\begin{bmatrix} 1 & 0 & 0 \\ 0 & 1 & 0 \\ 0 & 0 & 1 \end{bmatrix} \xrightarrow{-4r3} \begin{bmatrix} 1 & 0 & 0 \\ 0 & 1 & 0 \\ 0 & 0 & -4 \end{bmatrix} = E(3(-4))$$

$$\begin{bmatrix} 1 & 0 & 0 \\ 0 & 1 & 0 \\ 0 & 0 & 1 \end{bmatrix} \xrightarrow{r1-4r3} \begin{bmatrix} 1 & 0 & -4 \\ 0 & 1 & 0 \\ 0 & 0 & 1 \end{bmatrix} = E(1, 3(-4))$$

定理 1 对矩阵 $A_{m \times n}$ 施行一次初等行变换，相当于将 $A_{m \times n}$ 左乘一个相应的 m 阶初等矩阵；对矩阵 $A_{m \times n}$ 施行一次初等列变换，相当于将 $A_{m \times n}$ 右乘一个相应的 n 阶初等矩阵.

下面就 $A_{2 \times 3} = \begin{bmatrix} 1 & 2 & 3 \\ 4 & 5 & 6 \end{bmatrix}$ 加以验证.

$A_{2 \times 3} = \begin{bmatrix} 1 & 2 & 3 \\ 4 & 5 & 6 \end{bmatrix} \xrightarrow{r12} \begin{bmatrix} 4 & 5 & 6 \\ 1 & 2 & 3 \end{bmatrix}$，即 $\begin{bmatrix} 0 & 1 \\ 1 & 0 \end{bmatrix}\begin{bmatrix} 1 & 2 & 3 \\ 4 & 5 & 6 \end{bmatrix} = \begin{bmatrix} 1 & 2 & 3 \\ 4 & 5 & 6 \end{bmatrix}$；

$A_{2 \times 3} = \begin{bmatrix} 1 & 2 & 3 \\ 4 & 5 & 6 \end{bmatrix} \xrightarrow{r2+2r1} \begin{bmatrix} 1 & 2 & 3 \\ 6 & 9 & 12 \end{bmatrix}$，即 $\begin{bmatrix} 1 & 0 \\ 2 & 1 \end{bmatrix}\begin{bmatrix} 1 & 2 & 3 \\ 4 & 5 & 6 \end{bmatrix} = \begin{bmatrix} 1 & 2 & 3 \\ 6 & 9 & 12 \end{bmatrix}$；

$A_{2 \times 3} = \begin{bmatrix} 1 & 2 & 3 \\ 4 & 5 & 6 \end{bmatrix} \xrightarrow{c12} \begin{bmatrix} 2 & 1 & 3 \\ 5 & 4 & 6 \end{bmatrix}$，即 $\begin{bmatrix} 1 & 2 & 3 \\ 4 & 5 & 6 \end{bmatrix}\begin{bmatrix} 0 & 1 & 0 \\ 1 & 0 & 0 \\ 0 & 0 & 1 \end{bmatrix} = \begin{bmatrix} 2 & 1 & 3 \\ 5 & 4 & 6 \end{bmatrix}$.

4.5.2 矩阵的秩

定义 3 满足下列条件的矩阵称为阶梯形矩阵：

(1) 如果存在全零行（元素全为 0 的行），则全零行都位于非全零行的下方；

(2) 各非全零行中从左边数起第一个不为零元素（称首非零元素）的列标随着行标递增而严格增大.

定义 4 非全零行的首非零元素均为 1，且非全零行的首非零元素所在列其他元素均为 0 的阶梯形矩阵叫行简化阶梯形矩阵.

定义 5 左上角是一个单位矩阵，其余元素全为 0 的矩阵，称为标准形矩阵.

如，$\begin{bmatrix} 1 & 2 & 3 & 4 \\ 0 & 0 & 1 & -1 \\ 0 & 0 & 2 & -1 \end{bmatrix}$ 不是阶梯矩阵，$\begin{bmatrix} 1 & 2 & 3 & 4 \\ 0 & 0 & 1 & -1 \\ 0 & 0 & 0 & -1 \end{bmatrix}$ 是阶梯矩阵而不是行简化阶梯形

矩阵，$\begin{bmatrix} 1 & 0 & 2 \\ 0 & 1 & 2 \\ 0 & 0 & 0 \end{bmatrix}$ 是行简化阶梯形矩阵而不是标准形矩阵，$\begin{bmatrix} 1 & 0 & 2 \\ 0 & 1 & 2 \\ 0 & 0 & 0 \end{bmatrix}$ 为标准形矩阵.

定理 2 任意一个矩阵 $A_{m \times n}$，可经过有限次的初等行变换化为阶梯矩阵，并进一步化为行简化阶梯形矩阵. 对行简化阶梯形矩阵再施以初等列变换，可化为标准形.

例 1 把矩阵 $A = \begin{bmatrix} 1 & 3 & 0 & 2 \\ 1 & 4 & -4 & 2 \\ 2 & 5 & 4 & 4 \end{bmatrix}$ 化为行简化阶梯形矩阵及标准形矩阵.

解 $A = \begin{bmatrix} 1 & 3 & 0 & 2 \\ 1 & 4 & -4 & 2 \\ 2 & 5 & 4 & 4 \end{bmatrix} \xrightarrow[r_3 + r_1(-2)]{r_2 + r_1(-1)} \begin{bmatrix} 1 & 3 & 0 & 2 \\ 0 & 1 & -4 & 0 \\ 0 & -1 & 4 & 0 \end{bmatrix} \xrightarrow{r_3 + r_2(1)} \begin{bmatrix} 1 & 3 & 0 & 2 \\ 0 & 1 & -4 & 0 \\ 0 & 0 & 0 & 0 \end{bmatrix} \xrightarrow{r_1 + r_2(-3)}$

$\begin{bmatrix} 1 & 0 & 12 & 2 \\ 0 & 1 & -4 & 0 \\ 0 & 0 & 0 & 0 \end{bmatrix} \xrightarrow[c_3 + c_1(-2)]{c_3 + c_2(4) + c_1(-12)} \begin{bmatrix} 1 & 0 & 0 & 0 \\ 0 & 1 & 0 & 0 \\ 0 & 0 & 0 & 0 \end{bmatrix}$

上式中，$\begin{bmatrix} 1 & 3 & 0 & 2 \\ 0 & 1 & -4 & 0 \\ 0 & 0 & 0 & 0 \end{bmatrix}$ 为阶梯形矩阵，$\begin{bmatrix} 1 & 0 & 12 & 2 \\ 0 & 1 & -4 & 0 \\ 0 & 0 & 0 & 0 \end{bmatrix}$ 为行简化阶梯形矩阵，

$\begin{bmatrix} 1 & 0 & 0 & 0 \\ 0 & 1 & 0 & 0 \\ 0 & 0 & 0 & 0 \end{bmatrix}$ 为 A 的标准形矩阵.

定义 6 A 经过有限次的初等行变换化为阶梯矩阵，阶梯矩阵中非零的行数称为矩阵 A 的秩，记为秩 (A) 或 $r(A)$.

矩阵的秩是矩阵的本质属性之一，可以证明，初等变换不改变矩阵的秩. 因此，可用初等行变换的方法求矩阵的秩. 如例 1 中，$r(A) = 2$.

例 2 已知矩阵 $A = \begin{bmatrix} 1 & 0 & -1 & 2 \\ -1 & 1 & 2 & 3 \\ 2 & 0 & -2 & \alpha \end{bmatrix}$ 的秩为 2，求常数 α.

解 $A = \begin{bmatrix} 1 & 0 & -1 & 2 \\ -1 & 1 & 2 & 3 \\ 2 & 0 & -2 & \alpha \end{bmatrix} \xrightarrow[r_3 + r_1(-2)]{r_2 + r_1(1)} \begin{bmatrix} 1 & 0 & -1 & 2 \\ 0 & 1 & 1 & 5 \\ 0 & 0 & 0 & \alpha - 4 \end{bmatrix}$.

由 $r(A) = 2$ 得阶梯形矩阵的非零行行数是 2，所以 $\alpha = 4$.

定义 7 对 n 阶方阵 A，如果 $r(A) = n$，则称 A 为满秩矩阵，或非奇异矩阵.

定理 3 任何一个满秩矩阵都能通过初等行变换化为单位矩阵.

习题 4.5

1. 设 $A = \begin{bmatrix} 1 & 2 & 3 & 4 \\ -1 & -1 & -4 & -2 \\ 3 & 4 & 11 & 8 \end{bmatrix}$，求矩阵 A 的阶梯形矩阵，简化阶梯形矩阵及标准形.

2. 求下列矩阵的秩：

(1) $\begin{bmatrix} -5 & 6 & -3 \\ 3 & 1 & 11 \\ 4 & -2 & 8 \end{bmatrix}$;

(2) $\begin{bmatrix} 1 & -2 & 3 & -1 \\ 3 & -1 & 5 & -3 \\ 2 & 1 & 2 & -2 \end{bmatrix}$;

(3) $\begin{bmatrix} 1 & 4 & -1 & 2 & 2 \\ 2 & -2 & 1 & 1 & 0 \\ -2 & -1 & 3 & 2 & 0 \end{bmatrix}$;

(4) $\begin{bmatrix} -1 & -4 & 1 & 1 \\ 0 & -1 & -1 & 1 \\ 1 & 3 & -2 & 0 \end{bmatrix}$.

3. 设 $A = \begin{bmatrix} k & 2 & 2 & 2 \\ 2 & k & 2 & 2 \\ 2 & 2 & k & 2 \\ 2 & 2 & 2 & k \end{bmatrix}$，求 $r(A)$ 分别为 1，3 时 k 的值.

4. 设 $A = \begin{bmatrix} 1 & 2 & 1 & 2 \\ 1 & 3 & -2 & b \\ 2 & 5 & a & 3 \\ 3 & 4 & 9 & 8 \end{bmatrix}$，对不同的 a，b 值，求 $r(A)$.

4.6 逆矩阵

在数的运算中，若 $b \neq 0$，则 $a \div b = a \times b^{-1}$，称 $b^{-1} = \dfrac{1}{b}$ 为 b 的倒数，显然有 $b \times b^{-1} = b^{-1} \times b = 1$. 类似的关系可以运用于矩阵的运算. 如

$$A = \begin{bmatrix} 1 & 1 \\ 1 & 2 \end{bmatrix}, B = \begin{bmatrix} 2 & -1 \\ -1 & 1 \end{bmatrix}$$

有 $AB = \begin{bmatrix} 1 & 1 \\ 1 & 2 \end{bmatrix}\begin{bmatrix} 2 & -1 \\ -1 & 1 \end{bmatrix} = E$，$BA = \begin{bmatrix} 2 & -1 \\ -1 & 1 \end{bmatrix}\begin{bmatrix} 1 & 1 \\ 1 & 2 \end{bmatrix} = E$，即 $AB = BA = E$，这就是逆矩阵的概念.

4.6.1　逆矩阵的定义

定义1　设 A 为 n 阶方阵，如果存在 n 阶方阵 B，满足：$AB = BA = E$，则称矩阵 A 是可逆的（简称 A 可逆），称 B 为 A 的逆矩阵，记作 A^{-1}，即

$$AA^{-1} = A^{-1}A = E$$

不是任何 n 阶矩阵都是有逆矩阵的. 例如，设 $A = \begin{bmatrix} 1 & 0 \\ 0 & 0 \end{bmatrix}$，$B = \begin{bmatrix} b_{11} & b_{12} \\ b_{21} & b_{22} \end{bmatrix}$，则

$$AB = \begin{bmatrix} 1 & 0 \\ 0 & 0 \end{bmatrix} \begin{bmatrix} b_{11} & b_{12} \\ b_{21} & b_{22} \end{bmatrix} = \begin{bmatrix} b_{11} & b_{12} \\ 0 & 0 \end{bmatrix}$$

由于上式右边不可能等于 $\begin{bmatrix} 1 & 0 \\ 0 & 1 \end{bmatrix}$，因此 A 的逆矩阵不存在.

定理1　若 A 可逆，则逆矩阵是唯一的.

证　假设 B_1，B_2 都是 A 的逆矩阵，按逆矩阵的定义有

$$AB_1 = B_1A = E, \ AB_2 = B_2A = E$$

因而 $B_1 = EB_1 = (B_2A)B_1 = B_2(AB_1) = B_2E = B_2$，即逆矩阵是唯一的.

定理2　若 A 可逆，则 $|A| \neq 0$.

证　若 A 可逆，即有 A^{-1}，使 $AA^{-1} = A^{-1}A = E$，故 $|A| \cdot |A^{-1}| = |E| = 1$，所以 $|A| \neq 0$. 证毕

定理3　若 $|A| \neq 0$，则 A 可逆，且 $|A^{-1}| = \dfrac{1}{|A|}A^*$，其中 A^* 为 A 的伴随矩阵. 其中

$$A^* = \begin{bmatrix} A_{11} & A_{21} & \cdots & A_{n1} \\ A_{12} & A_{22} & \cdots & A_{n2} \\ \vdots & \vdots & & \vdots \\ A_{1n} & A_{2n} & \cdots & A_{nn} \end{bmatrix}$$

证　当 $|A| \neq 0$ 时，

$$A \cdot \frac{A^*}{|A|} = \frac{A^*}{|A|} \cdot A = |A| \begin{bmatrix} \alpha_{11} & \alpha_{12} & \cdots & \alpha_{1n} \\ \alpha_{21} & \alpha_{22} & \cdots & \alpha_{2n} \\ \vdots & \vdots & & \vdots \\ \alpha_{n1} & \alpha_{n2} & \cdots & \alpha_{nn} \end{bmatrix} \begin{bmatrix} A_{11} & A_{21} & \cdots & A_{n1} \\ A_{12} & A_{22} & \cdots & A_{n2} \\ \vdots & \vdots & & \vdots \\ A_{1n} & A_{2n} & \cdots & A_{nn} \end{bmatrix}$$

$$= \frac{1}{|A|} \begin{bmatrix} |A| & & & \\ & |A| & & \\ & & \ddots & \\ & & & |A| \end{bmatrix} = E$$

故 $A^{-1} = \dfrac{1}{|A|}A^*$，证毕.

可逆矩阵 A 和 B 满足以下运算律：

（1）A 可逆，则 A^{-1} 也可逆，且 $(A^{-1})^{-1} = A$.

（2）A 可逆，数 $k \neq 0$，则 kA 也可逆，且 $(kA)^{-1} = k^{-1}A^{-1}$.

（3）n 阶矩阵 A 和 B 都可逆，则 AB 也可逆，且 $(AB)^{-1} = B^{-1}A^{-1}$.

（4）A 可逆，则 A^{T} 也可逆，且 $(A^{\mathrm{T}})^{-1} = (A^{-1})^{\mathrm{T}}$.

注意：尽管 n 阶矩阵 A 和 B 都可逆，但是 $A + B$ 不一定可逆；即使 $A + B$ 可逆，也不一定有 $(A + B)^{-1} = A^{-1} + B^{-1}$.

例 1　求方阵 $A = \begin{bmatrix} 1 & 2 & 3 \\ 2 & 2 & 1 \\ 3 & 4 & 3 \end{bmatrix}$ 的逆矩阵.

解　易求 $|A| = 2 \neq 0$，所以 A^{-1} 存在. 下面计算 $|A|$ 的余子式：

$$M_{11} = 2, \ M_{12} = 3, \ M_{13} = 2, \ M_{21} = -6, \ M_{22} = -6, \ M_{23} = -2,$$
$$M_{31} = -4, \ M_{32} = -5, \ M_{33} = -2.$$

所以 $A^{-1} = \dfrac{1}{|A|}A^* = \dfrac{1}{2}\begin{bmatrix} M_{11} & -M_{21} & M_{31} \\ -M_{12} & M_{22} & -M_{32} \\ M_{13} & -M_{23} & M_{33} \end{bmatrix} = \dfrac{1}{2}\begin{bmatrix} 2 & 6 & -4 \\ -3 & -6 & 5 \\ 2 & 2 & -2 \end{bmatrix}$

$$= \begin{bmatrix} 1 & 3 & -2 \\ -\dfrac{3}{2} & -3 & \dfrac{5}{2} \\ 1 & 1 & -1 \end{bmatrix}$$

先说一下初等矩阵都是可逆矩阵. 事实上，由初等矩阵的定义就知道有

（1）$E(p,q)E(p,q) = E$，于是 $E^{-1}(p,q) = E(p,q)$；

（2）$E(p(\alpha))E\left(p\left(\dfrac{1}{\alpha}\right)\right) = E$，于是 $E^{-1}(p(\alpha)) = E\left(p\left(\dfrac{1}{\alpha}\right)\right)$；

（3）$E(p,q(\beta))E(p,q(-\beta)) = E$，$E(p,q(-\beta))E(p,q(\beta)) = E$，于是
$$E^{-1}(p,q(\beta)) = E(p,q(-\beta))$$

还可看到它们的逆矩阵与它们自身是同一类型的初等矩阵.

定理 4　设 A 是 n 阶方阵，R 是由矩阵 A 通过有限次初等行变换得到的 n 阶最简阶梯形矩阵，（1）若 R 有全零行 $(r(A) < n)$，则 A 是不可逆的；

（2）若 R 没有全零行 $(r(A) = n)$，则 $R = E$，且 A 是可逆的.

推论　n 阶方阵 A 可逆的充要条件是它可表为有限个初等矩阵的乘积.

证　充分性显然.

必要性　若 A 可逆，由定理 4 知 $Q_1 \cdot Q_2 \cdot \cdots \cdot Q_s A = R = E$，其中 $Q_1, Q_2, \cdots, Q_s$ 为 n 阶初等矩阵，R 为 A 的最简阶梯形矩阵，于是
$$A = (Q_1 \cdot Q_2 \cdot \cdots \cdot Q_s)^{-1}R = Q_1^{-1} \cdot Q_2^{-1} \cdot \cdots \cdot Q_s^{-1}$$
$$A = Q_1^{-1} \cdot Q_2^{-1} \cdot \cdots \cdot Q_s^{-1}$$

因为 $Q_1^{-1}, Q_2^{-1}, \cdots, Q_s^{-1}$ 都是初等矩阵，命题得证.

这一推论还给出了 n 阶方阵 A 是否为可逆矩阵的一个判别法，即用初等行变换将矩阵 A 化为标准形矩阵 R，若 $R = E$，则 A 是可逆的，否则为不可逆的.

4.6.2 逆矩阵的求法

求逆矩阵除了用定理 3 的方法外，还可用初等变换求逆矩阵的方法. 在给定的 n 阶矩阵 A 的右边放一个 n 阶单位矩阵 E，形成一个 $n \times 2n$ 阶的矩阵 $[A \,|\, E]$，然后对矩阵 $[A \,|\, E]$ 实行初等行变换，直到将原矩阵 A 所在部分化成 n 阶单位矩阵 E，原单位矩阵部分经过同样的初等行变换后，所得到的矩阵就是 A 的逆矩阵 A^{-1}. 即

$$[A \,|\, E] \xrightarrow{\text{初等行变换}} [E \,|\, A^{-1}]$$

例2 设矩阵 $A = \begin{bmatrix} 2 & 0 & 1 \\ 1 & -2 & -1 \\ -1 & 3 & 2 \end{bmatrix}$，求逆矩阵 A^{-1}.

解 因为

$$[A \,|\, E] = \begin{bmatrix} 2 & 0 & 1 & 1 & 0 & 0 \\ 1 & -2 & -1 & 0 & 1 & 0 \\ -1 & 3 & 2 & 0 & 0 & 1 \end{bmatrix} \xrightarrow{r_1 \leftrightarrow r_2} \begin{bmatrix} 1 & -2 & -1 & 0 & 1 & 0 \\ 2 & 0 & 1 & 1 & 0 & 0 \\ -1 & 3 & 2 & 0 & 0 & 1 \end{bmatrix} \xrightarrow[r_3 + r_1]{r_2 - 2r_1}$$

$$\begin{bmatrix} 1 & -2 & -1 & 0 & 1 & 0 \\ 0 & 4 & 3 & 1 & -2 & 0 \\ 0 & 1 & 1 & 0 & 1 & 1 \end{bmatrix} \xrightarrow{r_3 \leftrightarrow r_2} \begin{bmatrix} 1 & -2 & -1 & 0 & 1 & 0 \\ 0 & 1 & 1 & 0 & 1 & 1 \\ 0 & 4 & 3 & 1 & -2 & 0 \end{bmatrix} \xrightarrow{r_3 - 4r_2}$$

$$\begin{bmatrix} 1 & -2 & -1 & 0 & 1 & 0 \\ 0 & 1 & 1 & 0 & 1 & 1 \\ 0 & 0 & -1 & 1 & -6 & -4 \end{bmatrix} \xrightarrow{-r_3} \begin{bmatrix} 1 & -2 & -1 & 0 & 1 & 0 \\ 0 & 1 & 1 & 0 & 1 & 1 \\ 0 & 0 & 1 & -1 & 6 & 4 \end{bmatrix} \xrightarrow[r_1 + r_3]{r_2 - r_3}$$

$$\begin{bmatrix} 1 & -2 & 0 & -1 & 7 & 4 \\ 0 & 1 & 0 & 1 & -5 & -3 \\ 0 & 0 & 1 & -1 & 6 & 4 \end{bmatrix} \xrightarrow{r_1 + 2r_2} \begin{bmatrix} 1 & 0 & 0 & 1 & -3 & -2 \\ 0 & 1 & 0 & 1 & -5 & -3 \\ 0 & 0 & 1 & -1 & 6 & 4 \end{bmatrix}$$

$$= [E \,|\, A^{-1}].$$

所以 $A^{-1} = \begin{bmatrix} 1 & -3 & -2 \\ 1 & -5 & -3 \\ -1 & 6 & 4 \end{bmatrix}$.

例3 解矩阵方程 $AX = B$，其中 $A = \begin{bmatrix} 1 & -1 & 2 \\ 2 & -3 & 5 \\ 3 & -2 & 4 \end{bmatrix}$，$B = \begin{bmatrix} 1 & -1 \\ -2 & 3 \\ 5 & -4 \end{bmatrix}$.

解 因为

$$[A \,|\, E] = \begin{bmatrix} 1 & -1 & 2 & 1 & 0 & 0 \\ 2 & -3 & 5 & 0 & 1 & 0 \\ 3 & -2 & 4 & 0 & 0 & 1 \end{bmatrix} \xrightarrow[r_3 - 3r_1]{r_2 - 2r_1} \begin{bmatrix} 1 & -1 & 2 & 1 & 0 & 0 \\ 0 & -1 & 1 & -2 & 1 & 0 \\ 0 & 1 & -2 & -3 & 0 & 1 \end{bmatrix} \xrightarrow{r_3 + r_2}$$

$$\begin{bmatrix} 1 & -1 & 2 & 1 & 0 & 0 \\ 0 & -1 & 1 & -2 & 1 & 0 \\ 0 & 0 & -1 & -5 & 1 & 1 \end{bmatrix} \xrightarrow[r_1 + 2r_3]{r_2 + r_3} \begin{bmatrix} 1 & -1 & 0 & -9 & 2 & 2 \\ 0 & -1 & 0 & -7 & 2 & 1 \\ 0 & 0 & -1 & -5 & 1 & 1 \end{bmatrix} \xrightarrow{r_1 - r_2}$$

$$\begin{bmatrix} 1 & 0 & 0 & -2 & 0 & 1 \\ 0 & -1 & 0 & -7 & 2 & 1 \\ 0 & 0 & -1 & -5 & 1 & 1 \end{bmatrix} \xrightarrow[-r_3]{-r_2} \begin{bmatrix} 1 & 0 & 0 & -2 & 0 & 1 \\ 0 & 1 & 0 & 7 & -2 & -1 \\ 0 & 0 & 1 & 5 & -1 & -1 \end{bmatrix}.$$

所以 $\boldsymbol{A}$ 可逆，且

$$\boldsymbol{A}^{-1} = \begin{bmatrix} -2 & 0 & 1 \\ 7 & -2 & -1 \\ 5 & -1 & -1 \end{bmatrix}$$

则

$$\boldsymbol{X} = \boldsymbol{A}^{-1}\boldsymbol{B} = \begin{bmatrix} -2 & 0 & 1 \\ 7 & -2 & -1 \\ 5 & -1 & -1 \end{bmatrix} \begin{bmatrix} 1 & -1 \\ -2 & 3 \\ 5 & -4 \end{bmatrix} = \begin{bmatrix} 3 & -2 \\ 6 & -9 \\ 2 & -4 \end{bmatrix}$$

例 4　一艘轮船以 x_1 km/h 的速度在河道中航行，逆水航行的速度为 40 km/h，顺水航行的速度为 60 km/h，河水流速为 x_2 km/h，请用逆矩阵求出轮船航行的速度和水流的速度.

解　根据题意，得矩阵方程 $\begin{bmatrix} 1 & 1 \\ 1 & -1 \end{bmatrix} \begin{bmatrix} x_1 \\ x_2 \end{bmatrix} = \begin{bmatrix} 60 \\ 40 \end{bmatrix}$.

设 $\boldsymbol{A} = \begin{bmatrix} 1 & 1 \\ 1 & -1 \end{bmatrix}$，$\boldsymbol{X} = \begin{bmatrix} x_1 \\ x_2 \end{bmatrix}$，$\boldsymbol{B} = \begin{bmatrix} 60 \\ 40 \end{bmatrix}$，则

$$\boldsymbol{X} = \boldsymbol{A}^{-1}\boldsymbol{B}$$

用初等行变换求出 $\boldsymbol{A}^{-1}$，即

$$\boldsymbol{A}^{-1} = \begin{bmatrix} \dfrac{1}{2} & \dfrac{1}{2} \\ \dfrac{1}{2} & -\dfrac{1}{2} \end{bmatrix}$$

所以

$$\boldsymbol{X} = \begin{bmatrix} x_1 \\ x_2 \end{bmatrix} = \begin{bmatrix} \dfrac{1}{2} & \dfrac{1}{2} \\ \dfrac{1}{2} & -\dfrac{1}{2} \end{bmatrix} \begin{bmatrix} 60 \\ 40 \end{bmatrix} = \begin{bmatrix} 50 \\ 10 \end{bmatrix}$$

即轮船航行的速度是 50 km/h，水流的速度是 10 km/h.

习题 4.6

1. 设 $\boldsymbol{A}^{-1} = \begin{bmatrix} 1 & 2 & 5 \\ 3 & 1 & 6 \\ 2 & 8 & 1 \end{bmatrix}$，$\boldsymbol{B}^{-1} = \begin{bmatrix} 3 & -3 & 4 \\ 5 & 1 & 3 \\ 7 & 6 & -1 \end{bmatrix}$，求 $(\boldsymbol{AB})^{-1}$，$(3\boldsymbol{A})^{-1}$，$(\boldsymbol{A}^{\mathrm{T}})^{-1}$.

2. 设 $\boldsymbol{A}$，$\boldsymbol{B}$，$\boldsymbol{C}$ 均为 n 阶可逆矩阵. 试化简 $(\boldsymbol{A}^{-1}\boldsymbol{B})^{-1}(\boldsymbol{C}^{-1}\boldsymbol{A})^{-1}(\boldsymbol{B}^{-1}\boldsymbol{C})^{-1}$.

3. 求下列矩阵的逆矩阵：

(1) $\boldsymbol{A} = \begin{bmatrix} 1 & 0 & 0 \\ 2 & 1 & 0 \\ 3 & 4 & 1 \end{bmatrix}$；　　(2) $\boldsymbol{A} = \begin{bmatrix} 1 & 4 & 2 \\ 0 & 2 & 1 \\ 3 & 5 & 3 \end{bmatrix}$；　　(3) $\boldsymbol{A} = \begin{bmatrix} 0 & 1 & 2 \\ 1 & 0 & 3 \\ 4 & -3 & 8 \end{bmatrix}$.

4. 解下列矩阵方程：

$(1)\begin{bmatrix} 4 & 1 & -2 \\ 2 & 2 & 1 \\ 3 & 1 & -1 \end{bmatrix} X = \begin{bmatrix} 1 & -3 \\ 2 & 2 \\ 3 & -1 \end{bmatrix};$

$(2)\begin{bmatrix} 3 & 5 \\ 1 & 2 \end{bmatrix} X = \begin{bmatrix} 4 & -1 & 2 \\ 3 & 0 & -1 \end{bmatrix}.$

4.7 线性方程组

在实际问题中，经常要研究一个线性方程组的解，线性方程组是否有解？若有解，那么一共有多少解？怎样求出其所有解？通过本节的学习，这些问题将得到有效解决.

一般的线性方程组是指形如

$$\begin{cases} a_{11}x_1 + a_{12}x_2 + \cdots + a_{1n}x_n = b_1, \\ a_{21}x_1 + a_{22}x_2 + \cdots + a_{2n}x_n = b_2, \\ \qquad\qquad \cdots \\ a_{m1}x_1 + a_{m2}x_2 + \cdots + a_{mn}x_n = b_m \end{cases} \tag{4-1}$$

的线性方程组. 若记

$$A = \begin{bmatrix} a_{11} & a_{12} & \cdots & a_{1n} \\ a_{21} & a_{22} & \cdots & a_{2n} \\ \vdots & \vdots & & \vdots \\ a_{m1} & a_{m2} & \cdots & a_{mn} \end{bmatrix}, \quad X = \begin{bmatrix} x_1 \\ x_2 \\ \vdots \\ x_n \end{bmatrix}, \quad B = \begin{bmatrix} b_1 \\ b_2 \\ \vdots \\ b_m \end{bmatrix}$$

则方程组（4-1）可写成矩阵形式 $AX = B$. 其中矩阵 A 称为系数矩阵，$\overline{A} = [A|B]$ 称为增广矩阵. 当 $B \neq 0$ 时称为非齐次线性方程组，当 $B = 0$ 时即 $AX = 0$ 称为齐次线性方程组.

4.7.1 高斯消元法

从矩阵的运算我们可以推出，对线性方程组进行初等行变换是不会改变其解的.

定理 1 若将线性方程组 $AX = B$ 的增广矩阵 $\overline{A} = (A|B)$ 用初等行变换化为 $(U|V)$，则方程组 $AX = B$ 与 $UX = V$ 是同解方程组.

例 1 解线性方程组 $\begin{cases} x_1 - x_2 + x_3 - x_4 = 0, \\ 2x_1 - x_2 + 3x_3 - 2x_4 = -1, \\ 3x_1 - 2x_2 - x_3 + 2x_4 = 4. \end{cases}$

解 将方程组的增广矩阵用初等变换化为标准形

$$\overline{A} = \begin{bmatrix} 1 & -1 & 1 & -1 & 0 \\ 2 & -1 & 3 & -2 & -1 \\ 3 & -2 & -1 & 2 & 4 \end{bmatrix} \xrightarrow[r_3-3r_1]{r_2-2r_1} \begin{bmatrix} 1 & -1 & 1 & -1 & 0 \\ 0 & 1 & 1 & 0 & -1 \\ 0 & 1 & -4 & 5 & 4 \end{bmatrix} \xrightarrow{r_3-r_2}$$

$$\begin{bmatrix} 1 & -1 & 1 & -1 & 0 \\ 0 & 1 & 1 & 0 & -1 \\ 0 & 0 & -5 & 5 & 5 \end{bmatrix} \xrightarrow{-\frac{1}{5}r_3} \begin{bmatrix} 1 & -1 & 1 & -1 & 0 \\ 0 & 1 & 1 & 0 & -1 \\ 0 & 0 & 1 & -1 & -1 \end{bmatrix} \xrightarrow[r_2-r_3]{r_1-r_3}$$

$$\begin{bmatrix} 1 & -1 & 0 & 0 & 1 \\ 0 & 1 & 0 & 1 & 0 \\ 0 & 0 & 1 & -1 & -1 \end{bmatrix} \xrightarrow{r_1+r_2} \begin{bmatrix} 1 & 0 & 0 & 1 & 1 \\ 0 & 1 & 0 & 1 & 0 \\ 0 & 0 & 1 & -1 & -1 \end{bmatrix}$$

这时矩阵所对应的方程组为

$$\begin{cases} x_1 & +x_4=1, \\ & x_2 & +x_4=0, \\ & & x_3 & -x_4=-1 \end{cases}$$

将 x_4 移到等号右端得

$$\begin{cases} x_1=1-x_4, \\ x_2=0-x_4, \\ x_3=-1+x_4 \end{cases}$$

若令 x_4 取任意常数 t，则得

$$\begin{cases} x_1=1-t, \\ x_2=0-t, \\ x_3=-1+t, \\ x_4=t \end{cases} \tag{4-2}$$

或写成向量形式

$$\begin{bmatrix} x_1 \\ x_2 \\ x_3 \\ x_4 \end{bmatrix} = \begin{bmatrix} 1 \\ 0 \\ -1 \\ 0 \end{bmatrix} + t \begin{bmatrix} -1 \\ -1 \\ 1 \\ 1 \end{bmatrix}$$

其中 x_4 称为自由未知数或自由元，式（4-2）称为方程组的通解或一般解.

例 2 用高斯消元法解线性方程组

$$\begin{cases} 2x_1-3x_2+x_3-4x_4=3, \\ 3x_1+x_2+x_3+x_4=0, \\ 4x_1-x_2-x_3-x_4=7, \\ -2x_1-x_2+x_3+x_4=5 \end{cases}$$

解 对增广矩阵进行初等行变换

$$\bar{A} = \begin{bmatrix} 2 & -3 & 1 & -1 & 3 \\ 3 & 1 & 1 & 1 & 0 \\ 4 & -1 & -1 & -1 & 7 \\ -2 & -1 & 1 & 1 & 5 \end{bmatrix} \xrightarrow{r_1 \leftrightarrow r_2} \begin{bmatrix} 3 & 1 & 1 & 1 & 0 \\ 2 & -3 & 1 & -1 & 3 \\ 4 & -1 & 0 & -1 & 7 \\ -2 & -1 & 1 & 1 & 5 \end{bmatrix} \xrightarrow{r_1+r_3}$$

$$\begin{bmatrix} 7 & 0 & 0 & 0 & 7 \\ 2 & -3 & 1 & -1 & 3 \\ 4 & -1 & -1 & -1 & 7 \\ 2 & 1 & -1 & -1 & 5 \end{bmatrix} \xrightarrow{r_1 \times \frac{1}{7}} \begin{bmatrix} 1 & 0 & 0 & 0 & 1 \\ 2 & -3 & 1 & -1 & 3 \\ 4 & -1 & -1 & -1 & 7 \\ 2 & 1 & -1 & -1 & 5 \end{bmatrix} \xrightarrow[r_4-2r_1]{r_2-2r_1}$$

$$\begin{bmatrix} 1 & 0 & 0 & 0 & 1 \\ 0 & -3 & 1 & -1 & 1 \\ 4 & -1 & -1 & -1 & 7 \\ 0 & 1 & -1 & -1 & 3 \end{bmatrix} \xrightarrow[r_2 \leftrightarrow r_4]{r_3 - 4r_1} \begin{bmatrix} 1 & 0 & 0 & 0 & 1 \\ 0 & 1 & -1 & -1 & 3 \\ 0 & -1 & -1 & -1 & 3 \\ 0 & -3 & 1 & -1 & 1 \end{bmatrix} \xrightarrow{r_2 - r_3}$$

$$\begin{bmatrix} 1 & 0 & 0 & 0 & 1 \\ 0 & 2 & 0 & 0 & 0 \\ 0 & -1 & -1 & -1 & 3 \\ 0 & -3 & 1 & -1 & 1 \end{bmatrix} \longrightarrow \begin{bmatrix} 1 & 0 & 0 & 0 & 1 \\ 0 & 1 & 0 & 0 & 0 \\ 0 & 0 & 1 & 1 & -3 \\ 0 & 0 & 0 & 1 & -2 \end{bmatrix} \longrightarrow \begin{bmatrix} 1 & 0 & 0 & 0 & 1 \\ 0 & 1 & 0 & 0 & 0 \\ 0 & 0 & 1 & 0 & -1 \\ 0 & 0 & 0 & 1 & -2 \end{bmatrix}$$

故原方程组的解为

$$\begin{cases} x_1 = 1, \\ x_2 = 0, \\ x_3 = -1, \\ x_4 = -2 \end{cases}$$

例 3 解线性方程组

$$\begin{cases} x_1 + 3x_2 - 5x_3 = -1, \\ 2x_1 + 6x_2 - 3x_3 = 5, \\ 3x_1 + 9x_2 - 10x_3 = 4 \end{cases}$$

解 对增广矩阵进行初等行变换：

$$\overline{A} = \begin{bmatrix} 1 & 3 & -5 & -1 \\ 2 & 6 & -3 & 5 \\ 3 & 9 & -10 & 4 \end{bmatrix} \longrightarrow \begin{bmatrix} 1 & 3 & -5 & -1 \\ 0 & 0 & 7 & 7 \\ 0 & 0 & 5 & 7 \end{bmatrix} \longrightarrow \begin{bmatrix} 1 & 3 & -5 & -1 \\ 0 & 0 & 1 & 1 \\ 0 & 0 & 0 & 2 \end{bmatrix}$$

由最后一个矩阵知，原方程组的同解方程组为

$$\begin{cases} x_1 + 3x_2 - 5x_3 = -1, \\ \qquad\qquad x_3 = 1, \\ \qquad\qquad\quad 0 = 2 \end{cases}$$

上述方程表明，不论 x_1，x_2，x_3 取怎样的一组数，都不能使方程组中的"$0 = 2$"成立. 因此，此方程组无解.

4.7.2 非齐次线性方程组的相容性

如果一个非齐次线性方程组有解，我们可以通过高斯消元法求得它的解. 但是一个非齐次线性方程组满足什么条件时才能有解呢？线性方程组的相容性定理可以告诉我们.

定义 1 如果一个线性方程组它存在解，则称方程组是相容的，否则就称方程组是不相容或矛盾方程组.

在例 1、例 2 中方程组都存在解，因此它们都是相容的. 同时我们会发现它们的系数矩阵的秩等于增广矩阵的秩：$r(A) = r(\overline{A})$，且例 1 中 $r(A) = r(\overline{A}) = 3 < 4 = n$，方程组有无穷多解，例 2 中 $r(A) = r(\overline{A}) = 3 = n$，方程组有唯一的解. 在例 3 中方程组无解，因此是不相容的，此时 $r(A) = 2 < r(\overline{A}) = 3$，即 $r(A) \neq r(\overline{A})$. 通过对上述例题的分析，我们可证得下

面给出的线性方程组的相容性定理：

定理 2 对非齐次线性方程组（4-1）：

（1）当 $r(A) = r(\overline{A})$ 时，方程组相容. 且当 $r(A) = r(\overline{A}) = n$ 时有唯一的解，当 $r(A) = r(\overline{A}) < n$ 时有无穷多解.

（2）当 $r(A) \neq r(\overline{A})$ 时，方程组不相容，方程无解.

证明略.

例 4 对方程组 $\begin{cases} kx_1 + x_2 + x_3 = 5, \\ 3x_1 + 2x_2 + kx_3 = 18 - 5k, \\ x_2 + 2x_3 = 2. \end{cases}$ 问：k 取何值时方程组有唯一解，无穷多解，

无解？在有无穷多解时求出通解.

解

$$\overline{A} = \begin{bmatrix} k & 1 & 1 & 5 \\ 3 & 2 & k & 18-5k \\ 0 & 1 & 2 & 2 \end{bmatrix} \xrightarrow[r_2 - 2r_3]{r_1 - r_3} \begin{bmatrix} k & 0 & -1 & 3 \\ 3 & 0 & k-4 & 14-5k \\ 0 & 1 & 2 & 2 \end{bmatrix} \xrightarrow{r_1 - \frac{k}{3}r_2}$$

$$\begin{bmatrix} 0 & 0 & \frac{4}{3}k - \frac{1}{3}k^2 - 1 & \frac{5}{3}k^2 - \frac{14}{3}k + 3 \\ 3 & 0 & k-4 & 14-5k \\ 0 & 1 & 2 & 2 \end{bmatrix} \xrightarrow[r_2 \leftrightarrow r_3]{r_1 \leftrightarrow r_2}$$

$$\begin{bmatrix} 3 & 0 & k-4 & 14-5k \\ 0 & 1 & 2 & 2 \\ 0 & 0 & \frac{4}{3}k - \frac{1}{3}k^2 - 1 & \frac{5}{3}k^2 - \frac{14}{3}k + 3 \end{bmatrix}$$

（1）当 $\frac{4}{3}k - \frac{1}{3}k^2 - 1 \neq 0$ 时，即 $k \neq 1$ 且 $k \neq 3$ 时，$r(A) = r(\overline{A}) = 3 = n$，有唯一解.

（2）当 $k = 1$ 时，也有 $\frac{5}{3}k^2 - \frac{14}{3}k + 3 = 0$，$r(A) = r(\overline{A}) = 2$，方程组有无穷多解，通解含有 $n - r(A) = 3 - 2 = 1$ 个任意常数，此时矩阵对应的方程组为

$$\begin{cases} 3x_1 - 3x_3 = 9, \\ x_2 + 2x_3 = 2 \end{cases}$$

解得此解为 $\begin{cases} x_1 = 3 + t, \\ x_2 = 2 - 2t, \\ x_3 = t. \end{cases}$

或写成向量形式

$$\begin{bmatrix} x_1 \\ x_2 \\ x_3 \end{bmatrix} = \begin{bmatrix} 3 \\ 2 \\ 0 \end{bmatrix} + t \begin{bmatrix} 1 \\ -2 \\ 1 \end{bmatrix}$$

（3）当 $k=3$ 时，$\frac{4}{3}k - \frac{1}{3}k^2 - 1 = 0$，$\frac{5}{3}k^2 - \frac{14}{3}k + 3 \neq 0$，$2 = r(A) \neq r(\overline{A}) = 3$，方程组无解.

4.7.3　齐次线性方程组的相容性

设齐次线性方程组为

$$
\begin{cases}
a_{11}x_1 + a_{12}x_2 + \cdots + a_{1n}x_n = 0, \\
a_{21}x_1 + a_{22}x_2 + \cdots + a_{2n}x_n = 0, \\
\qquad\qquad\qquad \cdots \\
a_{m1}x_1 + a_{m2}x_2 + \cdots + a_{mn}x_n = 0
\end{cases}
\tag{4-3}
$$

写成矩阵形式 $AX = 0$.

对齐次线性方程组（4-3）来说总是相容的，因为它至少有一个零解，除此之外，它还可能存在非零解. 克莱姆法则可直接证得以下定理.

定理 3　方程组（4-3）有非零解的充分必要条件是 $r(A) < n$，且在能得出任一解的通式中含有 $n - r(A)$ 个任意常数. 有唯一零解的充分必要条件是 $r(A) = n$.

例 5　求下列齐次线性方程组的通解

$$
\begin{cases}
x_1 - 3x_2 + x_3 - 2x_4 = 0, \\
-5x_1 + x_2 - 2x_3 + 3x_4 = 0, \\
-x_1 - 11x_2 + 2x_3 - 5x_4 = 0, \\
3x_1 + 5x_2 + x_4 = 0
\end{cases}
$$

解

$$
A = \begin{bmatrix} 1 & -3 & 1 & -2 \\ -5 & 1 & -2 & 3 \\ -1 & -11 & 2 & -5 \\ 3 & 5 & 0 & 1 \end{bmatrix}
\xrightarrow[\substack{r_3+r_1 \\ r_4-3r_1}]{r_2+5r_1}
\begin{bmatrix} 1 & -3 & 1 & -2 \\ 0 & -14 & 3 & -7 \\ 0 & -14 & 3 & -7 \\ 0 & 14 & -3 & 7 \end{bmatrix}
\xrightarrow[\substack{r_4+r_2}]{r_3-r_2}
\begin{bmatrix} 1 & -3 & 1 & -2 \\ 0 & -14 & 3 & -7 \\ 0 & 0 & 0 & 0 \\ 0 & 0 & 0 & 0 \end{bmatrix}
\xrightarrow{-\frac{1}{14}r_2}
$$

$$
\begin{bmatrix} 1 & -3 & 1 & -2 \\ 0 & 1 & -\frac{3}{14} & \frac{1}{2} \\ 0 & 0 & 0 & 0 \\ 0 & 0 & 0 & 0 \end{bmatrix}
\xrightarrow{r_1+3r_2}
\begin{bmatrix} 1 & 0 & \frac{5}{14} & -\frac{1}{2} \\ 0 & 1 & -\frac{3}{14} & \frac{1}{2} \\ 0 & 0 & 0 & 0 \\ 0 & 0 & 0 & 0 \end{bmatrix}
$$

此矩阵对应的方程组

$$
\begin{cases}
x_1 + \frac{5}{14}x_3 - \frac{1}{2}x_4 = 0, \\
x_2 - \frac{3}{14}x_3 + \frac{1}{2}x_4 = 0,
\end{cases}
\quad 即
\begin{cases}
x_1 = -\frac{5}{14}x_3 + \frac{1}{2}x_4, \\
x_2 = \frac{3}{14}x_3 - \frac{1}{2}x_4
\end{cases}
$$

其中 x_3，x_4 为自由未知数，取 $x_3 = t_1$，$x_4 = t_2$（t_1，t_2 为任意常数），则方程组的通解可写成

$$\begin{cases} x_1 = -\dfrac{5}{14}t_1 + \dfrac{1}{2}t_2, \\[2mm] x_2 = \dfrac{3}{14}t_1 - \dfrac{1}{2}t_2, \\[2mm] x_3 = t_1, \\[2mm] x_4 = t_2 \end{cases}$$

或写成向量形式

$$\begin{bmatrix} x_1 \\ x_2 \\ x_3 \\ x_4 \end{bmatrix} = t_1 \begin{bmatrix} -\dfrac{5}{14} \\[2mm] \dfrac{3}{14} \\[2mm] 1 \\ 0 \end{bmatrix} + t_2 \begin{bmatrix} \dfrac{1}{2} \\[2mm] -\dfrac{1}{2} \\[2mm] 0 \\ 1 \end{bmatrix}$$

解中两个（即 $n-r(\boldsymbol{A})$ 个）非零向量 $\boldsymbol{\eta}_1 = \left(-\dfrac{5}{14},\ \dfrac{3}{14},\ 1,\ 0 \right)^{\mathrm{T}}$，$\boldsymbol{\eta}_2 = \left(\dfrac{1}{2},\ -\dfrac{1}{2},\ 0,\ 1 \right)^{\mathrm{T}}$

都是方程组的解，可称它们为方程组的一个基础解系. 详细内容可参阅《线性代数》教程.

习题 4.7

1. 解下列线性方程组：

(1) $\begin{cases} 2x_1 - x_2 + 3x_3 = 1, \\ 4x_1 + 2x_2 + 5x_3 = 4, \\ 2x_1 \qquad + 2x_3 = 6; \end{cases}$
(2) $\begin{cases} 2x_1 - x_2 + 3x_3 = 1, \\ 4x_1 - 2x_2 + 5x_3 = 4, \\ 2x_1 - x_2 + 4x_3 = -1; \end{cases}$

(3) $\begin{cases} x_1 - 2x_2 + 3x_3 - x_4 - 2x_5 = 2, \\ 4x_1 \quad 3x_2 + 8x_3 - 4x_4 - 3x_5 = 8, \\ 2x_1 + x_2 + 2x_3 - 2x_4 - 3x_5 = 8; \end{cases}$
(4) $\begin{cases} 2x_1 - \dfrac{1}{2}x_2 - \dfrac{1}{2}x_3 \qquad = 0, \\[2mm] -\dfrac{1}{2}x_1 + 2x_2 \qquad -\dfrac{1}{2}x_4 = 3, \\[2mm] -\dfrac{1}{2}x_1 + \qquad 2x_3 - \dfrac{1}{2}x_4 = 3, \\[2mm] -\dfrac{1}{2}x_2 - \dfrac{1}{2}x_3 + 2x_4 = 0; \end{cases}$

(5) $\begin{cases} 3x_1 + 4x_2 + 5x_3 + 7x_4 = 0, \\ 6x_1 + 8x_2 - 10x_3 + 14x_4 = 0, \\ 4x_1 + 11x_2 - 13x_3 + 16x_4 = 0, \\ 3x_1 - 13x_2 + 14x_3 - 13x_4 = 0; \end{cases}$
(6) $\begin{cases} 2x_1 + 2x_2 + x_3 = 0, \\ -3x_1 + 12x_2 + 3x_3 = 0, \\ 8x_1 - 2x_2 + x_3 = 0, \\ 2x_2 + 12x_2 + 4x_3 = 0; \end{cases}$

(7) $\begin{cases} x_1 - 2x_2 + 2x_3 - x_4 = 1, \\ 2x_1 + x_2 - x_3 + x_4 = 2, \\ x_1 + 3x_2 - 3x_3 + 2x_4 = 0. \end{cases}$

2. 当 λ，μ 为何值时，方程组

$$\begin{cases} x_1 + x_2 + x_3 = 3, \\ x_1 + 2\mu x_2 + x_3 = 4, \\ \lambda x_1 + x_2 + x_3 = 4 \end{cases}$$

（1）无解；（2）有唯一解；（3）有无穷多解.

3. a 取何值时，齐次线性方程组

$$\begin{cases} ax_1 + x_2 - x_3 = 0, \\ x_1 + ax_2 - x_3 = 0, \\ 2x_1 - x_2 + x_3 = 0 \end{cases}$$

仅有零解.

阅读材料（四）

瑞典数学家—克莱姆

G · 克莱姆（Cramer, Gabriel, 1704.7.31—1752.1.4）瑞士数学家，生于日内瓦，卒于法国塞兹河畔巴尼奥勒. 早年在日内瓦读书，1724 年起在日内瓦加尔文学院任教，1734 年成为几何学教授，1750 年任哲学教授. 他自 1727 年进行为期两年的旅行访学. 在巴塞尔与约翰 · 伯努利、欧拉等人学习交流，结为挚友. 后又到英国、荷兰、法国等地拜见许多数学名家，回国后在与他们的长期通信中，加强了数学家之间的联系，为数学宝库也留下大量有价值的文献. 他一生未婚，专心治学，平易近人且德高望重，先后当选为伦敦皇家学会、柏林研究院和法国、意大利等学会的成员.

他的主要著作是《代数曲线的分析引论》（1750 年），其首先定义了正则、非正则、超越曲线和无理曲线等概念，第一次正式引入坐标系的纵轴（Y 轴），然后讨论曲线变换，并依据曲线方程的阶数将曲线进行分类. 为了确定经过 5 个点的一般二次曲线的系数，应用了著名的克莱姆法则，即由线性方程组的系数确定方程组解的表达式. 该法则于 1729 年由英国数学家麦克劳林得到，1748 年发表，但克莱姆的优越符号使之流传.

测试题四

一、**选择题**（从下列各题四个备选答案中选出一个正确选项，答案错选或未选者，该题不得分. 本大题共 10 小题，每小题 3 分，共 30 分.）

1. 行列式 $\begin{vmatrix} 1 & 1 \\ 1 & 4 \end{vmatrix} = ($).

A. 1   B. 4   C. 3   D. -3

2. 若行列式 $\begin{vmatrix} 1 & 2 & 5 \\ 1 & 3 & -2 \\ 2 & 5 & x \end{vmatrix} = 0$，则 $x = ($).

A. -3 B. -2 C. 2   D. 3

3. 若矩阵 B 是矩阵 A 的逆矩阵，则下列等式中错误的是（   ）.

A. $AB = E$ B. $BA = E$ C. $|A| = 0$ D. $A^{-1} = B$

4. 矩阵 $\begin{bmatrix} 0 & 1 & 0 \\ 1 & 0 & 0 \\ 0 & 0 & 1 \end{bmatrix}$ 的秩是（   ）.

A. 0   B. 1   C. 2   D. 3

5. 设 A，B 均为 n 阶方阵，且 $AXB = E$，则 $X = ($ $)$.

A. $B^{-1}A^{-1}$ B. $A^{-1}B^{-1}$ C. $A^{-1}B$ D. BA^{-1}

6. 已知矩阵 $A_{3\times2}$，$B_{2\times3}$，$C_{3\times4}$，下列运算可行的是（   ）.

A. ABC B. AC C. CB D. $AB - BA$

7. 设 A、$\overline{A}$ 分别是非齐次线性方程组 $AX = B$ 的系数矩阵和增广矩阵，则 $R(A) = R(\overline{A})$ 是 $AX = B$ 有唯一解的（   ）.

A. 充分条件   B. 必要条件   C. 充要条件   D. 无关条件

8. 下列选项中是矩阵 $\begin{bmatrix} \cos\theta & -\sin\theta \\ \sin\theta & \cos\theta \end{bmatrix}$ 的逆矩阵的是（   ）.

A. $\begin{bmatrix} \cos\theta & -\sin\theta \\ \sin\theta & \cos\theta \end{bmatrix}$ B. $\begin{bmatrix} \cos\theta & \sin\theta \\ -\sin\theta & \cos\theta \end{bmatrix}$

C. $\begin{bmatrix} \cos\theta & -\sin\theta \\ -\cos\theta & \sin\theta \end{bmatrix}$ D. $\begin{bmatrix} \sin\theta & \cos\theta \\ -\sin\theta & \cos\theta \end{bmatrix}$

9. 设 A 为三阶方阵，且 $AA^{\mathrm{T}} = E$，则（   ）.

A. $|A| = 1$ B. $|A| = -1$

C. $|A| = 1$ 或 $|A| = -1$ D. $|A| = 0$

10. 已知二阶方阵 A 的逆矩阵 $A^{-1} = \begin{bmatrix} 2 & 3 \\ 1 & 2 \end{bmatrix}$，则 $A = ($ $)$.

A. $\begin{bmatrix} 2 & -3 \\ -1 & 2 \end{bmatrix}$ B. $\begin{bmatrix} -2 & 3 \\ 1 & -2 \end{bmatrix}$ C. $\begin{bmatrix} 2 & 1 \\ 3 & 2 \end{bmatrix}$ D. $\begin{bmatrix} 2 & 3 \\ 1 & 2 \end{bmatrix}$

二、填空题（将答案填写到该题横线上，本大题共 5 个空，每空 3 分，共 15 分.）

1. 三阶行列式 $D_1 = 6$，第 3 行的各元素乘以 2 后加到第 1 行对应元素上去，得到的新行列式 $D_2 = \underline{\hspace{2cm}}$.

2. $\begin{bmatrix} 3 & 6 \\ 7 & 5 \end{bmatrix}^{\mathrm{T}} = \underline{\hspace{2cm}}$.

3. 当 $k = \underline{\hspace{2cm}}$ 时，线性方程组 $\begin{cases} kx_1 + x_2 + x_3 = 1, \\ x_1 + kx_2 + x_3 = 1, \\ x_1 + x_2 + kx_3 = 1 \end{cases}$ 无解.

4. 四阶行列式第 3 行的元素分别是 -6，1，3，4，对应的余子式分别是 2，-2，8，5，则行列式 $D = \underline{\hspace{2cm}}$.

5. 如果非齐次线性方程组 $AX = B$ 无解，则当 $R(A) = r$ 时，必有 $R(\overline{A}) = \underline{\hspace{2cm}}$.

三、判断题（判断以下事件是否为随机事件，认为是的就在题前【　】划"√"，认为不是的划"×". 本大题共 5 小题，每小题 2 分，共 10 分.）

【　】1. 交换行列式中某两行，行列式的值不变.

【　】2. 余子式和代数余子式是两个等价的定义.

【　】3. 线性方程组 $\begin{cases} x_1 + 3x_2 + x_3 = 0, \\ 3x_1 + 2x_2 + 3x_3 = -7, \\ -x_1 + 4x_2 - x_3 = 7 \end{cases}$ 有无穷多解.

【　】4. 任意两个矩阵都能进行乘法运算.

【　】5. $(AB)^{\mathrm{T}} = B^{\mathrm{T}} A^{\mathrm{T}}$.

四、计算题（写出主要计算步骤及结果. 本大题共 6 小题，每小题 6 分，共 36 分.）

1. 求函数 $f(x) = \begin{vmatrix} 2x & 1 & -1 \\ -x & -x & x \\ 1 & 2 & x \end{vmatrix}$ 中 x^3 的系数.

2. 计算 $\begin{vmatrix} 1 & -1 & 0 & 0 & 0 \\ 0 & 1 & -1 & 0 & 0 \\ 0 & 0 & 1 & -1 & 0 \\ 0 & 0 & 0 & 1 & -1 \\ 1 & 1 & 1 & 1 & 1 \end{vmatrix}$.

3. 设 $A = \begin{bmatrix} 1 & 0 & -1 \end{bmatrix}$，$B = \begin{bmatrix} 1 & 2 & 3 \\ 3 & 2 & 1 \\ 1 & -1 & 0 \end{bmatrix}$，计算 AB.

4. 求矩阵 $\begin{bmatrix} 1 & 2 & 3 \\ 2 & 2 & 1 \\ 3 & 4 & 3 \end{bmatrix}$ 的逆矩阵.

5. 已知方程组 $\begin{cases} x_1 + x_2 + ax_3 = 0, \\ x_1 + ax_2 + x_3 = 0, \\ x_1 + 2x_2 + 2x_3 = 0 \end{cases}$ 有非零解，讨论 a 的取值.

6. 判别下列方程组是否有解，若有解，有多少解？有无穷多解时，求出通解.

$$\begin{cases} x_1 + x_2 + x_3 + x_4 + x_5 = 7, \\ 3x_1 + 2x_2 + x_3 + x_4 - 3x_5 = -2, \\ x_2 + 2x_3 + 2x_4 + 6x_5 = 23, \\ 5x_1 + 4x_2 + 3x_3 + 3x_4 - x_5 = 12 \end{cases}$$

五、应用题（写出主要计算步骤及结果. 本大题共 1 小题，每小题 9 分，共 9 分.）

某市工程设计大赛中，设计项目的分值为 1 ~ 10 的数. 但在评分时又将分值分成三部分：精度占 30%，外观占 20%，科技含量占 50%，总分为每部分的权重与其分值乘积之和. 试求：

（1）A 者的精度为 8 分，外观分为 7 分，科技含量分为 9 分，他的总分是多少？

（2）六个人（A，B，C，D，E，F）成绩表如下所示，用矩阵乘积决定他们的名次.

$$\begin{array}{cccccc} A & B & C & D & E & F \end{array}$$

$$\begin{bmatrix} 8 & 8 & 6 & 9 & 10 & 8 \\ 7 & 6 & 8 & 10 & 10 & 7 \\ 9 & 10 & 10 & 7 & 6 & 8 \end{bmatrix} \begin{array}{l} 精度 \\ 外观 \\ 科技 \end{array}$$

第五章

概 率 论

概率论是以随机现象的统计规律性作为研究对象的数学学科，它的起源和博弈问题有关，其奠基人是瑞士数学家伯努利（Bernoulli），飞速发展是在 17 世纪微积分学建立以后，特别是第二次世界大战时期，大工业与管理的复杂化所产生的运筹学、系统论、信息论、控制论等无不建立在概率论与数理统计的基础上．目前，概率论的数学思想已经渗透到理、工、农、医科、经济管理类几乎所有领域，包括使用概率统计方法进行气象预报、水文预报、地震预报、产品抽检等；在研究新产品时，为寻求最佳生产方案，可以进行试验设计和数据处理；在可靠性工程中，使用概率统计方法可以给出元件或系统地使用可靠性以及平均寿命的估计；在自动控制中，建立数学模型后可以通过计算机控制工业生产；在通信工程中，可以提高系统的抗干扰能力和分辨率等．

5.1 随机事件

5.1.1 随机事件

自然界和社会上所观察到的现象大体可分为两类：确定性现象或随机现象．

例如，在一个标准大气压下，纯净水加热到100℃时必然沸腾，温度降到0℃必然会结冰；每天早晨太阳从东方升起，这种在一定的条件下必然发生或必然不发生的现象称为确定性现象或必然现象．

又如，在相同条件下抛同一枚硬币，事先无法预知是正面朝上还是反面朝上；下周的股市是上涨还是下跌等．这种在一定条件下事先无法准确预知其发生结果的现象，称为随机现象．

1. 随机试验与样本空间

在研究自然现象和社会现象时，常常需要做各种试验．在这里，把各种科学试验以及对某一事物的某一特征的观察都认为是一种试验. 下面是一些试验的例子：

E_1：抛一枚硬币，观察正面 H，反面 T 出现的情况；

E_2：记录图书馆一天内借出书籍的册数；

E_3：在某一批产品中任选一件，检验其是否合格；

E_4：记录生苑超市一天内进入的顾客人数.

显然，以上的试验都具有如下特点：

（1）可重复性：试验可以在相同的条件下重复进行；

（2）可观察性：每次试验可能结果不止一个，但事先明确试验的所有可能结果；

（3）不确定性：每次试验出现的结果事先不能预知，但是可以肯定会出现上述所有可能结果中的一个.

在概率论中，我们将具有上述三个特点的试验称为随机试验，或简称试验，用英文大写字母 E 表示. 我们将随机试验 E 的所有可能结果组成的集合称为 E 的样本空间，记为 Ω. Ω 中的元素，即 E 的每个可能结果，称为样本点，一般用 ω 表示.

例 1 前面提到的试验 E_1，E_2，$\cdots$，E_4 所对应的样本空间 Ω_1，Ω_2，$\cdots$，Ω_4 为

$\Omega_1 = \{H, T\}$；

$\Omega_2 = \{0, 1, 2, \cdots\}$；

$\Omega_3 = \{合格, 不合格\}$；

$\Omega_4 = \{0, 1, 2, 3, 4, \cdots\}$.

2. 随机事件

一般地，称试验 E 的样本空间 Ω 的子集为 E 的随机事件，简称事件，一般用英文大写字母 A，B 等表示.

称仅含一个样本点的随机事件为基本事件；称含有两个或两个以上样本点的随机事件为复合事件；称在每次试验中都必然发生的事件为必然事件，用 Ω 或 S 表示；称在任何一次试验中都不可能发生的事件为不可能事件，用 Φ 表示.

例 2 事件 A 表示抛一颗骰子一次，出现了 2 点，即 $A = \{2\}$，A 为基本事件；

事件 B 表示抛一颗骰子出现的点数小于 5，即 $B = \{1, 2, 3, 4\}$，B 为复合事件；

事件 C 表示抛一颗骰子出现的点数小于 7，即 $C = \{1, 2, 3, 4, 5, 6\} = \Omega$，$C$ 为必然事件；

事件 D 表示抛一颗骰子出现的点数大于 7，即 $D = \Phi$，D 为不可能事件.

很明显，必然事件和不可能事件都是确定性事件，但是为了讨论问题的方便，也把它们看作特殊的随机事件.

5.1.2 随机事件的关系运算

事件是一个集合，因此事件间的关系与运算实质是集合之间的关系和运算.

1. 事件的包含与相等

若 $A \subset B$，则称事件 B 包含事件 A，或称事件 A 是事件 B 的子事件，指事件 A 发生必然导致事件 B 发生.

若 $A \subset B$ 且 $B \subset A$，即 $A = B$，则事件 A 与事件 B 相等.

2. 事件的和（并）运算

事件 $A \cup B = A + B = \{\omega \mid \omega \in A$ 或 $\omega \in B\}$ 称为事件 A 与事件 B 的和.

事件 $A \cup B$ 发生 $\Leftrightarrow$ 当且仅当事件 A 与 B 至少有一个发生.

一般地，称 $\bigcup\limits_{k=1}^{n} A_k$ 为 n 个事件 A_1，A_2，$\cdots$，A_n 的和事件，表示 n 个事件中至少发生一个；称 $\bigcup\limits_{k=1}^{\infty} A_k$ 为可列个事件 A_1，A_2，$\cdots$，A_n，$\cdots$ 的和事件.

3. 事件的积（交）运算

事件 $A \cap B = \{\omega \mid \omega \in A$ 且 $\omega \in B\}$ 称为事件 A 与事件 B 的积（交）.

显然，事件 $A \cap B$ 发生 $\Leftrightarrow$ 事件 A 与事件 B 同时发生. 积事件 $A \cap B$ 可简记为 AB.

类似地，称 $\bigcap\limits_{k=1}^{n} A_k$ 为 n 个事件 A_1，A_2，$\cdots$，A_n 的积事件，表示 "n 个事件同时发生"；称 $\bigcap\limits_{k=1}^{\infty} A_k$ 为可列个事件 A_1，A_1，$\cdots$，A_n，$\cdots$ 的积事件.

4. 事件的差运算

事件 $A - B = \{\omega \mid \omega \in A$ 但 $\omega \notin B\}$ 称为事件 A 与事件 B 的差，它表示的是 "事件 A 发生而事件 B 不发生" 这一事件.

例3 设 $A = \{2, 5\}$，$B = \{1, 2, 4\}$，则 $A + B = \{1, 2, 4, 5\}$，$AB = \{2\}$，$A - B = \{5\}$.

可以总结出，$A - B = A - AB$.

5. 事件的互不相容（互斥）关系

若 $A \cap B = \varnothing$，则称事件 A 与事件 B 互不相容（互斥）.

显然：$A \cap B = \varnothing \Leftrightarrow$ 事件 A 和事件 B 不能同时发生.

6. 事件的对立（互逆）关系

事件 $\Omega - A$ 称为事件 A 的对立（逆）事件，记作 $\overline{A}$，即 $\overline{A} = \Omega - A$.

事件 $\overline{A}$ 发生 $\Leftrightarrow$ 事件 A 不发生.

由于 $A \cap \overline{A} = \varnothing$，$A \cup \overline{A} = \Omega$，因此在每次试验中，事件 A，$\overline{A}$ 中有且仅有一个发生. 又 A 也是 $\overline{A}$ 的对立事件，所以称事件 A 与 $\overline{A}$ 互逆.

例4 若事件 A 表示 "某公司 2018 年年底能实现盈利"，则事件 $\overline{A}$ 表示 "某公司 2018 年实现了盈利".

图 5-1 ~ 图 5-6 可以直观地表示事件之间的关系与运算.

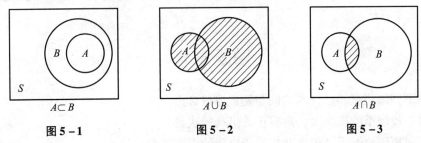

图 5-1　　　　　　　图 5-2　　　　　　　图 5-3

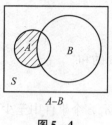

$A-B$

图 5-4

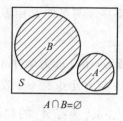

$A\cap B=\varnothing$

图 5-5

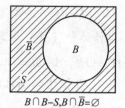

$B\cap B-S,B\cap \bar B=\varnothing$

图 5-6

7. 随机事件的运算律

设某随机试验 E 中的随机事件 A，B，C 之间的运算满足下述运算规律：

（1）交换律：$A\cup B=B\cup A,A\cap B=B\cap A$；

（2）结合律：$A\cup(B\cup C)=(A\cup B)\cup C,A\cap(B\cap C)=(A\cap B)\cap C$；

（3）分配律：$A\cup(B\cap C)=(A\cup B)\cap(A\cap C),A\cap(B\cup C)=(A\cap B)\cup(A\cap C)$；

（4）自反律：$\bar{\bar A}=A$；

（5）对偶律（德摩根律）：$\overline{A\cup B}=\bar A\cap\bar B$，$\overline{A\cap B}=\bar A\cup\bar B$.

这些运算规律可以推广到任意多个事件上去.

例 5　设事件 A，B，C 为 3 个随机事件，用运算关系表示下列各事件：

解　（1）A 发生，而 B，C 都不发生——$A\bar B\bar C$；

（2）A，B 发生，而 C 不发生——$AB\bar C$；

（3）A，B，C 至少发生一个——$A+B+C$；

（4）A，B，C 恰一个发生——$A\bar B\bar C+\bar AB\bar C+\bar A\bar BC$.

例 6　某射手向一目标射击 3 次，A_i 表示"第 i 次射击击中目标"，$i=1$，2，3，试用 A_1，A_2，A_3 表示以下各事件：

（1）3 次均击中；

（2）3 次至少有一次击中；

（3）3 次都没击中；

（4）只击中第一次.

解　（1）"3 次均击中"意味着 A_1，A_1，A_3 同时发生，即 $A_1A_2A_3$；

（2）"3 次至少有一次击中"意味着 A_1，A_2，A_3 至少有一个发生，即 $A_1+A_2+A_3$；

（3）"3 次都没击中"意味着 $\bar A_1$，$\bar A_2$，$\bar A_3$ 同时发生，即 $\bar A_1\bar A_2\bar A_3$；

（4）"只击中第一次"意味着 A_1，$\bar A_2$，$\bar A_3$ 同时发生，即 $A_1\bar A_2\bar A_3$.

注意：用其他事件的运算来表示一个事件，方法不唯一，但是在解决具体问题时要选择一种恰当的表示方法.

习题 5.1

1. 写出下列随机试验的样本空间与随机事件 A：

（1）将一枚硬币抛掷 3 次，观察正面出现的次数；

（2）同时掷两枚骰子，观察两枚骰子出现的点数之和；

（3）观察某医院一天内前来就诊的人数.

2. 设 A，B，C 为三个事件，用运算关系表示下列各事件：

（1）A，B，C 都发生；

（2）A，B，C 至少有一个发生；

（3）B 发生，A，C 都不发生；

（4）A，B，C 都不发生；

（5）A，B，C 恰有两个发生；

（6）A，B，C 至少有两个发生；

（7）A，B，C 至多有两个发生.

3. 设 A，B 为任意两个事件，下列关系成立吗？

（1）$(A+B)-B=A$；

（2）$(A+B)-A\subset B$；

（3）$(A-B)+(B-A)=0$；

（4）$(AB)(\overline{AB})=\varnothing$.

4. 什么是对立事件？什么是互斥事件？它们有何联系与区别？

5. 化简下列事件：

（1）$(\overline{A}+\overline{B})(\overline{A}+B)$；（2）$\overline{AB}+\overline{A}\,\overline{B}+\overline{A}B$.

6. 从某学院中任选一名学生，设事件 A 表示"被选出的是男生"，B 表示"被选出的是大一学生"，C 表示"被选出的是校礼仪队员"，试问：

（1）事件 ABC 表示什么？（2）事件 $AB\overline{C}$ 表示什么？

7. 请用语言描述下列事件的对立事件：

（1）A 表示"抛两枚硬币，都出现正面"；

（2）B 表示"生产4个零件，至少有一个合格".

5.2 随机事件的概率

随机事件在一次试验或观察中可能发生，也可能不发生，呈现出偶然性，但在大量重复试验或观察中其发生可能性大小是客观存在的，呈现出明显的规律性.

我们把度量事件 A 在试验中发生可能性的大小的数叫作概率，记为 $P(A)$.

关于概率的计算，通常与试验条件密切相关，本章只给出在实际中用得较多的统计定义和古典定义，至于几何定义和公理化定义，请学有余力的读者查阅相关文献.

5.2.1 概率的统计定义

由上述概率的定义可知，对于事件发生的可能性大小，需要用一个数量指标去刻画，这个数量指标应该是随机事件本身所具有的属性，能在大量重复试验中得到验证，并符合实际. 为此，引入频率的概念.

在 n 次重复试验中，事件 A 发生的次数 n_A 与试验次数 n 之比 $\dfrac{n_A}{n}$ 称为事件 A 的频率，记

为 $f_n(A)$, $f_n(A) = \dfrac{n_A}{n}$.

例如：重复抛掷一枚质地均匀的硬币， n 表示抛掷硬币的次数， n_H 表示出现正面的次数， $f_n(H)\dfrac{n_H}{n}$ 表示正面出现的频率.

表 5-1 列出了历史上一些科学家在抛掷硬币试验中得到的相关数据：

表 5-1

试验者	n	n_H	$f_n(H)\dfrac{n_H}{n}$
德摩根	2 048	1 061	0.518 1
蒲丰	4 040	2 048	0.506 9
K·皮尔逊	12 000	6 019	0.501 6
K·皮尔逊	24 000	12 012	0.500 5
罗曼诺夫斯基	80 640	39 699	0.492 3

从表 5-1 中可以看到，随着试验次数的增加， $f_n(H)$ 的值将逐渐稳定于 0.5. 随机现象的这种在大量重复试验中呈现出来的稳定性或固有规律性称为统计规律性. 这种规律性的存在使得利用数学工具研究随机现象成为可能. 概率统计研究的主要问题就是随机现象的统计规律性.

定义 1（概率的统计定义） 在相同的条件下重复进行大量重复试验，如果随着试验次数 n 的不断增加，事件 A 的频率 $f_n(A)$ 始终围绕某一常数 p 作稳定且微小的波动，则称 p 为事件 A 的概率，即 $P(A) = p$.

概率的统计定义为求概率开辟了道路，特别是在实际中，当概率不易求出时，人们常取试验次数很大时事件的频率作为概率的估计值，并称此概率为统计概率. 例如，在人口抽样调查中，依据抽取的一部分人去估计全体人口的性别比例；在工业生产中，依据抽取的一些产品的检验结果去估计该产品的合格率；在医学上，依据积累的资料去估计某种疾病的死亡率等.

容易验证，统计概率具有如下性质：对任一事件 A ， $0 \leqslant P(A) \leqslant 1$ ，且 $P(\varPhi) = 0$ ， $P(\varOmega) = 1$.

5.2.2 概率的古典定义

1. 古典概率的定义

利用概率的统计定义求概率，不但需要做大量重复试验，而且所求概率随频率的变化而变化，给概率计算带来了一定困难. 因此，需要研究新的方法计算概率.

我们看如下问题：

（1）一盒灯泡 100 个，要抽取一个检验其质量（使用寿命），任意取一个，则 100 个灯泡被抽取的机会均等.

（2）投掷一颗匀称的骰子，出现 1，2，3，4，5，6 点的可能性都是 $\frac{1}{6}$.

这两个试验的共同特点是：

（1）每次试验，只有有限种可能的试验结果，或者说组成样本空间的样本点总数为有限（有限性）；

（2）每次试验中，各基本事件（样本点）出现的可能性相同（等可能性）.

我们称具有下列两个特点的随机试验所对应的概率模型为古典概型（等可能模型）.

定义 2（概率的古典定义）　对于给定的古典概型，若样本空间中样本点的总数为 n，事件 A 包含的样本点数为 m，则事件 A 的概率为

$$P(A) = \frac{m}{n}$$

习惯上称此概率为古典概率，这样就把求概率问题转化为计数问题，显然，排列组合成为计算概率的重要工具.

容易验证，统计概率具有如下性质：对任一事件 A，$0 \leqslant P(A) \leqslant 1$，且 $P(\Phi) = 0$，$P(\Omega) = 1$.

2. 古典概率的计算

要计算古典概型中任一事件 A 的概率，关键是要计算出 Ω 样本点数 n 及 A 中所包含的样本点数 m. 下面介绍基本计数原理.

（1）加法原理（两种方法均能完成此事）：$m + n$.

某件事由两种方法来完成，第一种方法可由 m 种方法完成，第二种方法可由 n 种方法来完成，则这件事可由 $m + n$ 种方法来完成.

（2）乘法原理（两个步骤分别不能完成这件事）：$m \cdot n$.

某件事由两个步骤来完成，第一个步骤可由 m 种方法完成，第二个步骤可由 n 种方法来完成，则这件事可由 $m \cdot n$ 种方法来完成.

（3）排列组合公式.

从 m 个人中挑出 n 个人进行排列的可能数 $A_m^n = \dfrac{m!}{(m-n)!}$.

从 m 个人中挑出 n 个人进行组合的可能数 $C_m^n = \dfrac{m!}{n!\,(m-n)!}$.

例 1　某箱食品共 30 袋，内含不合格食品 7 袋，从中任取 5 袋. 试求被取的 5 袋中恰有 2 袋是不合格品的概率.

解　设事件 A 表示"被取的 5 袋中恰有 2 袋是不合格食品"，则由题设知样本空间中样本点的总数为 C_{30}^5，事件 A 包含的样本点数为 $C_7^2 C_{23}^3$，于是所求概率为

$$P(A) = \frac{C_7^2 C_{23}^3}{C_{30}^5} = 0.261$$

例 2　从 0，1，2，$\cdots$，9 中任意选出 3 个不同的数字，试求：三个数字中不含 2 与 4 的概率.

解　设事件 A 表示"三个数字中不含 2 与 4"，则由题设知样本空间中样本点的总数为 C_{10}^3，事件 A 包含的样本点数为 C_8^3，于是所求概率为

$$P(A) = \frac{C_8^3}{C_{10}^3} = \frac{7}{15}$$

5.2.3 概率的加法公式

性质 1 （加法公式）对任意两个事件 A，B，有 $P(A+B) = P(A) + P(B) - P(AB)$.

推论（有限可加性）对任意三个事件 A，B，C，有

$$P(A+B+C) = P(A) + P(B) + P(C) - P(AB) - P(BC) - P(CA) + P(ABC)$$

性质 2 对任意两个事件 A，B，有 $P(B-A) = P(B) - P(AB)$.

推论 若事件 A，B 满足 $A \subset B$，则有 $P(B-A) = P(B) - P(A)$.

性质 3 对任一事件 A，有 $P(\overline{A}) = 1 - P(A)$.

例 3 设 A，B 为两事件，且设 $P(B) = 0.5$，$P(A+B) = 0.8$，求 $P(A\overline{B})$.

解
$$P(A\overline{B}) = P(A-B) = P(A) - P(AB)$$

而 $P(A \cup B) = P(A) + P(B) - P(AB)$，即 $0.8 = P(A) + 0.5 - P(AB)$，则有 $P(A) - P(AB) = 0.8 - 0.5 = 0.3$.

例 4 在 0，1，2，$\cdots$，9 中任意选出一个数，求：

（1）取到的数能被 2 或 3 整除的概率；

（2）取到的数既不能被 2 整除也不能被 3 整除的概率；

（3）取到的数能被 2 整除而不能被 3 整除的概率.

解 设事件 A 表示"取到的数能被 2 整除"，事件 B 表示"取到的数能被 3 整除"，则由题设可得：$P(A) = \frac{1}{2}$，$P(B) = \frac{3}{10}$，$P(AB) = \frac{1}{10}$. 于是，

（1）$P(A+B) = P(A) + P(B) - P(AB) = \frac{1}{2} + \frac{3}{10} - \frac{1}{10} = \frac{7}{10}$；

（2）$P(\overline{A}\,\overline{B}) = 1 - P(A+B) = 1 - \frac{7}{10} = \frac{3}{10}$；

（3）$P(A\overline{B}) = P(A) - P(AB) = \frac{1}{2} - \frac{1}{10} = \frac{2}{5}$.

例 5 某学院开设有甲、乙、丙三门选修课，选每门课程的人数都占总学院人数的 30%，其中有 10% 的人同时选甲、乙两门课，没有人同时选乙、丙或甲、丙课程，求从该学院任选 1 人，他至少选有一门课程的概率.

解 设事件 A 表示"选择选修课甲"，事件 B 表示"选择选修课乙"，事件 C 表示"选择选修课丙"，则由题设可得：$P(A) = P(B) = P(C) = 0.3$，$P(AB) = 0.1$，$P(AC) = P(BC) = 0$，$P(ABC) = 0$，于是，

$$P(A+B+C) = P(A) + P(B) + P(C) - P(AB) - P(BC) - P(CA) + P(ABC)$$
$$= 0.3 + 0.3 + 0.3 - 0.1 = 0.8$$

5.2.4 条件概率

前面我们讨论了一个事件 A 的概率 $P(A)$ 的计算. 但在实际生活中，我们常常需要求在附加限制条件 B 已发生的条件下事件 A 发生的概率，我们记为 $P(A|B)$，这就是所谓的条

件概率.

例6 甲、乙两车间生产同一种产品100件,情况如表5-2所示.

表5-2

项目	合格品数	次品数	总计
甲车间	55	5	60
乙车间	38	2	40
总计	93	7	100

现从100件中随机抽出一件,用 A 表示"抽得合格品", B 表示"抽到甲车间的产品",则

$$P(A) = \frac{93}{100}, \ P(B) = \frac{60}{100}, \ P(AB) = \frac{55}{100}$$

若已知抽得的是甲车间的产品,求抽得的是合格品的概率 $P(A|B)$.

依题意可知

$$P(A|B) = \frac{55}{60}$$

显然 $P(A|B) \neq P(A)$.

从题中条件可知

$$P(A|B) = \frac{55}{60} = \frac{\frac{55}{100}}{\frac{60}{100}} = \frac{P(AB)}{P(B)}$$

定义3 设 A, B 为随机试验 E 的两个事件,且 $P(B) \neq 0$,则称 $\frac{P(AB)}{P(B)}$ 为在事件 B 发生的条件下事件 A 发生的概率,记作 $P(A|B)$.

同理,可定义事件 A 发生的条件下事件 B 发生的概率 $P(B|A)$,

$$P(B|A) = \frac{P(AB)}{P(A)} (P(A) \neq 0)$$

例7 2017级100名大学生中,男生(以事件 A 表示)80人,女生20人.来自北方地区(以事件 B 表示)40人,其中男生32人,女生8人.免修英语(以事件 C 表示)20人,其中男生14人,女生6人.试求概率: $P(A)$, $P(B)$, $P(C)$, $P(A|B)$, $P(A|C)$.

解 依题意,有

$$P(A) = \frac{80}{100} = 0.8, P(B) = \frac{40}{100} = 0.4, P(C) = \frac{20}{100} = 0.2$$

又 $P(AB) = \frac{32}{100} = 0.32$, $P(AC) = \frac{14}{100} = 0.14$,得

$$P(A|B) = \frac{P(AB)}{P(B)} = \frac{0.32}{0.4} = 0.8, P(A|C) = \frac{P(AC)}{P(C)} = \frac{0.14}{0.2} = 0.7$$

例8 人寿保险公司常常需要知道存活到某一年龄的人在下一年仍然存活的概率.根据

统计资料可知，某城市的人由出生活到 50 岁的概率为 0.907 18，存活到 51 岁的概率为 0.901 35. 问：现在已经 50 岁的人，能够活到 51 岁的概率是多少？

解 记 $A = \{$活到 50 岁$\}$，$B = \{$活到 51 岁$\}$. 显然 $B \subset A$. 因此，$AB = B$. 求 $P(B|A)$.

因为 $P(A) = 0.907 18$，$P(B) = 0.901 35$，$P(AB) = P(B) = 0.901 35$，从而

$$P(B|A) = \frac{P(AB)}{P(A)} = \frac{0.901 35}{0.907 18} \approx 0.993 57$$

由此可知，该城市已经 50 岁的人能够活到 51 岁的概率是 0.993 57，同时可知在 50 岁到 51 岁之间死亡概率为 0.006 43，即在平均意义下，该年龄段中每千个人中约有 6.43 人死亡.

5.2.5 概率的乘法公式

利用条件概率的定义，当 $P(A) > 0$，$P(B) > 0$ 时，可直接得到下述乘法公式.

$$P(AB) = P(B|A)P(A)$$
$$P(AB) = P(A|B)P(B)$$

可以推广到多个事件同时发生的情形，如对于三个事件 A，B，C，当 $P(AB) > 0$ 时，事件 A，B，C 同时发生概率的乘法公式为

$$P(ABC) = P(A)P(B|A)P(C|AB)$$

例 9 一袋中装 8 个球，其中 3 个黑球，5 个白球，先后两次从中随机各取一球，不放回，求两次均取到黑球的概率

解 设事件 A，B 分别表示"第一次、第二次取到黑球"，依题意，有

$$P(A) = \frac{3}{8}, \quad P(B|A) = \frac{2}{7}$$

根据概率的乘法公式，$P(AB) = P(A)P(B|A) = \frac{3}{8} \times \frac{2}{7} = \frac{3}{28}$.

例 10 在一次抽签答辩中，共有 10 道题，其中难题有 4 道，2 人参加抽签，甲先乙后. 设事件 A，B 分别表示"甲、乙抽到难签". 试求概率 $P(A)$，$P(AB)$，$P(\bar{A}B)$.

解 依题意，根据概率的乘法公式，有

$$P(A) = \frac{4}{10} = \frac{2}{5}$$

$$P(AB) = P(A)P(B|A) = \frac{2}{5} \times \frac{3}{9} = \frac{2}{15}$$

$$P(\bar{A}B) = P(\bar{A})P(B|\bar{A}) = \frac{3}{5} \times \frac{4}{9} = \frac{4}{15}$$

5.2.6 全概率公式

为了计算复杂事件的概率，经常把一个复杂事件分解为若干个互不相容的简单事件的和，通过分别计算简单事件的概率来求得复杂事件的概率.

全概率公式 设随机试验 E 的样本空间为 Ω，B_1，B_2 是 Ω 的一组事件，且满足

(1) B_1，B_2 互不相容，且 $P(B_i) > 0 (i = 1, 2)$；

（2）$B_1 \cup B_2 = \Omega$.

则称 B_1，B_2 是 Ω 的一个完备事件组. 对 E 中的任一事件 A，都有

$$P(A) = P(B_1)P(A|B_1) + P(B_2)P(A|B_2)$$

注意：该公式也可以推广到 $P(B_i) > 0(i = 1, 2, \cdots, n)$.

$$P(A) = P(B_1)P(A|B_1) + P(B_2)P(A|B_2) + \cdots + P(B_n)P(A|B_n)$$

例 11　设袋中共有 8 个球，其中 3 个带有中奖标志，两人分别从袋中任取一球，问：第二个人中奖的概率是多少？

解　设事件 A 表示"第二个人中奖"，求 $P(A)$.

事件 B 表示"第一个人中奖". 则 B 与 $\bar{B}$ 构成一个完备事件组，

由题设知 $P(B) = \dfrac{3}{8}$，$P(\bar{B}) = \dfrac{5}{8}$，$P(A|B) = \dfrac{2}{7}$，$P(A|\bar{B}) = \dfrac{3}{7}$.

根据全概率公式，有

$$P(A) = P(B)P(A|B) + P(\bar{B})P(A|\bar{B}) = \frac{3}{8} \times \frac{2}{7} + \frac{5}{8} \times \frac{3}{7} = \frac{21}{56} = \frac{3}{8}$$

例 12　播种用的一等小麦种子中混有 2% 的二等种子，3% 的三等种子，用一等、二等、三等种子长出的穗含 50 颗以上麦粒的概率分别为 0.5，0.2 和 0.1，求这批种子所结的穗含有 50 颗以上麦粒的概率.

解　设事件 A 表示"所结的穗含有 50 颗以上麦粒"，求 $P(A)$.

事件 B_1，B_2，B_3 分别表示"一等、二等、三等小麦种子"，则 B_1，B_2，B_3 构成一个完备事件组

$$P(B_1) = 0.95, P(B_2) = 0.02, P(B_3) = 0.03$$
$$P(A|B_1) = 0.5, P(A|B_2) = 0.2, P(A|B_3) = 0.1$$

根据全概率公式，有：

$$P(A) = \sum_{i=1}^{3} P(B_i)P(A|B_i) = 0.95 \times 0.5 + 0.02 \times 0.2 + 0.03 \times 0.1 = 0.475\ 7$$

5.2.7　事件的独立性

1. 两个事件的独立性

一般情况下，条件概率 $P(A|B)$ 与 $P(A)$ 是不同的. 但在某些特殊的情况下，$P(A|B) = P(A)$，这时事件 A 的发生不受 B 的影响，这表明事件 A，B 之间存在某种独立性.

定义 4　若两个事件 A，B 中任意一事件的发生不影响另一事件的概率，即

$$P(A|B) = P(A) \text{ 或 } P(B|A) = P(B)$$

则称事件 A，B 相互独立，简称 A，B 独立.

由定义知，事件 A，B 相互独立的充要条件是 $P(AB) = P(A)P(B)$.

性质　（1）不可能事件 Φ 与任何事件独立.

（2）若事件 A 与事件 B 相互独立，则 A 与 $\bar{B}$，$\bar{A}$ 与 B，$\bar{A}$ 与 $\bar{B}$ 也分别相互独立.

例 13　甲乙二人独立地对目标各射击一次，设甲射中目标的概率为 0.5，乙射中目标的概率为 0.6，求（1）甲乙二人同时击中的概率；（2）目标被击中的概率

解 设 A, B 分别表示"甲，乙击中目标"，由于 A, B 独立，故

(1) $P(AB) = P(A)P(B) = 0.5 \times 0.6 = 0.3$;

(2) $P(A + B) = P(A) + P(B) - P(AB) = 0.5 + 0.6 - 0.3 = 0.8$.

2. 多个事件的独立性

两个事件的独立性概念可以推广到三个及其以上的事件的情形.

定义 5 设 A, B, C 是三个事件，如果满足等式

$$P(AB) = P(A)P(B)$$
$$P(BC) = P(B)P(C)$$
$$P(AC) = P(A)P(C)$$
$$P(ABC) = P(A)P(B)P(C)$$

则称事件 A, B, C 相互独立.

与两个事件的情形类似，在实际应用时，往往根据问题的实际意义来判断多个事件的独立性. 若各个事件相互独立，那么许多概率问题的计算可以大为简化.

例 14 设一个工人看管三台机床，第一、二、三台机床在 1 h 内需要工人照管的概率分别是 0.9，0.8，0.7，并假设每台机床需要工人照管与否是相互独立的. 试求在 1 h 内没有一台机床需要看管的概率.

解 设 A_i 表示事件"第 i 台机床在 1 h 内需要工人照管（$i = 1$, 2, 3）"，所求概率即为

$$P(\overline{A_1}\overline{A_2}\overline{A_3}) = P(\overline{A_1})P(\overline{A_2})P(\overline{A_3}) = (1 - P(A_1))(1 - P(A_2))(1 - P(A_3))$$
$$= (1 - 0.9) \times (1 - 0.8) \times (1 - 0.7) = 0.006$$

例 15 若每个人的呼吸道中有感冒病毒的概率为 0.002，求在有 1 500 人看电影的剧场中有感冒病毒的概率.

解 设 A_i 表示事件"第 i 个人带有感冒病毒（$i = 1$, 2, $\cdots$, 1 500）"，假定每个人是否带有感冒病毒是相互独立的，则所求概率即为

$$P(A_1 + A_2 + \cdots + A_{1\,500}) = 1 - \prod_{i-1}^{n} P(\overline{A_i}) = 1 - (1 - 0.002)^{1\,500} = 0.950\,4$$

从例子中看出，虽然每个人带有感冒病毒的可能性很小，但许多人聚集在一起时空气中含有感冒病毒的概率可能会很大，这种现象称为小概率事件效应.

习题 5.2

1. 一个袋子中装有 8 支形状相同的笔，其中 3 支黑笔，5 支红笔，求：

(1) 从袋子中任取一支笔，这支笔是黑笔的概率；

(2) 从袋子中任取两支笔，刚好一支红笔一支黑笔的概率；

(3) 从袋子中任取两支笔，两支全是黑笔的概率.

2. 已知 A, B 是两个事件，且 $P(A) = 0.5$, $P(B) = 0.7$, $P(A + B) = 0.8$，试求 $P(A - B)$ 与 $P(B - A)$.

3. 已知 $A \subset B$, $P(A) = 0.4$, $P(B) = 0.6$，求：

(1) $P(\overline{A})$, $P(\overline{B})$; (2) $P(AB)$; (3) $P(A \cup B)$; (4) $P(A\overline{B})$; (5) $P(\overline{A}\,\overline{B})$.

4. 某一市场上供应的灯泡中，甲厂产品占 70%，乙厂产品占 30%，甲厂产品的合格率为 95%，乙厂产品的合格率为 80%. 若用事件 A，$\bar{A}$ 分别表示"甲、乙两厂的产品"，B 表示"产品合格"，试求 $P(A)$，$P(\bar{A})$，$P(B|\bar{A})$，$P(B|A)$，$P(\bar{B}|\bar{A})$，$P(\bar{B}|A)$.

5. 某种动物由出生活到 20 岁的概率为 0.8，活到 25 岁的概率为 0.4，这种动物已经活到 20 岁再活到 25 岁的概率是多少？

6. 某人有一笔资金，他投入基金的概率为 0.58，购买股票的概率为 0.28，两项同时都投资的概率为 0.19，

（1）已知他已投入基金，求再购买股票的概率是多少？

（2）已知他已购买股票，求再投入基金的概率是多少？

7. 某地区气象资料表明，邻近的甲、乙两城市中的甲市，全年雨天比例为 12%，乙市全年雨天比例为 9%；两市中至少有一市为雨天的比例为 16.8%. 试求下列事件的概率：

（1）在甲市为雨天的条件下，乙市也为雨天；

（2）在乙市无雨的条件下，甲市也无雨.

8. 已知 10 只产品中有 2 只次品，在其中取两次，每次任取一只，不放回，求下列事件的概率：

（1）两只都是正品；

（2）两只都是次品；

（3）一只是正品，一只是次品.

9. 已知男性中有 5% 是色盲患者，女性中有 0.25% 是色盲患者，现在从男、女人数相等的人群中随机地挑选一人，求此人恰好是色盲患者的概率.

10. 某工厂甲、乙、丙三个车间生产同一种螺钉，产量依次占全厂的 45%，35%，20%. 如果各车间的次品率依次为 4%，2%，5%，现从待出厂产品中随机抽取一个，求它是次品的概率.

11. 甲、乙两人射击，甲击中的概率为 0.8，乙击中的概率为 0.7，两人同时射击，并假定中靶与否是独立的. 求：（1）两人都中靶的概率；（2）甲中乙不中的概率；（3）甲不中乙中的概率.

12. 电灯泡使用寿命 1 000 h 以上的概率为 0.2，求 3 个灯泡使用 1 000 h 后，最多只有 1 个损坏的概率.

13. 某射手的命中率为 0.2，要使至少击中 1 次的概率不小于 0.9，必须进行多少次独立射击？

5.3 随机变量及其分布

本节引入随机变量来描述随机试验的结果，以便使用微积分的方法进行深入研究，这里主要介绍随机变量的概念，两类随机变量的概率分布或概率密度的概念，分布函数，常见随机变量的分布.

5.3.1　随机变量及其分布函数

1. 随机变量

在随机试验完成时，人们常常关心的是随机试验的结果. 随机试验的结果可以用某些实数值加以刻画，许多随机试验的结果本身就是一个数值，另外一些不是数值的试验结果也可以将其数量化.

定义 1　设随机试验的样本空间为 $\Omega = \{\omega_1, \omega_2, \cdots, \omega_n\}$. 若对任一 $\omega_i \in \Omega$，都有实数 $X(\omega_i)$ 与之对应，则称 $X(\omega)$ 是随机变量.

随机变量通常用大写字母 X，Y 或希腊字母 ξ，η 等表示，而随机变量的取值通常用小写字母 x，y 表示.

例 1　观察每天出生的 10 名新生儿中的性别是一随机试验，而其中男婴出现的人数是一随机变量，用 X 表示，则 $X = 0, 1, \cdots, 10$.

例 2　观察每天进入超市的顾客人数是一随机试验，设人数为 Y，则 Y 是一随机变量，且 $Y = 0, 1, \cdots, n, \cdots$.

例 3　测试灯管的使用寿命是一随机试验，其寿命用 ξ 表示，则 ξ 是一随机变量，且 $\xi \in [0, +\infty)$.

例 4　事件 A 表示"恰有一个次品"，可用"$\xi = 1$"来描述或记作 $A = \{\xi = 1\}$；

例 5　事件 B 表示"次品数少于 3 件"，可用"$\eta < 3$"来描述或记作 $B = \{\eta < 3\}$.

随机变量分离散型和非离散型两大类. 离散型随机变量是指其所有可能取值为有限或可列无穷多个的随机变量. 非离散型随机变量是对除离散型随机变量以外的所有随机变量的总称，范围很广，而其中最重要且应用最广泛的是连续型随机变量.

2. 分布函数

为方便起见，随机变量 X 在区间 $(-\infty, x]$ 上取值记为 $(X \leqslant x)$，显然，随机变量在某区间内取值的概率及它取某特定值时的概率，可用 $P\{X \leqslant x\}$ 这种形式来表示，为此引入分布函数的概念.

定义 2　设 X 为随机变量，x 是任意实数，称函数 $F(x) = P\{X \leqslant x\}$ 为随机变量 X 的分布函数.

分布函数 $F(x)$ 的性质：

（1）$0 \leqslant F(x) \leqslant 1$，$F(-\infty) = \lim\limits_{x \to -\infty} F(x) = 0$；$F(+\infty) = \lim\limits_{x \to +\infty} F(x) = 1$；

（2）$F(x)$ 是关于 x 的单调不减函数，即当 $x_1 < x_2$ 时，有 $F(x_1) \leqslant F(x_2)$；

（3）$F(x)$ 在任意一点于 x 处右连续，即 $F(x+0) = \lim\limits_{t \to x^+} F(t)$.

由分布函数的定义域性质可归纳出表达概率的公式：$P\{a < X \leqslant b\} = F(b) - F(a)$.

5.3.2　离散型随机变量及其分布

1. 离散型随机变量的概念

定义 3　如果随机变量所可能取到的值只有有限个或可列无穷多个，则称这种随机变量为离散型随机变量.

一般地，假设离散型随机变量 X 所有可能取值为 $X_k(k=1,2,\cdots)$ 且取各个值的概率，即事件 $(X=X_k)$ 的概率为 $P\{X=X_k\}=p_k$，$k=1,2,\cdots$，则称上式为离散型随机变量 X 的概率分布或分布律.

为了直观起见，有时将 X 的分布律用表 5 – 3 表示.

表 5 – 3

X	x_1	x_2	$\cdots$	x_k	$\cdots$
$P\{X=x_i\}$	p_1	p_2	$\cdots$	p_k	$\cdots$

显然分布律应满足下列条件：

(1) $P_i \geqslant 0, i=1,2,\cdots$;　　(2) $\sum\limits_{i=1}^{\infty} P_i = 1$.

例 6　已知随机变量 X 的概率分布为 $p_i = P\{X=i\}=ai(i=1,2,3,4,5)$，求常数 a.

解　由概率分布的条件得：$\sum\limits_{i=1}^{5} P_i = 1$，得 $a+2a+3a+4a+5a=1$，即 $a=\dfrac{1}{15}$.

随机变量 X 的概率分布律如表 5 – 4 表示.

表 5 – 4

X	1	2	3	4	5
$P\{X=x_i\}$	$\dfrac{1}{15}$	$\dfrac{2}{15}$	$\dfrac{1}{5}$	$\dfrac{4}{15}$	$\dfrac{1}{3}$

例 7　在一个袋子中有 10 个球，其中 6 个白球，4 个红球，从中任取 2 个，求取到红球数的概率分布律.

解　设 X 概率分布表示"抽到的红球数"，X 的可能取值为 0，1，2，

$$p_0 = P\{X=0\} = \frac{C_6^2}{C_{10}^2} = \frac{1}{3}, p_1 = P\{X=1\} = \frac{C_6^1 C_4^1}{C_{10}^2} = \frac{8}{15}, p_2 = P\{X=2\} = \frac{C_4^2}{C_{10}^2} = \frac{2}{15}$$

随机变量 X 的概率分布律如表 5 – 5 表示.

表 5 – 5

X	0	1	2
$P\{X=x_i\}$	$\dfrac{1}{3}$	$\dfrac{8}{15}$	$\dfrac{2}{15}$

2. 常见的离散型分布

下面介绍三种重要的离散型随机变量的分布.

（1）两点分布.

设随机变量 X 只可能取 0 与 1 两个值，且 $P\{X=1\}=p$，$P\{X=0\}=q$，则它的分布律如表 5 – 6 所示.

表 5－6

X	0	1
$P\{X=x_i\}$	q	p

显然，$0<p<1$，$q=1-p$，则称 X 服从两点分布或（0－1）分布，记为 $X \sim B(1,p)$.

例 8 一批产品共 100 件，其中有 3 件次品，从这批产品中任取一件，以 X 表示"抽到的次品数"，求 X 的概率分布律.

解 X 的可能取值为 0，1，

$$p_0 = P\{X=0\} = \frac{97}{100}, \quad p_1 = P\{X=1\} = \frac{3}{100}$$

随机变量 X 的概率分布律如表 5－7 表示.

表 5－7

X	0	1
$P\{X=x_i\}$	$\dfrac{97}{100}$	$\dfrac{3}{100}$

两点分布是简单且又经常遇到的一种分布，一次试验只可能出现两种结果时，便确定一个服从两点分布的随机变量，如检验产品是否合格、电路是通路还是断路、新生儿的性别、系统运行是否正常等，相应的结果均服从两点分布.

（2）二项分布.

定义 4 设试验 E 中只有两个可能结果：A 发生或 A 不发生，则称 E 为伯努利试验. 用 p 表示每次试验 A 发生的概率，则 $\bar{A}$ 发生的概率为 $q=1-p$. 将 E 独立重复地进行了 n 次试验，则称这种试验为 n 重伯努利试验或伯努利概型. 用 $p_n(k)$ 表示 n 重伯努利试验中 A 出现 k 次的概率，且 $p_n(k) = C_n^k p^k q^{n-k}$，$k=0$，1，$\cdots$，$n$.

在 n 重伯努利试验中，事件 A 发生的次数是随机变量，设为 X，则 X 可能取值 0，1，2，$\cdots$，n，$P\{X=k\} = P_n(k) = C_n^k p^k q^{n-k}$，其中 $q=1-p$，$0<p<1$，$k=0$，1，2，$\cdots$，n，则称随机变量 X 服从参数为 n，p 的二项分布，记为 $X \sim B(n,p)$.

随机变量 X 的概率分布律如表 5－8 表示.

表 5－8

X	0	1	$\cdots$	k	$\cdots$
$P\{X=x_i\}$	$C_n^0 p^0 q^n$	$C_n^1 p^1 q^{n-1}$	$\cdots$	$C_n^k p^k q^{n-k}$	$\cdots$

容易验证（1）$\sum\limits_{k=0}^{n} C_n^k p^k q^{n-k} = (p+q)^n = 1^n = 1$；

（2）当 $n=1$ 时，$P\{X=k\} = p^k q^{1-k}$，$k=0$，1，这就是（0－1）分布，所以（0－1）分布是二项分布的特例.

例 9 纺织厂女工照顾 400 个纱锭，每个纱锭在某一段时间 t 内断头的概率为 0.02，设

X 表示"某一段时间 t 内断头的次数"，求

（1）X 的概率分布；

（2）在时间 t 内断头的次数至少 2 次的概率为多少？

解　（1）将一个纱锭看作一次试验. X 表示"某一段时间 t 内断头的次数"，X 的可能取值为 0，1，…，400.，即 $X \sim B(400, 0.02)$.

随机变量 X 的概率分布律如表 5 – 9 所示.

表 5 – 9

X	0	1	…	k	…	400
$P\{X = x_i\}$	0.98^{400}	$C_{400}^1 0.02^1 0.98^{399}$	…	$C_{400}^k 0.02^k 0.98^{400-k}$	…	0.02^{400}

$$（2）\ P\{X \geqslant 2\} = 1 - P\{X < 2\} = 1 - P\{X = 0\} - P\{X = 1\}$$
$$= 1 - 0.98^{400} - C_{400}^1 0.20^1 0.98^{399} - 0.9972$$

从上例可以看出，二项分布的计算比较复杂. 特别是当 n 很大，p 很小时，公式中数值的计算就较为困难了，此时，就可以考虑使用泊松分布来近似计算概率.

（3）泊松分布.

若随机变量 X 的分布律为

$$P\{X = k\} = \frac{\lambda^k}{k!} e^{-\lambda}, \ k = 0, 1, 2, \cdots$$

其中 $\lambda > 0$ 为常数，则称随机变量 X 服从参数为 λ 的泊松分布，记为 $X \sim P(\lambda)$.

注意：在历史上，泊松分布是作为二项分布的近似，泊松分布是概率论中最重要的分布之一，它常见于所谓的"稠密性"问题. 例如在一定时间内，在某随机服务设施得到服务的服务对象的数目（如网站收到的点击数，车站候车的旅客人数，电话交换台收到的呼叫次数等）. 泊松分布的概率值可以查附表 2.

例 10　某一城市每天发生交通事故的件数 X 服从参数为 $\lambda = 0.8$ 的泊松分布，求该城市一天内至少发生 3 起交通事故的概率.

解　$X \sim P(0.8)$，得 $P\{X = k\} = \frac{0.8^k}{k!} e^{-0.8}$，$k = 0, 1, \cdots$

$P\{X \geqslant 3\} = 1 - P\{X < 3\} = 1 - P\{X \leqslant 2\}$，查表知 $P\{X \leqslant 2\} = 0.9526$，

即得 $P\{X \geqslant 3\} = 1 - 0.9526 = 0.0474$.

5.3.3　连续型随机变量及其分布

1. 概率密度函数的定义

定义 5　对于随机变量 X，若存在一个非负可积函数 $f(x)$ 及任意实数 $a < b$，有

$$P\{a < X \leqslant b\} = \int_a^b f(x) \, \mathrm{d}x$$

则称 X 为连续型随机变量，称 $f(x)$ 为 X 的概率密度函数，简称密度函数. $f(x)$ 的图形是一条曲线，称为密度（分布）曲线.

如果 $f(x)$ 是随机变量的密度函数，则必有如下性质：

(1) $f(x) \geq 0$, $(-\infty < x < +\infty)$;

(2) $P\{-\infty < X < +\infty\} = \int_{-\infty}^{+\infty} f(x)\mathrm{d}x = 1$, 即在横轴上面、密度曲线下面的全部面积等于 1.

如果一个函数 $f(x)$ 满足 (1)、(2), 则它一定是某个随机变量的密度函数.

(3) $P\{x_1 < X \leq x_2\} = F(x_2) - F(x_1) = \int_{x_1}^{x_2} f(x)\mathrm{d}x$;

(4) 若 $f(x)$ 在 x 处连续, 则有 $F'(x) = f(x)$.

性质 (4) 揭示了连续型随机变量的分布函数和概率密度的密切关系, 二者都能完全地描述连续型随机变量的统计规律性.

例 11 设随机变量 X 的概率密度为 $f(x) = \begin{cases} kx^2, 0 \leq x \leq 1, \\ 0, 其他. \end{cases}$

求 (1) 常数 k; (2) $P\left\{0 < X < \dfrac{1}{2}\right\}$; (3) $P\left\{-1 < X < \dfrac{1}{2}\right\}$.

解 (1) 由 $P\{-\infty < X < +\infty\} = \int_{-\infty}^{+\infty} f(x)\mathrm{d}x = 1$, 得

$$\int_{-\infty}^{+\infty} f(x)\mathrm{d}x = \int_{-\infty}^{0} 0\mathrm{d}x + \int_{0}^{1} kx^2\mathrm{d}x + \int_{1}^{+\infty} 0\mathrm{d}x = \frac{k}{3}$$

得 $k = 3$.

(2) $P\left\{0 < X < \dfrac{1}{2}\right\} = \int_{0}^{\frac{1}{2}} 3x^2\mathrm{d}x = x^3 \Big|_{0}^{\frac{1}{2}} = \dfrac{1}{8}$;

(3) $P\left\{-1 < X < \dfrac{1}{2}\right\} = \int_{-1}^{0} 0\mathrm{d}x + \int_{0}^{\frac{1}{2}} 3x^2\mathrm{d}x = \dfrac{1}{8}$.

2. 常见的连续型分布

下面介绍 3 种常见的连续型随机变量的分布:

(1) 均匀分布.

若连续型随机变量 X 的值 $x \in [a, b]$, 其概率密度函数 $f(x)$ 为

$$f(x) = \begin{cases} \dfrac{1}{b-a}, & a < x < b, \\ 0, & 其他 \end{cases}$$

则称随机变量 X 在 $[a, b]$ 上服从均匀分布, 记为 $X \sim U[a, b]$.

例 12 某公共汽车站每隔 30 min 有一辆汽车通过, 如果某乘客对该汽车到站时间完全不知, 且他任一时间到达车站都是等可能的, 试求: (1) 他候车时间所服从的概率密度函数; (2) 他等车时间不超过 2 min 的概率.

解 设候车时间 X 是随机变量, 由于 X 在区间 $[0, 30]$ 上服从均匀分布, 即有

$$f(x) = \begin{cases} \dfrac{1}{30}, & 0 < x < 30, \\ 0, & 其他 \end{cases}$$

等车时间不超过 2 min 的概率为

$$P\{0 \le X \le 2\} = \int_0^2 \frac{1}{30}\mathrm{d}x = \frac{1}{15}$$

（2）指数分布.

若连续型随机变量 X 的概率密度函数为

$$f(x) = \begin{cases} \lambda \mathrm{e}^{-\lambda x}, & x > 0, \\ 0, & x \le 0 \end{cases}$$

其中 $\lambda > 0$ 为常数，则称随机变量 X 服从参数为 λ 的指数分布，记作 $X \sim E(\lambda)$.

显然，很容易得到 X 的分布函数为

$$F(x) = \begin{cases} 1 - \mathrm{e}^{-\lambda x}, & x > 0, \\ 0, & x \le 0 \end{cases}$$

指数分布的概率密度函数和分布函数的图形分别如图 5-7，图 5-8 所示.

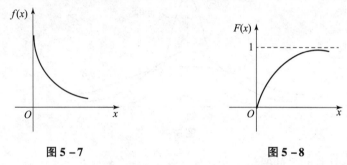

图 5-7　　　　　　　　　　　　图 5-8

指数分布常常作为各种"寿命"分布的近似描述，如电子元件的使用寿命、动物的寿命等. 一些随机服务系统中，"等待服务的时间"也常服从指数分布，如电话的通话时间、机场的一条跑道等待一次飞机起飞或降落的时间，某网站等待一次点击的时间，顾客在柜台前、银行窗口前等待服务的时间等. 因而指数分布有着广泛的应用.

例 13　已知某种电子元件的寿命 X（单位：h）服从参数 $\lambda = \dfrac{1}{1\,000}$ 的指数分布，求该元件使用 1 000 h 以上的概率.

解　由题意，X 的概率密度函数为

$$f(x) = \begin{cases} \dfrac{1}{1\,000}\mathrm{e}^{\frac{1}{1\,000}x}, & x > 0, \\ 0, & x \le 0 \end{cases}$$

于是元件未损坏的概率为 $P = P\{X > 1\,000\} = \displaystyle\int_{1\,000}^{+\infty} f(x)\,\mathrm{d}x = \mathrm{e}^{-1}$.

（3）正态分布.

若连续型随机变量 X 的概率密度函数为

$$f(x) = \frac{1}{\sqrt{2\pi}\sigma}\mathrm{e}^{-\frac{(x-\mu)^2}{2\sigma^2}}, \quad -\infty < x < +\infty$$

其中 μ 为常数，$\sigma > 0$ 为常数，则称随机变量 X 服从参数为 μ，σ 的正态分布（高斯分布），记作 $X \sim N(\mu, \sigma^2)$.

正态分布是概率论与数理统计中最重要的分布之一，因为它是实际中最常见的一种分

布，在实际问题中大量的随机变量服从或近似服从正态分布.

理论上，如果某个数量指标呈现随机性是由许多相互独立的随机因素影响的结果，而每个随机因素的影响都不能起决定性作用，这时，该数量指标就服从或近似服从正态分布. 例如，因人的身高受到种族、饮食习惯、地域因素、运动、基因等因素影响，但这些因素又不能对身高起决定性作用，所以我们可以认为身高服从或近似服从正态分布.

同理，人的体重，产品的质量指标（如尺寸、强度），农作物的收获量等都服从或近似地服从正态分布.

概率密度函数 $f(x)$ 的图形称为正态分布曲线. 具有相同均值 $\mu=0$，不同标准差 σ 的正态分布曲线如图 5-9 所示.

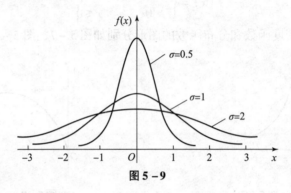

图 5-9

正态分布曲线具有如下性质：

（1） $f(x)$ 的图形关于 $x=\mu$ 对称，并在 $x=\mu$ 处有最大值 $f(\mu)=\dfrac{1}{\sqrt{2\pi}\sigma}$；

（2） 当 $x\to\pm\infty$ 时，以横轴为曲线的渐近线；

（3） $x=\mu\pm\sigma$ 处正态分布曲线各有一个拐点；

（4） 当 σ 固定而改变 μ 时，正态分布曲线图形形状不变，只是沿横轴左右平行移动，所以 μ 又称为位置参数；当 μ 固定而改变 σ 时，正态分布曲线图形形状要发生变化，随 σ 变大，图形的高度下降，形状变得平坦，反之亦然，所以又称 σ 为形状参数.

（5） 曲线和横轴所围成的面积为 1.

若 $X\sim N(\mu,\ \sigma^2)$，则 X 的分布函数为 $F(x)=\dfrac{1}{\sqrt{2\pi}\sigma}\displaystyle\int_{-\infty}^{x}\mathrm{e}^{-\frac{(t-\mu)^2}{2\sigma^2}}\mathrm{d}t$.

特别地，当参数 $\mu=0$，$\sigma=1$ 时，正态分布称为标准正态分布，记为 $X\sim N(0,\ 1)$，其密度函数记为

$$\varphi(x)=\frac{1}{\sqrt{2\pi}}\mathrm{e}^{-\frac{x^2}{2}},\ -\infty<x<+\infty$$

其分布函数记为 $\Phi(x)=\dfrac{1}{\sqrt{2\pi}}\displaystyle\int_{-\infty}^{x}\mathrm{e}^{-\frac{t^2}{2}}\mathrm{d}t$. 其函数值，已编制成标准正态分布表，可供查用.

标准正态分布的分布函数 $\Phi(x)$ 具有如下性质：

（1） $\Phi(x)$ 是偶函数，$\Phi(-x)=1-\Phi(x)$；

（2） 当 $x=0$ 时，$\Phi(x)=\dfrac{1}{\sqrt{2\pi}}$ 为最大值；

（3） $\Phi(0) = \dfrac{1}{2}$.

关于一般正态分布 $N(\mu,\ \sigma^2)$ 与标准正态分布 $N(0,\ 1^2)$，我们有下面的结论：

定理 1 如果 $X \sim N(\mu,\ \sigma^2)$，则 $\dfrac{X-\mu}{\sigma} \sim N(0,\ 1^2)$.

该定理表明，若 $X \sim N(\mu,\ \sigma^2)$，对每个 $x_1,\ x_2 \in \mathbf{R}(x_1 < x_2)$，我们需要计算 $P\{x_1 < X \leqslant x_2\} = F(x_2) - F(x_1)$，此时可通过变换将 $F(x)$ 的计算转化为 $\Phi(x)$ 的计算，而 $\Phi(x)$ 的值是可以通过查表得到的. 即得

$$P\{x_1 < X \leqslant x_2\} = \Phi\left(\frac{x_2-\mu}{\sigma}\right) - \Phi\left(\frac{x_1-\mu}{\sigma}\right)$$

例 14 已知随机变量 $X \sim N(0,\ 1^2)$，求：（1） $P\{X \leqslant 1.65\}$；（2） $P\{X > 1.5\}$；（3） $P\{-1.21 < X \leqslant 2.12\}$.

解 由题意 X 服从标准正态分布，

$$P\{X \leqslant 1.65\} = \Phi(1.65) = 0.950\ 5$$

$$P\{X > 1.5\} = 1 - P\{X \leqslant 1.5\} = 1 - \Phi(1.5) = 1 - 0.933\ 2 = 0.066\ 8$$

$$P\{-1.21 < X \leqslant 2.12\} = \Phi(2.12) - \Phi(-1.21) = \Phi(2.12) - [1 - \Phi(1.21)]$$
$$= 0.983\ 0 - (1 - 0.886\ 9) = 0.869\ 9$$

例 15 已知随机变量 $X \sim N(1.9,\ 2^2)$，求：（1） $P\{X < 2\}$；（2） $P\{X > 3.04\}$；（3） $P\{-3.04 < X < 3.04\}$.

解 由题意 X 服从标准正态分布

$$P\{X < 2\} = \Phi\left(\frac{2-1.9}{2}\right) = \Phi(0.05) = 0.519\ 9$$

$$P\{X > 3.04\} = 1 - P\{X \leqslant 3.04\},P\{X \leqslant 3.04\} = \Phi\left(\frac{3.04-1.9}{2}\right) = \Phi(0.57) = 0.715\ 7$$

$$P\{X > 3.04\} = 1 - 0.715\ 7 = 0.284\ 3$$

$$P\{-3.04 < X < 3.04\} = \Phi\left(\frac{3.04-1.9}{2}\right) - \Phi\left(-\frac{3.04-1.9}{2}\right)$$
$$= \Phi(0.57) - [1 - \Phi(2.47)] = 0.708\ 9$$

例 16 已知某产品的使用时间 $T \sim N(1\ 200,\ 100^2)$，一顾客购买了一件这样的产品，求使用时间不超过 900 的概率.

解 $P\{T \leqslant 900\} = \Phi\left(\dfrac{900-1\ 200}{100}\right) = \Phi(-3) = 1 - \Phi(3) = 0.001\ 3$.

则可得使用时间不超过 900 的概率为 0.001 3.

类似地，随机变量 $X \sim N(\mu,\ \sigma^2)$ 时，可计算

$$P\left\{-3 < \frac{X-\mu}{\sigma} < 3\right\} = \Phi(3) - \Phi(-3) = 0.997\ 4$$

即得 $P\{|X-\mu| < 3\sigma\} = 0.997\ 4$，这就是工程技术实践中广泛使用的所谓正态分布的 3σ 准则.

习题 5.3

1. 设随机变量 X 可能取值为 -1，0，1，且取这 3 个值的概率之比为 $1:2:3$，试写出 X 的分布律.

2. 已知随机变量 X 分布律为

X	1	2	3	4	5
$P\{X=x_i\}$	$2a$	0.1	0.3	a	0.3

则常数 $a =$ _____.

3. 在一个袋子中有 10 个球，其中 7 个白球，3 个红球，从中任取 2 个，求取到红球数的分布律.

4. 某公司生产一种电脑配件 300 件. 根据历史生产记录知废品率为 0.01，设抽到的废品数是一个随机变量 X，求 （1）X 的概率分布；（2）废品数大于 5 的概率.

5. 设某城市每天发生火灾的次数 X 服从参数为 0.7 的泊松分布，试问：该城市一天内发生 3 次或 3 次火灾以上的概率.

6. 设随机变量 X 的概率密度为 $f(x) = \begin{cases} kx, & 0 \leq x \leq 1, \\ 0, & \text{其他}. \end{cases}$ 求：

（1）常数 k；（2）$P\{0.1 < X < 0.9\}$；（3）$P\left\{-1 < X < \dfrac{1}{2}\right\}$.

7. 已知某型号洗衣机的寿命 X（单位：年）服从参数 $\lambda = \dfrac{1}{15}$ 的指数分布，求该型号洗衣机使用寿命超过 15 年的概率.

8. 已知随机变量 $X \sim N(0, 1^2)$，求：（1）$P\{X \leq 0.3\}$；（2）$P\{X > -0.5\}$；（3）$P\{-0.5 < X \leq 0.3\}$.

9. 已知随机变量 $X \sim N(70, 10^2)$，求：（1）$P\{X < 62\}$；（2）$P\{X > 72\}$；（3）$P\{68 < X < 74\}$.

10. 已知某地区成年男性的身高 $X \sim N(170, 7.69^2)$（cm），求该地区成年男性的身高超过 175 cm 的概率.

阅读材料（五）

概率的陷阱——惊人的预测！

一天，约翰在删除垃圾电子邮件时发现了一个标题：惊人的足球杯预测. 他好奇地打开了它：亲爱的球迷，我们的统计学家已经设计出了准确预测足球比赛的方法，今晚英国足球杯第三场比赛是考文垂队对谢菲尔队，我们以 0.95 的概率预测考文垂队获胜.

约翰看后一笑，晚上看比赛时，考文垂队果然获胜. 3 周后，约翰又收到那人的邮件：

亲爱的球迷，上次我们成功地预测了考文垂队获胜. 今天考文垂队和米德尔斯堡队相遇了，我们以 0.95 的概率预测米德尔斯堡队获胜，请您密切关注比赛结果.

考文垂队强于对手，那天晚上却发挥不好，双方打成了 1:1. 但在加时赛上米德尔斯堡队奇迹般地获胜了，约翰心中一震. 一周后，那人的电子邮件预测米德尔斯堡队将败给特伦米队，结果果然如此.

接下来的四分之一决赛前，那人的电子邮件预测特伦米队胜陶顿亨队，结果也是如此，四次预测都成功了，约翰大吃一惊.

约翰再次收到如下的电子邮件：亲爱的球迷，现在你大概知道了我们的确能预测比赛的结果. 实际上我们买了一位统计学家的研究专利，能以 0.95 的概率预测足球比赛的正确结果. 今晚的半决赛中，我们以 0.95 的概率预测阿森纳队打败伊普斯维队. 结果半决赛中，阿森纳队在比分落后的情况下奋起直追，竟然以 2:1 获胜. 太不可思议了！

第二天，电子邮件又来了：亲爱的球迷，我们已经 5 次预测成功，现在希望和您合作，你只需支付 500 英镑，我们将以 0.95 的概率为你预测 1 个月内你所关注的球队和比赛胜负，期待您的合作.

500 英镑不是一个小数目，但是如果能预知结果，就可以从彩票商手里赚回 20 万英镑！学过概率知识的约翰心中盘算：如果发邮件的人只是随机预测胜负，则 5 次都猜对的概率仅为 $2^{-5} = 0.031\,3$，于是以 0.968 7 的概率否定他是在猜测. 当然，约翰也怀疑过他们是否与黑社会或者某个非法财团有关，但是这都和约翰无关，只要能赚钱就行了. 于是，约翰支付了 500 英镑.

实际上这只是一个打着概率幌子的骗局. 这些骗子先发出 48 000 封电子邮件，一半预测甲胜，一半预测乙胜. 于是 24 000 人获得正确的预测，另外 24 000 人付之一笑. 第二次只给上次得到成功预测的 24 000 人发电子件，以此类推，收到 5 次预测全正确的邮件的有 $48\,000 \times 2^{-5} = 1\,500$（人）. 如果这 1 500 人中有 500 人付钱，骗子就可以骗得 25 万英镑！约翰就是这 500 人中的一个.

测试题五

一、单项选择题（从下列各题四个备选答案中选出一个正确选项，答案错选或未选者，该题不得分. 本大题共 10 小题，每小题 2 分，共 20 分.）

1. 下列分布不是离散型分布的是（　　　）.

A. 0 - 1 分布　　　B. 指数分布　　　C. 二项分布　　　D. 泊松分布

2. 下列分布不是连续型分布的是（　　　）.

A. 二项分布　　　B. 指数分布　　　C. 正态分布　　　D. 均匀分布

3. 设 $P(A) = \dfrac{1}{2}$，$P(AB) = \dfrac{1}{3}$，则 $P(B|A) = $（　　　）.

A. $\dfrac{2}{3}$　　　　　B. $\dfrac{1}{2}$　　　　　C. $\dfrac{1}{3}$　　　　　D. $\dfrac{1}{6}$

4. 某人对目标射击 10 次，每次击中目标的概率为 $p(0 < p < 1)$，那么一次都没有击中目

标的概率是 (　　).

A. $1-p$　　　　　　B. $(1-p)^2$　　　　　C. $(1-p)^9$　　　　　D. $(1-p)^{10}$

5. 设随机变量 $X \sim U[1, 5]$，则 X 大于 3 的概率为 (　　).

A. $\dfrac{1}{8}$　　　　　　B. $\dfrac{1}{4}$　　　　　　C. $\dfrac{1}{2}$　　　　　　D. $\dfrac{3}{4}$

6. 已知 $P(A) = \dfrac{1}{2}$，$P(B) = \dfrac{1}{3}$，$P(AB) = \dfrac{1}{6}$，则 $P(A \cup B) = $ (　　).

A. $\dfrac{1}{6}$　　　　　　B. $\dfrac{1}{4}$　　　　　　C. $\dfrac{1}{2}$　　　　　　D. $\dfrac{2}{3}$

7. 已知事件 A、B 相互独立，且 $P(A) = \dfrac{1}{5}$，$P(B) = \dfrac{1}{8}$，则 $P(AB) = $ (　　).

A. $\dfrac{1}{8}$　　　　　　B. $\dfrac{1}{5}$　　　　　　C. $\dfrac{1}{40}$　　　　　D. $\dfrac{3}{40}$

8. 设离散型随机变量 X 的分布律为

X	0	1	2
P	0.2	0.3	c

，则 $c = $ (　　).

A. 0.2　　　　　　B. 0.3　　　　　　C. 0.4　　　　　　D. 0.5

9. 已知 $P(A) = P(B) = P(C) = \dfrac{1}{4}$，$P(AB) = P(BC) = \dfrac{1}{16}$，$P(CA) = 0$，则 $P(A + B + C) = $ (　　).

A. $\dfrac{1}{8}$　　　　　　B. $\dfrac{5}{8}$　　　　　　C. $\dfrac{1}{4}$　　　　　　D. $\dfrac{3}{8}$

10. 已知 $P(A) = 0.5$，$P(B) = 0.6$，$P(B|A) = 0.8$，则 $P(AB) = $ (　　).

A. 0.1　　　　　　B. 0.3　　　　　　C. 0.4　　　　　　D. 0.2

二、填空题 (将答案填写到该题横线上，本大题共 5 个空，每空 3 分，共 15 分.)

抛两枚硬币，A 表示"第一枚硬币正面朝上"，B 表示"第二枚硬币正面朝上"，

1. 事件 $A + B$ 的含义是_____；

2. 事件 AB 的含义是_____；

3. 事件 $A\bar{B}$ 的含义是_____；

4. 事件 $\bar{A}\,\bar{B}$ 的含义是_____；

5. 事件 $\bar{A} + \bar{B}$ 的含义是_____.

三、判断题 (判断以下事件是否为随机事件，认为是的就在题前【　】划"√"，认为不是的划"×". 本大题共 5 小题，每小题 3 分，共 15 分.)

【　】1. "生产 4 个零件，至少有一个合格."

【　】2. "明天有暴风雨."

【　】3. "在北京地区，将水加热到 100℃，变成蒸汽."

【　】4. "2012 年英国伦敦奥运会，中国队会得团体奖牌第一."

【　】5. "抛两枚硬币，都出现正面."

四、计算解答题 (写出主要计算步骤及结果. 本大题共 5 小题，每小题 10 分，共 50 分.)

1. 某产品主要由三个厂家供货. 甲、乙、丙三家厂家的产品分别占数的 15%，80%，

5%，其次品率分别为 0.02，0.01，0.03．试计算从这批产品中任取一件产品，该产品是次品的概率；

2. 设随机变量 X 的分布律为

$$P\{X=K\}=\frac{a}{6} \qquad (k=,\ 1,\ 2,\ \cdots,\ 6)$$

（1）试确定常数 a；（2）求 $P\{X<4\}$．

3. 商店的历史销售记录表明，某种商品每月的销售量服从参数 λ 为 10 的泊松分布，为了以 95% 以上的概率保证该商品不脱销，问：商店在月底至少应进该商品多少件？（假定上个月没有存货）

4. 已知随机变量 $X\sim N(0,\ 1^{2})$，求：（1）$P\{X\leqslant1.96\}$；（2）$P\{|X|\leqslant1.96\}$；（3）$P\{-1<X\leqslant2\}$．

5. 设 120 名儿童的肺活量值 $X\sim N(1.672,\ 0.298^{2})$（单位：L），试问肺活量在 1.2 ~ 1.5 L 范围内的儿童比例．

第六章

MATLAB 软件简介及其应用

6.1 MATLAB 简介

MATLAB 是 "Matrix Laboratory" 的缩写,意为 "矩阵实验室",是现今非常流行的一个科学与工程计算软件. 它功能十分强大,能处理一般科学计算及自动控制、信号处理、神经网络、图像处理等多种工程问题. 对于高等数学中遇到的很多问题,也都可使用该软件进行求解. MATLAB 中使用的命令格式与数学中的符号、公式非常相似,因而使用方便,易于掌握.

MATLAB 安装成功后,开始/程序/MATLAB 菜单项或双击桌面上 MATLAB 图标(见图 6 - 1)即可打开 MATLAB 界面. 然后选择 "7.0" 程序选项. 要退出 MATLAB 系统,单击 MATLAB 主窗口的 "关闭" 按钮即可.

图 6 - 1

MATLAB 主窗口是 MATLAB 的主要工作界面. 主窗口除了嵌入一些子窗口外, 还包括菜单栏和工具栏 (见图 6–2). 在 MATLAB 7.0 主窗口的菜单栏, 包含 File、Edit、Debug、Desktop、Window 和 Help 共 6 个菜单项. MATLAB 7.0 主窗口的工具栏共提供了 12 个命令按钮和一个当前路径列表框.

(1) 命令窗口 (Command Window).

命令窗口是 MATLAB 的主要交互窗口, 用于输入命令并显示除图形以外的所有执行结果. MATLAB 命令窗口中的 "≫" 为命令提示符, 表示等待用户输入. 在命令提示符后键入命令并按下回车键后, MATLAB 就会解释执行所输入的命令, 并在命令后面给出计算结果.

一般来说, 一个命令行输入一条命令, 命令行以回车结束. 但一个命令行也可以输入若干条命令, 各命令之间以逗号分隔, 若前一命令后带有分号, 则逗号可以省略. 例如

p = 15, m = 35

p = 15; m = 35

如果一个命令行很长, 一个物理行之内写不下, 则可以在第一个物理行之后加上 3 个小黑点并按下回车键, 然后接着下一个物理行继续写命令的其他部分. 3 个小黑点称为续行符, 即把下面的物理行看作该行的逻辑继续.

(2) 工作空间窗口 (Workspace).

工作空间是 MATLAB 用于存储各种变量和结果的内存空间. 该窗口显示工作空间中所有变量的名称、大小、字节数和变量类型说明, 可对变量进行观察、编辑、保存和删除.

(3) 当前目录窗口 (Current Directory): 显示当前目录下的文件信息.

(4) 命令历史记录窗口 (Command History): 显示所有用过的命令的历史记录, 并且标明了使用时间, 从而方便用户查询. 而且, 通过双击命令可进行历史命令的再运行. 如果要清除这些历史记录, 可以选择 Edit 菜单中的 Clear Command History 命令.

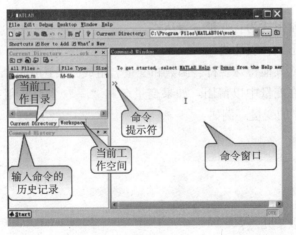

图 6–2

(5) Start 菜单: MATLAB 7.0 的主窗口左下角有一个 Start 按钮, 单击该按钮会弹出一个菜单, 选择其中的命令可以执行 MATLAB 产品的各种工具, 并且可以查阅 MATLAB 包含的各种资源.

6.2 MATLAB 基本用法

从 Windows 中双击 MATLAB 图标，会出现 MATLAB 命令窗口（Command Window），在一段提示信息后，出现系统提示符"≫". MATLAB 是一个交互系统，您可以在提示符后键入各种命令，通过上下箭头可以调出以前键入的命令，用滚动条可以查看以前的命令及其输出信息.

下面我们先从输入简单的矩阵开始掌握 MATLAB 的功能.

1. 输入简单的矩阵

输入一个小矩阵的最简单方法是用直接排列的形式. 矩阵用方括号括起，元素之间用空格或逗号分隔，矩阵行与行之间用分号分开. 例如输入：

A = [1 2 3 ; 4 5 6 ; 7 8 0]

系统会回答

A =

    1   2   3

    4   5   6

    7   8   0

表示系统已经接收并处理了命令，在当前工作区内建立了矩阵 A.

大的矩阵也可以分行输入，用回车键代替分号，如上述矩阵也可这样输入：

$$A = \begin{bmatrix} 1 & 2 & 3 \\ 4 & 5 & 6 \\ 7 & 8 & 0 \end{bmatrix}$$

2. 语句和变量

MATLAB 语句通常形式为：变量 = 表达式

或者使用其简单形式：表达式

表达式由操作符或其他特殊字符、函数和变量名组成. 表达式的结果为一个矩阵，显示在屏幕上，同时保存在变量中以留用. 如果变量名和" ="省略，则系统自动建立变量名为 ans（意思指回答）的变量. 例如：

键入 1900/81

显示结果为：

ans =

    23.4568

需注意的问题有以下几点：

（1）语句结束键入回车键，若语句的最后一个字符是分号，即";"，则表明不输出当前命令的结果.

（2）如果表达式很长，一行放不下，可以键入"…"（三个点，但前面必须有个空格，目的是避免将形如"数 2 …"理解为"数 2."与".."的连接，从而导致错误），然后回车.

（3）变量和函数名由字母加数字组成，但最多不能超过 63 个字符，否则系统只承认前 63 个字符.

MATLAB 变量字母区分大小写，如 A 和 a 不是同一个变量，函数名一般使用小写字母，如 inv(A)不能写成 INV(A)，否则系统认为未定义函数.

3. 数和算术表达式

MATLAB 中数的表示方法和一般的编程语言没有区别.

数学运算符有：

+	加
−	减
*	乘
/	右除
\	左除
^	幂

这里 1/4 和 4\1 有相同的值，都等于 0.25（注意比较：1\4 = 4）. 只有在矩阵的除法时左除和右除才有区别.

4. Help 求助命令和联机帮助

Help 求助命令很有用，它对 MATLAB 大部分命令提供了联机求助信息. 您可以从 Help 菜单中选择相应的菜单，打开求助信息窗口查询某条命令，也可以直接用 Help 命令.

键入：Help

得到 Help 列表文件，键入"Help 指定项目"，如

键入：Help eig

则提供特征值函数的使用信息.

键入：Help [

则显示如何使用方括号.

键入：Help Help

则显示如何利用 Help 本身的功能.

还有，键入：lookfor　<关键字>

便可以从 M 文件的 Help 中查找有关的关键字.

5. M 文件

MATLAB 通常使用命令驱动方式，当单行命令输入时，MATLAB 立即处理并显示结果，同时将运行说明或命令存入文件.

MATLAB 语句的磁盘文件称作 M 文件，因为这些文件名的末尾是 .m 形式，例如一个文件名为 bessel.m，提供 bessel 函数语句. 一个 M 文件包含一系列的 MATLAB 语句，一个 M 文件可以循环地调用它自己.

M 文件有两种类型：

第一类型的 M 文件称为命令文件，它是一系列命令、语句的简单组合.

第二类型的 M 文件称为函数文件, 它提供了 MATLAB 的外部函数. 用户为解决一个特定问题而编写的大量的外部函数可放在 MATLAB 工具箱中, 这样的一组外部函数形成一个专用的软件包.

6.3 MATLAB 常见符号运算

1. 因式分解

例 1 将 $x^6 + 1$ 因式分解.

键入:

```
syms x                    %定义 x 为符号
f = x^6 + 1;
s = factor(f)             %factor 是因式分解函数名
```

结果为:

```
s = (x^2 + 1) * (x^4 - x^2 + 1)
```

2. 求极限

例 2 求下列极限:

(1) $L = \lim\limits_{h \to 0} \dfrac{\ln(x + h) - \ln x}{h}$;

(2) $M = \lim\limits_{n \to \infty} \left(1 - \dfrac{x}{n}\right)^n$.

键入:

```
syms h n x
L = limit('(log(x + h) - log(x))/h',h,0)        %单引号可省略掉
M = limit('(1 - x/n)^n',n,inf)                   %inf 是无穷大符号
```

结果为:

```
L = 1/x
M = exp(-x)
```

3. 计算导数

例 3 已知 $y = \sin ax$, 求 $A = \dfrac{\mathrm{d}y}{\mathrm{d}x}$, $B = \dfrac{\mathrm{d}y}{\mathrm{d}a}$, $C = \dfrac{\mathrm{d}^2 y}{\mathrm{d}x^2}$.

键入:

```
syms a x;   y = sin(a * x);
A = diff(y,x)                %diff 是求导函数名
B = diff(y,a)
C = diff(y,x,2)
```

结果为：

```
A = cos(a * x) * a
B = cos(a * x) * x
C = - sin(a * x) * a^2
```

4. 计算不定积分、定积分、反常积分

例4　求下列积分：

$$I = \int \frac{x^2 + 1}{(x^2 - 2x + 2)^2} dx$$

$$I = \int_0^{\pi/2} \frac{\cos x}{\sin x + \cos x} dx$$

$$K = \int_0^{+\infty} e^{-x^2} dx$$

键入：

```
syms x
f = (x^2 + 1)/(x^2 - 2 * x + 2)^2;
g = cos(x)/(sin(x) + cos(x));
h = exp( - x^2);
I = int(f)                %int 是求积分函数名
J = int(g,0,pi/2)
K = int(h,0,inf)
```

结果为：

```
I = 3/2 * atan(x - 1) + 1/4 * (2 * x - 6)/(x^2 - 2 * x + 2)
J = 1/4 * pi
K = 1/2 * pi^(1/2)
```

5. 符号求和

例5　求级数 $\sum_{n=1}^{\infty} \frac{1}{n^2}$ 的和 S，以及前十项的部分和 $S1$.

键入：

```
syms n
S = symsum(1/n^2,1,inf)
S1 = symsum(1/n^2,1,10)
```

结果为：

```
S  =1/6*pi^2
S1 =1968329/1270080
```

例6　求函数项级数 $\sum\limits_{n=1}^{\infty}\dfrac{x}{n^2}$ 的和 $S2$.

键入：

```
syms n x
S2 = symsum(x/n^2, n, 1, inf)
```

结果为

```
S2 =1/6*x*pi^2
```

6. 解代数方程和常微分方程

（1）利用符号表达式解代数方程所需要的函数为 solve(f)，即解符号方程式 f.

例7　求一元二次方程 $a*x^2+b*x+c=0$ 的根.

键入：

```
f = sym('a*x^2+b*x+c')   或   f ='a*x^2+b*x+c'
solve(f)                 %默认x是自变量
```

结果为

```
ans =
    1/2/a*(-b+(b^2-4*c*a)^(1/2))
    1/2/a*(-b-(b^2-4*c*a)^(1/2))
```

键入：

```
solve(f, a)              %选择a为自变量,x为常数
```

结果为

```
ans =
    -(b*x+c)/x^2
```

（2）利用符号表达式可求解微分方程的解析解，所需要的函数为 dsolve(f)，使用格式：

```
dsolve('equation1', ' equation2', …)
```

其中 equation 为方程或条件. 写方程或条件时, 用 Dy 表示 y 关于自变量的一阶导数, 用 D2y 表示 y 关于自变量的二阶导数, 依次类推.

例 8　求微分方程 $y' = x$ 的通解.

键入:

```
syms x y
dsolve('Dy = x', 'x')        %选择 x 为自变量
```

结果为:

```
ans =
    1/2 * x^2 + C1
```

若键入:

```
syms x y    %定义 x,y 为符号
dsolve('Dy = x')       %默认 t 是自变量,x 是常数
```

结果为:

```
ans =
x * t + C1
```

例 9　求微分方程 $\begin{cases} y'' = x + y', \\ y(0) = 1, y'(0 = 0) \end{cases}$ 的特解.

键入:

```
syms x y
dsolve('D2y = x + Dy', 'y(0) = 1', 'Dy(0) = 0', 'x')      %选择 x 为自变量
```

结果为:

```
ans =
    -1/2 * x^2 + exp(x) - x
```

若键入:

```
syms x y
dsolve('D2y = x + Dy', 'y(0) = 1', 'Dy(0) = 0')      %默认 t 是自变量,x 是常数
```

结果为:

```
ans =
exp(t)*x-x*t+1-x
```

例 10 求微分方程组 $\begin{cases} x' = y + x, \\ y' = 2x \end{cases}$ 的通解.

键入：

```
syms x y
[x,y]=dsolve('Dx=y+x, Dy=2*x')
```

结果为

```
x =
    -1/2*C1*exp(-t)+C2*exp(2*t)
y =
    C1*exp(-t)+C2*exp(2*t)
```

6.4 MATLAB 作图

1. 二维作图

绘图命令 plot 绘制 x-y 坐标图；loglog 命令绘制对数坐标图；semilogx 和 semilogy 命令绘制半对数坐标图；polor 命令绘制极坐标图.

（1）基本形式.

如果 y 是一个向量，那么 plot(y) 绘制一个 y 中元素的线性图. 如输入

y = [0., 0.48, 0.84, 1., 0.91, 6.14]

plot(y)

它相当于命令：plot(x, y)，其中 x = [1,2,…,n]，即向量 y 的下标编号，n 为向量 y 的长度.

MATLAB 会产生一个图形窗口，显示如图 6-3 所示.

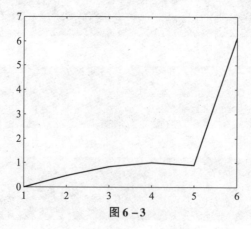

图 6-3

上面的图形没有加上 x 轴和 y 轴的标注，也没有标题．用 xlabel，ylabel，title 命令可以加上．

如果 x，y 是同样长度的向量，plot(x,y)命令可画出相应的 x 元素与 y 元素的 x – y 坐标图．例：

```
x = 0:0.05:4 * pi;      % x 的取值范围是 0 到 4π，间距是 0.05
y = sin(x);
plot(x,y)
grid on,                % 添加网格线
title('y = sin(x ) 曲线图')      % 添加标题
xlabel('x = 0 : 0.05 : 4Pi')     % 添加 x 轴的标注
```

结果见图 6 – 4．MATLAB 图形命令如表 1 所示．

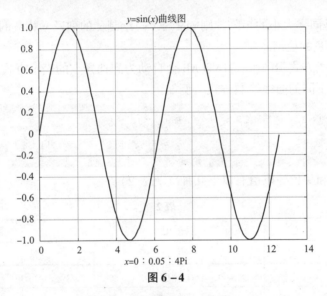

图 6 – 4

表 1

title	图形标题
xlabel	x 坐标轴标注
ylabel	y 坐标轴标注
text	标注数据点
grid	给图形加上网格
hold	保持图形窗口的图形

（2）多重线．

在一个单线图上，绘制多重线有三种办法．

第一种方法是利用 plot 的多变量方式绘制：

plot(x1，y1，x2，y2，...，xn，yn)

x1，y1，x2，y2,...，xn，yn 是成对的向量，每一对 x，y 在图上产生如上方式的单线. 多变量方式绘图是允许不同长度的向量显示在同一图形上.

第二种方法也是利用 plot 绘制，但加上 hold on/off 命令的配合：

plot(x1，y1)

hold on

plot(x2，y2)

hold off

第三种方法还是利用 plot 绘制，但代入矩阵：

如果 plot 用于两个变量 plot(x，y)，并且 x，y 是矩阵，则有以下三种情况：

①如果 y 是矩阵，x 是向量，plot(x，y)用不同的画线形式绘出 y 的行或列及相应的 x 向量，y 的行或列的方向与 x 向量元素的值选择是相同的.

②如果 x 是矩阵，y 是向量，则除了 x 向量的线族及相应的 y 向量外，以上的规则也适用.

③如果 x，y 是同样大小的矩阵，则 plot(x，y)绘制 x 的列及 y 相应的列.

（3）线型和颜色的控制.

如果不指定划线方式和颜色，MATLAB 会自动为您选择点的表示方式及颜色. 您也可以用不同的符号指定不同的曲线绘制方式. 例如：

```
plot(x,y,'*')     %用'*'作为点绘制的图形
plot(x1,y1,':',x2,y2,'+')          %用':'画第一条线,用'+'画第二条线
```

线型、点标记和颜色的取值有以下几种（见表2）：

表 2

线型		点标记		颜色	
－	实线	.	点	y	黄
:	虚线	o	小圆圈	m	棕色
－·	点划线	×	叉子符	c	青色
－－	间断线	+	加号	r	红色
		*	星号	g	绿色
		s	方格	b	蓝色
		d	菱形	w	白色
		^	朝上三角	k	黑色
		v	朝下三角		
		>	朝右三角		
		<	朝左三角		
		p	五角星		
		h	六角星		

如果你的计算机系统不支持彩色显示，MATLAB 将把颜色符号解释为线型符号，用不同的线型表示不同的颜色．颜色与线型也可以一起给出，即同时指定曲线的颜色和线型．

例如键入：

```
t = -3.14:0.2:3.14;      %t 的取值范围是 -3.14 到 3.14,间距是 0.2
x = sin(t);
y = cos(t);
plot(t,x,'+r',t,y,'-b')
```

结果如图 6 - 5 所示．

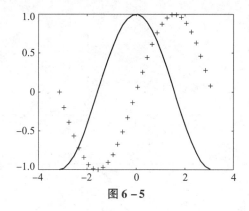

图 6 - 5

loglog、semilogx、semilogy 和 polar 的用法和 plot 相似，限于篇幅，这里就不介绍了．

（4）子图．

在绘图过程中，经常要把几个图形放在同一个图形窗口中表现出来，而不是简单地叠加．这就要用到函数 subplot．其调用格式如下：

```
subplot(m,n,p)
```

subplot 函数把一个图形窗口分割成 m×n 个子区域，用户可以通过参数 p 调用各个子绘图区域进行操作．子绘图区域的编号为按行从左至右编号．

例如键入：

```
x = 0:0.1 * pi:2 * pi;
subplot(2,2,1)
plot(x,sin(x),'- *');
title('sin(x)');
subplot(2,2,2)
plot(x,cos(x),'- -o');
title('cos(x)');
subplot(2,2,3)
```

```
plot(x,sin(2*x),'-.*');
title('sin(2x)');
subplot(2,2,4);
plot(x,cos(3*x),':d')
title('cos(3x)')
```

得到图 6 - 6.

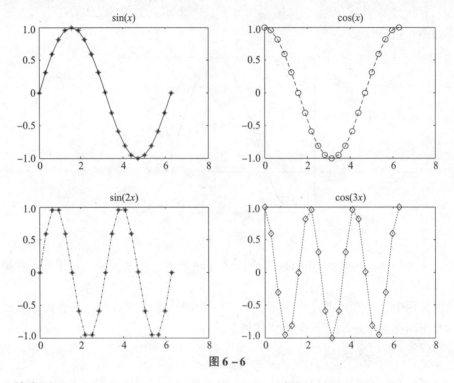

图 6 - 6

（5）填充图.

利用二维绘图函数 patch，我们可绘制填充图. 下面的例子绘出了函数 humps（一个 MATLAB 演示函数）在指定区域内的函数图形.

例键入：

```
fplot('humps',[0,2],'b')
hold on
        patch([0.5 0.5:0.02:1 1],[0 humps(0.5:0.02:1) 0],'r');        %x 从
        0.5 到 1,y 从 0 到曲线 humps,填充为红色
hold off
title('A region under an interesting function.')
grid
```

得到图 6 - 7.

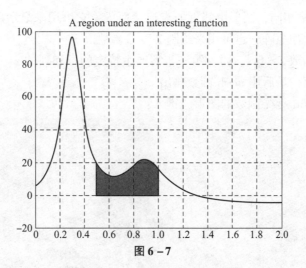

图 6－7

我们还可以用函数 fill 来绘制类似的填充图.

例如键入：

```
x = 0:pi/60:2 * pi;
y = sin(x);
x1 = 0:pi/60:1;
y1 = sin(x1);
plot(x,y,'r');
hold on
fill([x1 1],[y1 0],'g')        %x 从 0 到 1,y 从 0 到曲线 sinx,填充为绿色
```

得到图 6－8.

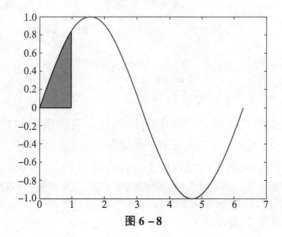

图 6－8

2. 三维作图

（1）mesh(Z)语句.

mesh(Z)语句可以给出矩阵 Z 元素的三维消隐图，网络表面由 Z 坐标点定义，与前面叙

述的 x – y 平面的线格相同，图形由邻近的点连接而成. 它可用来显示用其他方式难以输出的包含大量数据的大型矩阵，也可用来绘制 Z 变量函数.

显示两变量的函数 Z = f(x, y)，第一步需产生特定的行和列的 x – y 矩阵，然后计算函数在各网格点上的值，最后用 mesh 函数输出.

下面我们绘制 sin(r)/r 函数的图形. 键入:

```
x = -8:.5:8;
y = x';
x = ones(size(y)) * x;
y = y * ones(size(y))';
R = sqrt(x.^2 + y.^2) + eps;
z = sin(R)./R;
mesh(z)          %试运行 mesh(x,y,z)，看看与 mesh(z)有什么不同之处?
```

各语句的意义是:首先建立行向量 x，列向量 y；然后按向量的长度建立 1 – 矩阵；用向量乘以产生的 1 – 矩阵，生成网格矩阵，它们的值对应于 x – y 坐标平面；接下来计算各网格点的半径；最后计算函数值矩阵 Z. 用 mesh 函数即可以得到图 6 – 9.

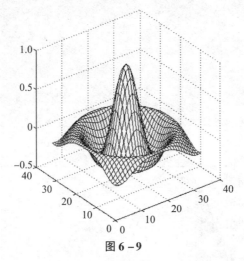

图 6 – 9

第一条语句 x 的赋值为定义域，在其上估计函数；第三条语句建立一个重复行的 x 矩阵；第四条语句产生 y 的响应；第五条语句产生矩阵 R (其元素为各网格点到原点的距离).

另外，上述命令系列中的前 4 行可用以下一条命令替代:

```
[x, y] = meshgrid(-8:0.5:8)
```

(2) 与 mesh 相关的几个函数.

①meshc 与函数 mesh 的调用方式相同，只是该函数在 mesh 的基础上又增加了绘制相应等高线的功能. 例如键入:

```
[x,y]=meshgrid([-4:.5:4]);
z=sqrt(x.^2+y.^2);
meshc(z)        %%   试运行 meshc(x,y,z),看看与 meshc(z)有什么不同之处?
```

我们可以得到图 6-10.

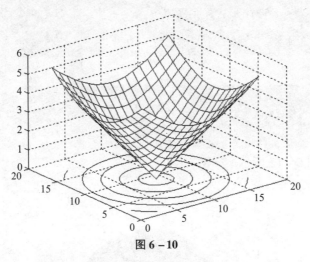

图 6-10

地面上的圆圈就是上面图形的等高线.

②函数 meshz 与 mesh 的调用方式也相同, 不同的是该函数在 mesh 函数的作用之上增加了屏蔽作用, 即增加了边界面屏蔽. 例如键入:

```
[x,y]=meshgrid([-4:.5:4]);
z=sqrt(x.^2+y.^2);
meshz(z)        %%   试运行 meshz(x,y,z),看看与 meshz(z)有什么不同之处?
```

我们得到图 6-11.

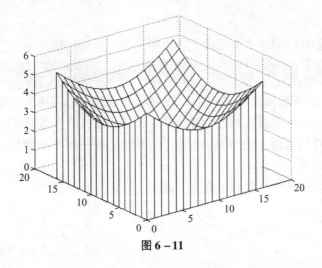

图 6-11

（3）其他的几个三维绘图函数.

①在 MATLAB 中有一个专门绘制圆球体的函数 sphere，其调用格式如下：

```
[x,y,z] = sphere(n)
```

此函数生成三个 $(n+1) \times (n+1)$ 阶的矩阵，再利用函数 surf(x，y，z)可生成单位球面.

```
[x,y,z] = sphere    %此形式使用了默认值 n = 20
sphere(n)    %只绘制球面图,不返回值
```

运行下面程序：

```
sphere(30);
axis square;
```

我们得到球体，如图 6 - 12 所示.

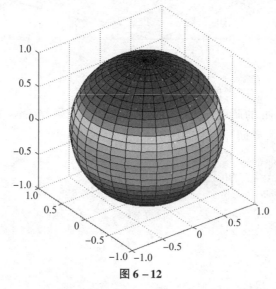

图 6 - 12

②surf 函数也是 MATLAB 中常用的三维绘图函数. 其调用格式如下：

```
surf(x,y,z,c)
```

输入参数的设置与 mesh 相同，不同的是 mesh 函数绘制的是一网格图，而 surf 绘制的是着色的三维表面. MATLAB 语言对表面进行着色的方法是，在得到相应网格后，对每一网格依据该网格所代表的节点的色值（由变量 c 控制），来定义这一网格的颜色. 若不输入 c，则默认为 $c = z$.

例如绘制地球表面的气温分布示意图，键入：

```
[a,b,c] = sphere(40);
t = abs(c);      %求绝对值
surf(a,b,c,t);
axis equal
colormap('hot')
```

我们可以得到图 6 – 13.

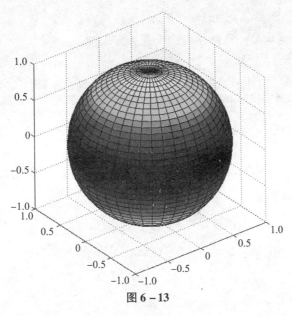

图 6 – 13

（4）图形的控制与修饰.

坐标轴的控制函数 axis, 调用格式如下:

```
axis([xmin,xmax,ymin,ymax,zmin,zmax])
```

用此命令可以控制坐标轴的范围.

与 axis 相关的几条常用命令还有:

axis auto	自动模式, 使得图形的坐标范围满足图中一切图元素
axis equal	严格控制各坐标的分度使其相等
axis square	使绘图区为正方形
axis on	恢复对坐标轴的一切设置
axis off	取消对坐标轴的一切设置
axis manual	以当前的坐标限制图形的绘制
grid on	在图形中绘制坐标网格
grid off	取消坐标网格
xlabel, ylabel, zlabel	分别为 x 轴、y 轴、z 轴添加标注
title	为图形添加标题

以上函数的调用格式大同小异, 我们以 xlabel 为例进行介绍, 调用格式:

xlabel('标注文本','属性1','属性值1','属性2','属性值2',…)

这里的属性是标注文本的属性,包括字体大小、字体名、字体粗细等.

例如键入:

```
[x,y] = meshgrid( -4:.2:4);
R = sqrt(x.^2 + y.^2);
z = -cos(R);
mesh(x,y,z)
xlabel('x\in[ -4,4]','fontweight','bold');
ylabel('y\in[ -4,4]','fontweight','bold');
zlabel('z = -cos(sqrt(x^2 +y^2))','fontweight','bold');
title('旋转曲面','fontsize',15,'fontweight','bold','fontname','隶书')
```

得到图6-14.

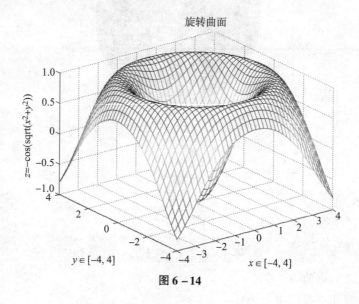

图 6 - 14

常用数学公式

一、代数

1. 指数和对数运算

$$a^x a^y = a^{x+y}; \quad \frac{a^x}{a^y} = a^{x-y}; \quad (a^x)^y = a^{xy}; \quad \sqrt[y]{a^x} = a^{\frac{x}{y}}$$

$$\log_a 1 = 0; \quad \log_a a = 1; \quad \log (N_1 N_2) = \log N_1 + \log N_2; \quad \log \frac{N_1}{N_2} = \log N_1 - \log N_2$$

$$\log (N^n) = n \log N; \quad \log \sqrt[n]{N} = \frac{1}{n} \log N; \quad \log_b N = \frac{\log_a N}{\log_a b}$$

$$e \approx 2.718\,3; \quad \lg e \approx 0.434\,3; \quad \ln 10 \approx 2.302\,6$$

2. 牛顿公式

$$(a+b)^n = a^n + na^{n-1}b + \frac{n(n-1)}{2!}a^{n-2}b^2 + \frac{n(n-1)(n-2)}{3!}a^{n-3}b^3 + \cdots +$$

$$\frac{n(n-1)\cdots(n-m+1)}{m!}a^{n-m}b^m + \cdots + nab^{n-1} + b^n$$

$$(a-b)^n = a^n - na^{n-1}b + \frac{n(n-1)}{2!}a^{n-2}b^2 - \frac{n(n-1)(n-2)}{3!}a^{n-3}b^3 + \cdots +$$

$$(-1)^m \frac{n(n-1)\cdots(n-m+1)}{m!}a^{n-m}b^m + \cdots + (-1)^n b^n$$

3. 因式分解公式

$$(x \pm y)^2 = x^2 \pm 2xy + y^2$$

$$(x + y + z)^2 = x^2 + y^2 + z^2 + 2xy + 2xz + 2yz$$

$$(x \pm y)^3 = x^3 \pm 3x^2 y + 3xy^2 \pm y^3$$

$$\frac{(x^n - y^n)}{x - y} = x^{n-1} + x^{n-2}y + x^{n-3}y^2 + \cdots + xy^{n-2} + y^{n-1}$$

$$\frac{(x^n + y^n)}{x + y} = x^{n-1} - x^{n-2}y + x^{n-3}y^2 - \cdots - xy^{n-2} + y^{n-1} \ (n\text{ 是奇数})$$

$$\frac{(x^n - y^n)}{x + y} = x^{n-1} - x^{n-2}y + x^{n-3}y^2 - \cdots + xy^{n-2} - y^{n-1} \ (n\text{ 是偶数})$$

二、三角

1. 基本公式

$\sin^2\alpha + \cos^2\alpha = 1$；$\dfrac{\sin\alpha}{\cos\alpha} = \tan\alpha$；$\dfrac{\cos\alpha}{\sin\alpha} = \cot\alpha$；$\dfrac{1}{\tan\alpha} = \cot\alpha$；$\dfrac{1}{\cos\alpha} = \sec\alpha$；$\dfrac{1}{\sin\alpha} = \csc\alpha$；$1 + \cot^2\alpha = \csc^2\alpha$；$1 + \tan^2\alpha = \sec^2\alpha$

2. 约化公式

函数	$\beta = \dfrac{\pi}{2} \pm \alpha$	$\beta = \pi \pm \alpha$	$\beta = \dfrac{3\pi}{2} \pm \alpha$	$\beta = 2\pi - \alpha$
$\sin\beta$	$+\cos\alpha$	$\mp\sin\alpha$	$-\cos\alpha$	$-\sin\alpha$
$\cos\beta$	$\mp\sin\alpha$	$-\cos\alpha$	$\pm\sin\alpha$	$+\cos\alpha$
$\tan\beta$	$\mp\cot\alpha$	$\pm\tan\alpha$	$\mp\cot\alpha$	$-\tan\alpha$
$\cot\beta$	$\mp\tan\alpha$	$\pm\cot\alpha$	$\mp\tan\alpha$	$-\cot\alpha$

3. 和差公式

$$\sin(\alpha \pm \beta) = \sin\alpha\cos\beta \pm \cos\alpha\sin\beta；\quad \cos(\alpha \pm \beta) = \cos\alpha\cos\beta \mp \sin\alpha\sin\beta$$

$$\tan(\alpha \pm \beta) = \frac{\tan\alpha \pm \tan\beta}{1 \mp \tan\alpha\tan\beta}；\quad \cot(\alpha \pm \beta) = \frac{\cot\alpha\cot\beta \mp 1}{\cot\beta \pm \cot\alpha}$$

$$\sin\alpha + \sin\beta = 2\sin\frac{\alpha+\beta}{2}\cos\frac{\alpha-\beta}{2}；\quad \sin\alpha - \sin\beta = 2\cos\frac{\alpha+\beta}{2}\sin\frac{\alpha-\beta}{2}$$

$$\cos\alpha + \cos\beta = 2\cos\frac{\alpha+\beta}{2}\cos\frac{\alpha-\beta}{2}；\quad \cos\alpha - \cos\beta = -2\sin\frac{\alpha+\beta}{2}\sin\frac{\alpha-\beta}{2}$$

$$\cos A\cos B = \frac{1}{2}\big[\cos(A-B) + \cos(A+B)\big]$$

$$\sin A\sin B = \frac{1}{2}\big[\cos(A-B) - \cos(A+B)\big]$$

$$\sin A\cos B = \frac{1}{2}\big[\sin(A-B) + \sin(A+B)\big]$$

4. 倍角和半角公式

$$\sin 2\alpha = 2\sin\alpha\cos\alpha；\quad \cos 2\alpha = \cos^2\alpha - \sin^2\alpha = 2\cos^2\alpha - 1 = 1 - 2\sin^2\alpha$$

$$\tan 2\alpha = \frac{2\tan\alpha}{1 - \tan^2\alpha}；\quad \cot 2\alpha = \frac{\cot^2\alpha - 1}{2\cot\alpha}$$

$$\sin\frac{\alpha}{2} = \sqrt{\frac{1-\cos\alpha}{2}}; \quad \tan\frac{\alpha}{2} = \sqrt{\frac{1-\cos\alpha}{1+\cos\alpha}}$$

$$\cos\frac{\alpha}{2} = \sqrt{\frac{1+\cos\alpha}{2}}; \quad \cot\frac{\alpha}{2} = \sqrt{\frac{1+\cos\alpha}{1-\cos\alpha}}$$

5. 任意三角形的基本关系

（1）$\dfrac{\alpha}{\sin A} = \dfrac{b}{\sin B} = \dfrac{c}{\sin C} = 2R$ （正弦定理）

（2）$a^2 = b^2 + c^2 - 2bc\cos A$ （余弦定理）

（3）$\dfrac{a+b}{a-b} = \dfrac{\tan\frac{1}{2}(A+B)}{\tan\frac{1}{2}(A-B)}$ （正切定理）

（4）$S\dfrac{1}{2}ab\sin C$（面积公式）；$S = \sqrt{p(p-a)(p-b)(p-c)}$，$p = \dfrac{a+b+c}{2}$

6. 双曲函数和反双曲函数

（1）$\operatorname{sh}x = \dfrac{e^x - e^{-x}}{2}$；$\operatorname{ch}x = \dfrac{e^x + e^{-x}}{2}$

$\operatorname{th}x = \dfrac{e^x - e^{-x}}{e^x + e^{-x}}$；$\operatorname{sch}x = \dfrac{1}{\operatorname{ch}x}$

$\operatorname{csch}x = \dfrac{1}{\operatorname{sh}x}$；$\operatorname{cth}x = \dfrac{1}{\operatorname{th}x}$

（2）$\operatorname{ch}^2 x - \operatorname{sh}^2 x = 1\,\operatorname{sch}^2 x + \operatorname{th}^2 x = 1\,\operatorname{cth}^2 x - \operatorname{csch}^2 x = 1$

$\dfrac{\operatorname{sh}x}{\operatorname{ch}x} = \operatorname{th}x$；$\dfrac{\operatorname{ch}x}{\operatorname{sh}x} = \operatorname{cth}x$

（3）$\operatorname{Arsh}x = \ln(x + \sqrt{x^2 + 1})$

$\operatorname{Arch}x = \pm\ln(x + \sqrt{x^2 - 1})\,(x \geq 1)$

$\operatorname{Arth}x = \dfrac{1}{2}\ln\dfrac{1+x}{1-x}(\,|x| < 1)$

$\operatorname{Arcth}x = \dfrac{1}{2}\ln\dfrac{x+1}{x-1}(\,|x| > 1)$

积分表

一、含有 $ax + b$ 的积分

1. $\int \dfrac{\mathrm{d}x}{ax+b} = \dfrac{1}{a} \ln|ax+b| + C$

2. $\int (ax+b)^{\mu} \mathrm{d}x = \dfrac{1}{a(\mu+1)}(ax+b)^{\mu+1} + C (\mu \neq -1)$

3. $\int \dfrac{x}{ax+b} \mathrm{d}x = \dfrac{1}{a^2}(ax+b-b\ln|ax+b|) + C$

4. $\int \dfrac{x^2}{ax+b} \mathrm{d}x = \dfrac{1}{a^3}\left[\dfrac{1}{2}(ax+b)^2 - 2b(ax+b) + b^2\ln|ax+b|\right] + C$

5. $\int \dfrac{\mathrm{d}x}{x(ax+b)} = -\dfrac{1}{b} \ln\left|\dfrac{ax+b}{x}\right| + C$

6. $\int \dfrac{\mathrm{d}x}{x^2(ax+b)} = -\dfrac{1}{bx} + \dfrac{a}{b^2} \ln\left|\dfrac{ax+b}{x}\right| + C$

7. $\int \dfrac{x}{(ax+b)^2} \mathrm{d}x = \dfrac{1}{a^2}\left(\ln|ax+b| + \dfrac{b}{ax+b}\right) + C$

8. $\int \dfrac{x^2}{(ax+b)^2} \mathrm{d}x = \dfrac{1}{a^3}\left(ax+b-2b\ln|ax+b| - \dfrac{b^2}{ax+b}\right) + C$

9. $\int \dfrac{\mathrm{d}x}{x(ax+b)^2} = \dfrac{1}{b(ax+b)} - \dfrac{1}{b^2} \ln\left|\dfrac{ax+b}{x}\right| + C$

二、含有 $\sqrt{ax+b}$ 的积分

1. $\int \sqrt{ax+b}\,\mathrm{d}x = \dfrac{2}{3a}\sqrt{(ax+b)^3} + C$

2. $\int x\sqrt{ax+b}\,\mathrm{d}x = \dfrac{2}{15a^2}(3ax-2b)\sqrt{(ax+b)^3} + C$

3. $\displaystyle\int x^2 \sqrt{ax+b}\,\mathrm{d}x = \frac{2}{105a^3}(15a^2x^2 - 12abx + 8b^2)\sqrt{(ax+b)^3} + C$

4. $\displaystyle\int \frac{x}{\sqrt{ax+b}}\,\mathrm{d}x = \frac{2}{3a^2}(ax - 2b)\sqrt{ax+b} + C$

5. $\displaystyle\int \frac{x^2}{\sqrt{ax+b}}\,\mathrm{d}x = \frac{2}{15a^2}(3a^2x^2 - 4abx + 8b^2)\sqrt{ax+b} + C$

6. $\displaystyle\int \frac{\mathrm{d}x}{x\sqrt{ax+b}} = \begin{cases} \dfrac{1}{\sqrt{b}}\ln\left|\dfrac{\sqrt{ax+b}-\sqrt{b}}{\sqrt{ax+b}+\sqrt{b}}\right| + C\,(b>0)\,, \\[4mm] \dfrac{2}{\sqrt{-b}}\arctan\sqrt{\dfrac{ax+b}{-b}} + C\,(b<0) \end{cases}$

7. $\displaystyle\int \frac{\mathrm{d}x}{x^2\sqrt{ax+b}} = -\frac{\sqrt{ax+b}}{bx} - \frac{a}{2b}\int \frac{\mathrm{d}x}{x\sqrt{ax+b}}$

8. $\displaystyle\int \frac{\sqrt{ax+b}}{x}\,\mathrm{d}x = 2\sqrt{ax+b} + b\int \frac{\mathrm{d}x}{x\sqrt{ax+b}}$

9. $\displaystyle\int \frac{\sqrt{ax+b}}{x^2}\,\mathrm{d}x = -\frac{\sqrt{ax+b}}{x} + \frac{a}{2}\int \frac{\mathrm{d}x}{x\sqrt{ax+b}}$

三、含有 $x^2 \pm a^2$ 的积分

1. $\displaystyle\int \frac{\mathrm{d}x}{x^2 + a^2} = \frac{1}{a}\arctan\frac{x}{a} + C$

2. $\displaystyle\int \frac{\mathrm{d}x}{(x^2+a^2)^n} = \frac{x}{2(n-1)a^2(x^2+a^2)^{n-1}} + \frac{2n-3}{2(n-1)a^2}\int \frac{\mathrm{d}x}{(x^2+a^2)^{n-1}}$

3. $\displaystyle\int \frac{\mathrm{d}x}{x^2 - a^2} = \frac{1}{2a}\ln\left|\frac{x-a}{x+a}\right| + C$

四、含有 $ax^2 + b$ （$a>0$）的积分

1. $\displaystyle\int \frac{\mathrm{d}x}{ax^2+b} = \begin{cases} \dfrac{1}{\sqrt{ab}}\arctan\sqrt{\dfrac{a}{b}}x + C\,(b>0)\,, \\[4mm] \dfrac{1}{2\sqrt{-ab}}\ln\left|\dfrac{\sqrt{a}x-\sqrt{-b}}{\sqrt{a}x+\sqrt{-b}}\right| + C\,(b<0) \end{cases}$

2. $\displaystyle\int \frac{x}{ax^2+b}\,\mathrm{d}x = \frac{1}{2a}\ln|ax^2+b| + C$

3. $\displaystyle\int \frac{x^2}{ax^2+b}\,\mathrm{d}x = \frac{x}{a} - \frac{b}{a}\int \frac{\mathrm{d}x}{ax^2+b}$

4. $\displaystyle\int \frac{\mathrm{d}x}{x(ax^2+b)} = \frac{1}{2b}\ln\left|\frac{x^2}{ax^2+b}\right| + C$

5. $\displaystyle\int \frac{1}{x^2(ax^2+b)}\,\mathrm{d}x = -\frac{1}{bx} - \frac{a}{b}\int \frac{\mathrm{d}x}{ax^2+b}$

6. $\int \dfrac{1}{x^3(ax^2+b)}dx = \dfrac{a}{2b^2}\ln\left|\dfrac{ax^2+b}{x^2}\right| - \dfrac{1}{2bx^2} + C$

7. $\int \dfrac{1}{(ax^2+b)^2}dx = \dfrac{x}{2b(ax^2+b)} + \dfrac{1}{2b}\int\dfrac{dx}{ax^2+b}$

五、含有 ax^2+bx+c （$a>0$） 的积分

1. $\int \dfrac{dx}{ax^2+bx+c} = \begin{cases} \dfrac{2}{\sqrt{4ac-b^2}}\arctan\dfrac{2ax+b}{\sqrt{4ac-b^2}} + C,(b^2<4ac), \\[4mm] \dfrac{2}{\sqrt{b^2-4ac}}\ln\left|\dfrac{2ax+b-\sqrt{b^2-4ac}}{2ax+b+\sqrt{b^2-4ac}}\right| + C,(b^2>4ac) \end{cases}$

2. $\int \dfrac{xdx}{ax^2+bx+c} = \dfrac{1}{2a}\ln|ax^2+bx+c| - \dfrac{b}{2a}\int\dfrac{dx}{ax^2+bx+c}$

六、含有 $\sqrt{x^2+a^2}$ （$a>0$） 的积分

1. $\int \dfrac{dx}{\sqrt{x^2+a^2}} = \arcsin\dfrac{x}{2} + C = \ln(x+\sqrt{x^2+a^2}) + C$

2. $\int \dfrac{dx}{\sqrt{(x^2+a^2)^3}} = \dfrac{x}{a^2\sqrt{x^2+a^2}} + C$

3. $\int \dfrac{xdx}{\sqrt{x^2+a^2}} = \sqrt{x^2+a^2} + C$

4. $\int \dfrac{x}{\sqrt{(x^2+a^2)^3}}dx = -\dfrac{1}{\sqrt{x^2+a^2}} + C$

5. $\int \dfrac{x^2dx}{\sqrt{x^2+a^2}} = \dfrac{x}{2}\sqrt{x^2+a^2} - \dfrac{a^2}{2}\ln(x+\sqrt{x^2+a^2}) + C$

6. $\int \dfrac{x^2}{\sqrt{(x^2+a^2)^3}}dx = -\dfrac{x}{\sqrt{x^2+a^2}} + \ln(x+\sqrt{x^2+a^2}) + C$

7. $\int \dfrac{dx}{x\sqrt{x^2+a^2}} = \dfrac{1}{a}\ln\dfrac{\sqrt{x^2+a^2}-a}{|x|} + C$

8. $\int \dfrac{dx}{x^2\sqrt{x^2+a^2}} = -\dfrac{\sqrt{x^2+a^2}}{a^2x} + C$

9. $\int \sqrt{x^2+a^2}dx = \dfrac{x}{2}\sqrt{x^2+a^2} + \dfrac{a^2}{2}\ln(x+\sqrt{x^2+a^2}) + C$

10. $\int \sqrt{(x^2+a^2)^3}dx = \dfrac{x}{8}(2x^2+5a^2)\sqrt{x^2+a^2} + \dfrac{3a^4}{8}\ln(x+\sqrt{x^2+a^2}) + C$

11. $\int x\sqrt{x^2+a^2}dx = \dfrac{1}{3}\sqrt{(x^2+a^2)^3} + C$

12. $\int x^2\sqrt{x^2+a^2}dx = \dfrac{x}{8}(2x^2+a^2)\sqrt{x^2+a^2} - \dfrac{a^4}{8}\ln(x+\sqrt{x^2+a^2}) + C$

13. $\displaystyle\int \frac{\sqrt{x^2+a^2}}{x}\mathrm{d}x = \sqrt{x^2+a^2} + a\ln\frac{\sqrt{x^2+a^2}-a}{|x|} + C$

14. $\displaystyle\int \frac{\sqrt{x^2+a^2}}{x^2}\mathrm{d}x = -\frac{\sqrt{x^2+a^2}}{x} + \ln(x+\sqrt{x^2+a^2}) + C$

七、含有 $\sqrt{x^2-a^2}$ （$a>0$）的积分

1. $\displaystyle\int \frac{\mathrm{d}x}{\sqrt{x^2-a^2}} = \frac{x}{|x|}\mathrm{arch}\frac{|x|}{a} + C_1 = \ln\left|x+\sqrt{x^2-a^2}\right| + C$

2. $\displaystyle\int \frac{\mathrm{d}x}{\sqrt{(x^2-a^2)^3}} = -\frac{x}{a^2\sqrt{x^2-a^2}} + C$

3. $\displaystyle\int \frac{x\mathrm{d}x}{\sqrt{x^2-a^2}} = \sqrt{x^2-a^2} + C$

4. $\displaystyle\int \frac{x\mathrm{d}x}{\sqrt{(x^2-a^2)^3}} = -\frac{1}{\sqrt{x^2-a^2}} + C$

5. $\displaystyle\int \frac{x^2\mathrm{d}x}{\sqrt{x^2-a^2}} = \frac{x}{2}\sqrt{x^2-a^2} + \frac{a^2}{2}\ln\left|x+\sqrt{x^2-a^2}\right| + C$

6. $\displaystyle\int \frac{x^2\mathrm{d}x}{\sqrt{(x^2-a^2)^3}} = -\frac{x}{\sqrt{x^2-a^2}} + \ln\left|x+\sqrt{x^2-a^2}\right| + C$

7. $\displaystyle\int \frac{\mathrm{d}x}{x\sqrt{x^2-a^2}} = \frac{1}{a}\arccos\frac{a}{|x|} + C$

8. $\displaystyle\int \frac{\mathrm{d}x}{x^2\sqrt{x^2-a^2}} = \frac{\sqrt{x^2-a^2}}{a^2x} + C$

9. $\displaystyle\int \sqrt{x^2-a^2}\,\mathrm{d}x = \frac{x}{2}\sqrt{x^2-a^2} - \frac{a^2}{2}\ln\left|x+\sqrt{x^2-a^2}\right| + C$

10. $\displaystyle\int \sqrt{x^2-a^2}\,\mathrm{d}x = \frac{x}{8}(2x^2-5a^2)\sqrt{x^2-a^2} + \frac{3a^4}{8}\ln\left|x+\sqrt{x^2-a^2}\right| + C$

11. $\displaystyle\int x\sqrt{x^2-a^2}\,\mathrm{d}x = \frac{1}{3}\sqrt{(x^2-a^2)^3} + C$

12. $\displaystyle\int x^2\sqrt{x^2-a^2}\,\mathrm{d}x = \frac{x}{8}(2x^2-a^2)\sqrt{x^2-a^2} - \frac{a^4}{8}\ln\left|x+\sqrt{x^2-a^2}\right| + C$

13. $\displaystyle\int \frac{\sqrt{x^2-a^2}}{x}\mathrm{d}x = \sqrt{x^2-a^2} - a\arccos\frac{a}{|x|} + C$

14. $\displaystyle\int \frac{\sqrt{x^2-a^2}}{x^2}\mathrm{d}x = -\frac{\sqrt{x^2-a^2}}{x} + \ln\left|x+\sqrt{x^2-a^2}\right| + C$

八、含有 $\sqrt{a^2-x^2}$ （$a>0$）的积分

1. $\displaystyle\int \frac{\mathrm{d}x}{\sqrt{a^2-x^2}} = \arcsin\frac{x}{a} + C$

2. $\displaystyle\int \frac{\mathrm{d}x}{\sqrt{(a^2-x^2)^3}} = \frac{x}{a^2\sqrt{a^2-x^2}} + C$

3. $\displaystyle\int \frac{x}{\sqrt{a^2-x^2}}\mathrm{d}x = -\sqrt{a^2-x^2} + C$

4. $\displaystyle\int \frac{x}{\sqrt{(a^2-x^2)^3}}\mathrm{d}x = \frac{1}{\sqrt{a^2-x^2}} + C$

5. $\displaystyle\int \frac{x^2}{\sqrt{a^2-x^2}}\mathrm{d}x = -\frac{x}{2}\sqrt{a^2-x^2} + \frac{a^2}{2}\arcsin\frac{x}{a} + C$

6. $\displaystyle\int \frac{x^2}{\sqrt{(a^2-x^2)^3}}\mathrm{d}x = \frac{x}{\sqrt{a^2-x^2}} - \arcsin\frac{x}{a} + C$

7. $\displaystyle\int \frac{\mathrm{d}x}{x\sqrt{a^2-x^2}} = \frac{1}{a}\ln\frac{a-\sqrt{a^2-x^2}}{|x|} + C$

8. $\displaystyle\int \frac{\mathrm{d}x}{x^2\sqrt{a^2-x^2}} = -\frac{\sqrt{a^2-x^2}}{a^2x} + C$

9. $\displaystyle\int \sqrt{a^2-x^2}\,\mathrm{d}x = \frac{x}{2}\sqrt{a^2-x^2} + \frac{a^2}{2}\arcsin\frac{x}{a} + C$

10. $\displaystyle\int \sqrt{(a^2-x^2)^3}\,\mathrm{d}x = \frac{x}{8}(5a^2-2x^2)\sqrt{a^2-x^2} + \frac{3}{8}a^4\arcsin\frac{x}{a} + C$

11. $\displaystyle\int x\sqrt{a^2-x^2}\,\mathrm{d}x = -\frac{1}{3}\sqrt{(a^2-x^2)^3} + C$

12. $\displaystyle\int x^2\sqrt{a^2-x^2}\,\mathrm{d}x = \frac{x}{8}(2x^2-a^2)\sqrt{a^2-x^2} + \frac{1}{8}a^4\arcsin\frac{x}{a} + C$

13. $\displaystyle\int \frac{\sqrt{a^2-x^2}}{x}\mathrm{d}x = \sqrt{a^2-x^2} + a\ln\frac{a-\sqrt{a^2-x^2}}{|x|} + C$

14. $\displaystyle\int \frac{\sqrt{a^2-x^2}}{x^2}\mathrm{d}x = -\frac{\sqrt{a^2-x^2}}{x} - \arcsin\frac{x}{a} + C$

九、含有 $\sqrt{\pm ax^2+bx+c}\,(a>0)$ 的积分

1. $\displaystyle\int \frac{\mathrm{d}x}{\sqrt{ax^2+bx+c}} = \frac{1}{\sqrt{a}}\ln\left|2ax+b+2\sqrt{a}\sqrt{ax^2+bx+c}\right| + C$

2. $\displaystyle\int \sqrt{ax^2+bx+c}\,\mathrm{d}x = \frac{2ax+b}{4a}\sqrt{ax^2+bx+c} + \frac{4ac-b^2}{8\sqrt{a^3}}\ln\left|2ax+b+2\sqrt{a}\sqrt{ax^2+bx+c}\right| + C$

3. $\displaystyle\int \frac{x}{\sqrt{ax^2+bx+c}}\mathrm{d}x = \frac{1}{a}\sqrt{ax^2+bx+c} - \frac{\sqrt{b}}{2\sqrt{a^3}}\ln\left|2ax+b+2\sqrt{a}\sqrt{ax^2+bx+c}\right| + C$

4. $\displaystyle\int \frac{\mathrm{d}x}{\sqrt{c+bx-ax^2}} = -\frac{1}{\sqrt{a}}\arcsin\frac{2ax-b}{\sqrt{b^2+4ac}} + C$

5. $\displaystyle\int \sqrt{c+bx-ax^2}\,\mathrm{d}x = \frac{2ax-b}{4a}\sqrt{c+bx-ax^2} + \frac{b^2+4ac}{8\sqrt{a^3}}\arcsin\frac{2ax-b}{\sqrt{b^2+4ac}} + C$

6. $\int \dfrac{x}{\sqrt{c+bx-ax^2}}dx = -\dfrac{1}{a}\sqrt{c+bx-ax^2}+\dfrac{b}{2\sqrt{a^3}}\arcsin\dfrac{2ax-b}{\sqrt{b^2+4ac}}+C$

十、含有 $\sqrt{\pm\dfrac{x-a}{x-b}}$ 或 $\sqrt{(x-a)(b-x)}$ 的积分

1. $\int \sqrt{\dfrac{x-a}{x-b}}dx = (x-b)\sqrt{\dfrac{x-a}{x-b}}+(b-a)\ln(\sqrt{|x-a|}+\sqrt{|x-b|})+C$

2. $\int \sqrt{\dfrac{x-a}{b-x}}dx = (x-b)\sqrt{\dfrac{x-a}{b-x}}+(b-a)\arcsin\sqrt{\dfrac{x-a}{b-a}}+C$

3. $\int \dfrac{dx}{\sqrt{(x-a)(b-x)}} = 2\arcsin\sqrt{\dfrac{x-a}{b-a}}+C(a<b)$

4. $\int \sqrt{(x-a)(b-x)}dx = \dfrac{2x-a-b}{4}\sqrt{(x-a)(b-x)}+\dfrac{(b-a)^2}{4}\arcsin\sqrt{\dfrac{x-a}{b-a}}+C(a<b)$

十一、含有三角函数的积分

1. $\int \sin x\,dx = -\cos x+C$

2. $\int \cos x\,dx = \sin x+C$

3. $\int \tan x\,dx = -\ln|\cos x|+C$

4. $\int \cot x\,dx = \ln|\sin x|+C$

5. $\int \sec x\,dx = \int \csc\left(x+\dfrac{\pi}{2}\right)dx = \ln\left|\tan\left(\dfrac{\pi}{4}+\dfrac{x}{2}\right)\right|+C = \ln|\sec x+\tan x|+C$

6. $\int \csc x\,dx = \ln|\csc x-\cot x|+C$

7. $\int \dfrac{1}{\cos^2 x}dx = \int \sec^2 x\,dx = \tan x+C$

8. $\int \dfrac{1}{\sin^2 x}dx = \int \csc^2 x\,dx = -\cot x+C$

9. $\int \sec x\tan x\,dx = \sec x+C$

10. $\int \csc x\cot x\,dx = -\csc x+C$

11. $\int \sin^2 x\,dx = \dfrac{1}{2}x-\dfrac{1}{4}\sin 2x+C$

12. $\int \cos^2 x\,dx = \dfrac{1}{2}x+\dfrac{1}{4}\sin 2x+C$

13. $\int \sin^n x\,dx = -\dfrac{1}{n}\sin^{n-1}x\cos x+\dfrac{n-1}{n}\int \sin^{n-2}x\,dx$

14. $\int \cos^n x\,dx = \dfrac{1}{n}\cos^{n-1}x\sin x+\dfrac{n-1}{n}\int \cos^{n-2}x\,dx$

15. $\int \dfrac{\mathrm{d}x}{\sin^n x} = -\dfrac{1}{n-1} \cdot \dfrac{\cos x}{\sin^{n-1} x} + \dfrac{n-2}{n-1} \int \dfrac{\mathrm{d}x}{\sin^{n-2} x}$

16. $\int \dfrac{\mathrm{d}x}{\cos^n x} = -\dfrac{1}{n-1} \cdot \dfrac{\sin x}{\cos^{n-1} x} + \dfrac{n-2}{n-1} \int \dfrac{\mathrm{d}x}{\cos^{n-2} x}$

17. $\int \cos^m x \sin^n x \mathrm{d}x = \dfrac{1}{m+n} \cos^{m-1} x \sin^{n+1} x + \dfrac{m-1}{m+n} \int \cos^{m-2} x \sin^n x \mathrm{d}x$

$$= -\dfrac{1}{m+n} \cos^{m+1} x \sin^{n-1} x + \dfrac{n-1}{m+n} \int \cos^m x \sin^{n-2} x \mathrm{d}x$$

18. $\int \sin ax \cos bx \mathrm{d}x = -\dfrac{1}{2(a+b)} \cos(a+b)x - \dfrac{1}{2(a-b)} \cos(a-b)x + C$

19. $\int \sin ax \sin bx \mathrm{d}x = -\dfrac{1}{2(a+b)} \sin(a+b)x + \dfrac{1}{2(a-b)} \sin(a-b)x + C$

20. $\int \cos ax \cos bx \mathrm{d}x = \dfrac{1}{2(a+b)} \sin(a+b)x + \dfrac{1}{2(a-b)} \sin(a-b)x + C$

21. $\int \dfrac{\mathrm{d}x}{a+b\sin x} = \dfrac{2}{\sqrt{a^2-b^2}} \arctan \dfrac{a\tan\dfrac{x}{2}+b}{\sqrt{a^2-b^2}} + C \ (a^2 > b^2)$

22. $\int \dfrac{\mathrm{d}x}{a+b\sin x} = \dfrac{1}{\sqrt{b^2-a^2}} \ln \left| \dfrac{a\tan\dfrac{x}{2}+b-\sqrt{b^2-a^2}}{a\tan\dfrac{x}{2}+b+\sqrt{b^2-a^2}} \right| + C \ (a^2 < b^2)$

23. $\int \dfrac{\mathrm{d}x}{a+b\cos x} = \dfrac{2}{a+b}\sqrt{\dfrac{a+b}{a-b}} \arctan\left(\sqrt{\dfrac{a-b}{a+b}}\tan\dfrac{x}{2}\right) + C \ (a^2 > b^2)$

24. $\int \dfrac{\mathrm{d}x}{a+b\cos x} = \dfrac{1}{a+b}\sqrt{\dfrac{a+b}{b-a}} \ln \left| \dfrac{\tan\dfrac{x}{2}+\sqrt{\dfrac{a+b}{b-a}}}{a\tan\dfrac{x}{2}-\sqrt{\dfrac{a+b}{b-a}}} \right| + C \ (a^2 < b^2)$

25. $\int \dfrac{\mathrm{d}x}{a^2\cos^2 x + b^2\sin^2 x} = \dfrac{1}{ab} \arctan\left(\dfrac{b}{a}\tan x\right) + C$

26. $\int \dfrac{\mathrm{d}x}{a^2\cos^2 x - b^2\sin^2 x} = \dfrac{1}{2ab} \ln \left| \dfrac{b\tan x + a}{b\tan x - a} \right| + C$

27. $\int x\sin ax \mathrm{d}x = -\dfrac{1}{a^2}\sin ax - \dfrac{1}{a}x\cos ax + C$

28. $\int x^2\sin ax \mathrm{d}x = -\dfrac{1}{a}x^2\cos ax + \dfrac{2}{a^2}x\sin ax + \dfrac{2}{a^3}\cos ax + C$

29. $\int x\cos ax \mathrm{d}x = \dfrac{1}{a^2}\cos ax + \dfrac{1}{a}x\sin ax + C$

30. $\int x^2\cos ax \mathrm{d}x = \dfrac{1}{a}x^2\sin ax + \dfrac{2}{a^2}x\cos ax - \dfrac{2}{a^3}\sin ax + C$

十二、含有反三角函数的积分（其中 $a > 0$）

1. $\int \arcsin \dfrac{x}{a} \mathrm{d}x = x\arcsin\dfrac{x}{a} + \sqrt{a^2 - x^2} + C$

2. $\int x\arcsin\dfrac{x}{a}\mathrm{d}x = \left(\dfrac{x^2}{2} - \dfrac{a^2}{4}\right)\arcsin\dfrac{x}{a} + \dfrac{x}{4}\sqrt{a^2 - x^2} + C$

3. $\int x^2\arcsin\dfrac{x}{a}\mathrm{d}x = \dfrac{x^3}{3}\arcsin\dfrac{x}{a} + \dfrac{1}{9}(x^2 + 2a^2)\sqrt{a^2 - x^2} + C$

4. $\int\arccos\dfrac{x}{a}\mathrm{d}x = x\arccos\dfrac{x}{a} - \sqrt{a^2 - x^2} + C$

5. $\int x\arccos\dfrac{x}{a}\mathrm{d}x = \left(\dfrac{x^2}{2} - \dfrac{a^2}{4}\right)\arccos\dfrac{x}{a} - \dfrac{x}{4}\sqrt{a^2 - x^2} + C$

6. $\int x^2\arccos\dfrac{x}{a}\mathrm{d}x = \dfrac{x^3}{3}\arccos\dfrac{x}{a} - \dfrac{1}{9}(x^2 + 2a^2)\sqrt{a^2 - x^2} + C$

7. $\int\arctan\dfrac{x}{a}\mathrm{d}x = x\arctan\dfrac{x}{a} - \dfrac{a}{2}\ln(a^2 + x^2) + C$

8. $\int x\arctan\dfrac{x}{a}\mathrm{d}x = \dfrac{1}{2}(a^2 + x^2)\arctan\dfrac{x}{a} - \dfrac{a}{2}x + C$

9. $\int x^2\arctan\dfrac{x}{a}\mathrm{d}x = \dfrac{x^3}{3}\arctan\dfrac{x}{a} - \dfrac{a}{6}x^2 + \dfrac{a^3}{6}\ln(a^2 + x^2) + C$

十三、含有指数函数的积分

1. $\int a^x\mathrm{d}x = \dfrac{a^x}{\ln a} + C$

2. $\int \mathrm{e}^{ax}\mathrm{d}x = \dfrac{\mathrm{e}^{ax}}{a} + C$

3. $\int x\mathrm{e}^{ax}\mathrm{d}x = \dfrac{1}{a^2}(ax - 1)\mathrm{e}^{ax} + C$

4. $\int x^n\mathrm{e}^{ax}\mathrm{d}x = \dfrac{1}{a}x^n\mathrm{e}^{ax} - \dfrac{n}{a}\int x^{n-1}\mathrm{e}^{ax}$

5. $\int xa^x\mathrm{d}x = \dfrac{xa^x}{\ln a} - \dfrac{a^x}{(\ln a)^2} + C$

6. $\int x^n a^x\mathrm{d}x = \dfrac{x^n a^x}{\ln a} - \dfrac{n}{\ln a}\int x^{n-1}a^x\mathrm{d}x$

7. $\int \mathrm{e}^{ax}\sin bx\,\mathrm{d}x = \dfrac{\mathrm{e}^{ax}}{a^2 + b^2}(a\sin bx - b\cos bx) + C$

8. $\int \mathrm{e}^{ax}\cos bx\,\mathrm{d}x = \dfrac{\mathrm{e}^{ax}}{a^2 + b^2}(b\sin bx + a\cos bx) + C$

9. $\int \mathrm{e}^{ax}\sin^n bx\,\mathrm{d}x = \dfrac{\mathrm{e}^{ax}\sin^{n-1}bx}{a^2 + b^2 n^2}(a\sin bx - nb\cos bx) + \dfrac{n(n-1)b^2}{a^2 + b^2 n^2}\int \mathrm{e}^{ax}\sin^{n-2}bx\,\mathrm{d}x$

10. $\int \mathrm{e}^{ax}\cos^n bx\,\mathrm{d}x = \dfrac{\mathrm{e}^{ax}\cos^{n-1}bx}{a^2 + b^2 n^2}(a\cos bx + nb\sin bx) + \dfrac{n(n-1)b^2}{a^2 + b^2 n^2}\int \mathrm{e}^{ax}\cos^{n-2}bx\,\mathrm{d}x$

十四、含有对数函数的积分

1. $\int\ln x\,\mathrm{d}x = x\ln x - x + C$

2. $\int \dfrac{\mathrm{d}x}{x\ln x} = \ln|\ln x| + C$

3. $\int x^{n}\ln x\mathrm{d}x = \dfrac{1}{n+1}x^{n+1}\left(\ln x - \dfrac{1}{n+1}\right) + C$

4. $\int (\ln x)^{n}\mathrm{d}x = x(\ln x)^{n} - n\int (\ln x)^{n+1}\mathrm{d}x$

5. $\int x^{m}(\ln x)^{n}\mathrm{d}x = \dfrac{1}{m+1}x^{m+1}(\ln x)^{n} - \dfrac{n}{m+1}\int x^{m}(\ln x)^{n+1}\mathrm{d}x$

十五、含有双曲数函数的积分

1. $\int \mathrm{sh}x\mathrm{d}x = \mathrm{ch}x + C$

2. $\int \mathrm{ch}x\mathrm{d}x = \mathrm{sh}x + C$

3. $\int \mathrm{th}x\mathrm{d}x = \ln\mathrm{ch}x + C$

4. $\int \mathrm{sh}^{2}x\mathrm{d}x = -\dfrac{x}{2} + \dfrac{1}{4}\mathrm{sh}2x + C$

5. $\int \mathrm{ch}^{2}x\mathrm{d}x = \dfrac{x}{2} + \dfrac{1}{4}\mathrm{sh}2x + C$

十六、定积分

1. $\displaystyle\int_{-\pi}^{\pi} \cos nx\mathrm{d}x = \int_{-\pi}^{\pi} \sin nx\mathrm{d}x = 0$

2. $\displaystyle\int_{-\pi}^{\pi} \cos mx\sin nx\mathrm{d}x = 0$

3. $\displaystyle\int_{-\pi}^{\pi} \cos mx\cos nx\mathrm{d}x = \begin{cases} 0, & m \neq n, \\ \pi, & m = n \end{cases}$

4. $\displaystyle\int_{-\pi}^{\pi} \sin mx\sin nx\mathrm{d}x = \begin{cases} 0, & m \neq n, \\ \pi, & m = n \end{cases}$

5. $\displaystyle\int_{0}^{\pi} \sin mx\sin nx\mathrm{d}x = \int_{0}^{\pi} \cos mx\cos nx\mathrm{d}x \begin{cases} 0, & m \neq n, \\ \dfrac{\pi}{2}, & m = n \end{cases}$

6. $I_{n} = \displaystyle\int_{0}^{\frac{\pi}{2}} \sin^{n}x\mathrm{d}x = \int_{0}^{\frac{\pi}{2}} \cos^{n}x\mathrm{d}x I_{n} = \dfrac{n-1}{n}I_{n-2}$

$\begin{cases} I_{n} = \dfrac{n-1}{n} \cdot \dfrac{n-3}{n-2} \cdot \cdots \cdot \dfrac{4}{5} \cdot \dfrac{2}{3}(n \text{ 为大于 } 1 \text{ 的正奇数}), I_{1} = 1, \\ I_{n} = \dfrac{n-1}{n} \cdot \dfrac{n-3}{n-2} \cdot \cdots \cdot \dfrac{3}{4} \cdot \dfrac{1}{2} \cdot \dfrac{\pi}{2}(n \text{ 为正偶数}), I_{0} = \dfrac{\pi}{2} \end{cases}$

习 题 答 案

习题 1.1

1. (1) $[-1, 0) \cup (0, 2]$；(2) $[2, 4]$；(3) $[-1, 1]$；(4) $(-\infty, 3)$.

2. (1) 偶函数；(2) 非奇非偶函数；(3) 奇函数.

3. $f(-1) = 1$，$f(1) = 0$，$f(0) = 1$，$f(3) = 4$.

4. (1) $y = \arccos u$，$u = \ln x$；(2) $y = \ln u$，$u = v^2$，$v = \sin x$；

(3) $y = e^u$，$u = \sqrt{x}$；(4) $y = e^u$，$u = e^x$；

(5) $y = u^5$，$u = 1 + v$，$v = \lg x$；(6) $y = 2u^2$，$u = \cos x$.

5. $R(x) = \begin{cases} 130x, & 0 \leqslant x \leqslant 700, \\ 91\,000 + 117(x - 700), & 700 \leqslant x \leqslant 1\,000. \end{cases}$

6. $L(600) = 1\,000$；400.

习题 1.2

1. (1) 发散；(2) 收敛于1；(3) 收敛于0；(4) 发散.

2. (1) 5；(2) 0；(3) 0；(4) 不存在.

3. $\lim\limits_{x \to 0^+} f(x) = 1$，$\lim\limits_{x \to 0^-} f(x) = 0$，$\lim\limits_{x \to 0} f(x)$ 不存在.

4. D. 5. A.

习题 1.3

1. (1) 无穷大；(2) 无穷小；(3) 无穷大；(4) 无穷大.

2. (1) 高阶无穷小量；(2) 高阶无穷小量；(3) 低阶无穷小量；(4) 同阶无穷小量.

3. (1) $\dfrac{5}{3}$；(2) 2；(3) $\dfrac{3}{2}$；(4) $\dfrac{7}{2}$；(5) 2；(6) $\dfrac{1}{2\sqrt{2}}$.

习题 1.4

1. (1) $\dfrac{1}{2}$；(2) 0；(3) $-\dfrac{1}{2}$；(4) $\dfrac{1}{2}$；(5) $-\dfrac{1}{4}$；(6) 0.

2. (1) $\dfrac{1}{4}$；(2) $\dfrac{1}{3}$；(3) 1；(4) $\dfrac{1}{8}$；(5) e^2；(6) e^{-1}；(7) e^{-3}；(8) e^{-1}.

3. $a = -3$，$b = 2$.

习题 1.5

1. (1) 0；(2) 3e；(3) $\dfrac{1}{a}$；(4) e^2.

2. $k = \ln 3$.

3. (1) $f(x)$ 在 $x \neq 0$ 且 $x \neq 1$ 时连续；$x = 0$ 是无穷间断点，属于第二类间断点，$x = 1$ 是可去间断点，属于第一类间断点.

(2) $f(x)$ 在 $(-\infty, 0)$ 和 $(0, +\infty)$ 内连续，$x = 0$ 属于第二类间断点.

4. $a = 1$，$b = 0$.

5. $f(x)$ 在 $x = 1$ 处间断，不能取到最值.

6. 略.

测试题一

一、1. B. 2. D. 3. C. 4. A. 5. C. 6. A. 7. D. 8. C. 9. C. 10. B.

二、1. 奇. 2. $\dfrac{1}{4}$. 3. 0. 4. 1. 5. ± 1.

三、1. ×. 2. √. 3. ×. 4. ×. 5. ×.

四、1. 由 $y = e^\mu$ 和 $\mu = \sin x$ 复合而成.

2. 6.

3. $\dfrac{1}{4}$.

4. $\dfrac{1}{2}$.

5. ∞.

6. 0.

五、$a = 1$，$b = 1$.

习题 2.1

1. (1) $y' = -\sin x$；(2) $y' = \dfrac{-1}{x^2}$.

2. (1) $-f'(x_0)$；(2) $2f'(x_0)$；(3) $-2f'(x_0)$；(4) $2f'(x_0)$.

3. 切线方程：$x - ey = 0$；法线方程：$ex + y - 1 - e^2 = 0$.

4. $a = 2$，$b = -1$.

习题 2.2

1. (1) $2x + \dfrac{2}{x^2}$；   (2) $2x\cos x - (1 + x^2)\sin x$；

(3) $2x\ln x + \dfrac{5}{2}x^{\frac{3}{2}} + x$；   (4) $2016(3x^2 + 2x - 1)^{2015}(6x + 2)$；

(5) $\dfrac{-2x}{a^2 - x^2}$;

(6) $-(1+x)\sin 2x - \sin^2 x$;

(7) $\dfrac{x}{\sqrt{a^2 + x^2}}$;

(8) $\dfrac{e^x}{1 + e^{2x}}$;

(9) $\dfrac{2}{x}(1 + \ln x)$;

(10) $\dfrac{1}{\sqrt{x^2 - a^2}}$.

2. (1) $2x(3 + 2x^2)e^{x^2}$;

(2) $-\dfrac{2(1 + x^2)}{(x^2 - 1)^2}$;

(3) $2\arctan x + \dfrac{2x}{1 + x^2}$;

(4) $-\dfrac{a^2}{\sqrt{(a^2 - x^2)^3}}$.

3. (1) $\dfrac{e^x - y}{1 + x}$;

(2) $\dfrac{(x - 1)}{(1 - y)}\dfrac{y}{x}$;

(3) $-\dfrac{ye^x + e^y}{xe^y + e^x}$;

(4) $-\dfrac{1 + y\sin xy}{x\sin xy}$.

4. (1) $y' = (\sin x)^{\ln x}\left(\dfrac{1}{x}\ln\sin x + \cot x\ln x\right)$;

(2) $y' = x\sqrt{\dfrac{1 - x}{1 + x}}\dfrac{1 - x - x^2}{1 - x^2}$.

习题 2. 3

1. 1.161, 1.1; 0.110 6, 0.11.

2. (1) $(\sin 2x + 2x\cos 2x)\mathrm{d}x$;

(2) $(\ln x - 2x + 1)\mathrm{d}x$;

(3) $\dfrac{2\ln 3}{\sin 2x}3^{\ln\tan x}\mathrm{d}x$;

(4) $\left(-\dfrac{1}{x^2} + \dfrac{\sqrt{x}}{x}\right)\mathrm{d}x$;

(5) $\dfrac{1}{2\sqrt{x}\,(1 - x)}\mathrm{d}x$;

(6) $\dfrac{2}{x - 1}\ln(1 - x)\mathrm{d}x$.

3. 略.

4. (1) 2.745; (2) 0.874 8; (3) -0.02; (4) 1.01.

5. 100（百元）.

习题 2. 4

1. 略. 2. 略. 3. 3个.

习题 2. 5

1. (1) 1; (2) $\cos a$; (3) $\dfrac{-3}{5}$; (4) $\dfrac{-1}{8}$; (5) 0;

(6) 1; (7) $\dfrac{1}{2}$; (8) 0; (9) 1; (10) $\dfrac{1}{e}$.

2. 略.

习题 2.6

1. （1）单调增区间：（2，+∞），单调减区间：（0，2）；
　　（2）单调增区间：（0，2），单调减区间：（2，+∞），（-∞，0）；
　　（3）单调增区间：（-2，-1），（1，+∞），单调减区间：（-1，1），（-∞，-2）；
　　（4）单调增区间：（-1，0），（1，+∞），单调减区间：（0，1），（-∞，-1）.

2. （1）极小值点为 $x=0$，极小值为 0；极大值点为 $x=\pm 1$，极大值为 1；
　　（2）极大值点为 $x=2$，极大值为 1.

3. （1）最小值：$f(0)=0$，最大值：$f(4)=8$

　　（2）最小值：$f\left(\dfrac{\pi}{4}\right)=\dfrac{\pi}{4}-1$，最大值：$f(\pi)=2\pi$.

4. （1）凸区间 $(-\infty, -2)$，凹区间 $(-2, +\infty)$，拐点 $(-2, -2\mathrm{e}^{-2})$；
　　（2）凸区间 $(-\infty, 2)$，凹区间 $(2, +\infty)$，拐点 $(2, 0)$.

5. 略. 　　6. $x=250$.

测试题二

一、1. B.　　2. D.　　3. B.　　4. C.　　5. C.　　6. A.　　7. C.　　8. D.　　9. A.
10. D.

二、1. 1.　　2. $2k\pi$，$k\in\mathbf{Z}$.　　3. $\sec^2 x$.　　4. 单调增加.　　5. 凹的.

三、1. √.　　2. √.　　3. ×.　　4. ×.　　5. ×.

四、1. 1.

2. $y=x+1$.

3. $y''=-2\sin x-x\cos x$.

4. 单调减区间为 $\left(0, \dfrac{1}{2}\right)$，单调增区间为 $\left(\dfrac{1}{2}, +\infty\right)$.

5. 极大值 $f(0)=0$，极小值 $f(1)=-1$.

6. 最大值 $f(-1)=-\dfrac{1}{2}$，最小值 $f(1)=\dfrac{1}{2}$.

五、4.25 元.

习题 3.1

1. （1）$5x+C$，$5x+C$；（2）$\dfrac{1}{3}x^3+C$，$\dfrac{1}{3}x^3+C$；

　　（3）$\tan x+C$，$\tan x+C$；（4）$\dfrac{1}{2}\mathrm{e}^{2x}+C$，$\dfrac{1}{2}\mathrm{e}^{2x}+C$.

2. 略.

3. $\sin 2x$.

4. （1）$\dfrac{1}{4}x^4+\dfrac{3}{\ln 3}x+C$；（2）$\dfrac{1}{2}x^2-\dfrac{4}{3}x^{\frac{3}{2}}+x+C$；（3）$\dfrac{4}{3}x^{\frac{3}{2}}-\dfrac{2}{5}x^{\frac{5}{2}}+C$；

(4) $\dfrac{4}{3}x^{\frac{4}{3}} - \dfrac{3}{2}x^{\frac{2}{3}} + C$；(5) $\dfrac{1}{2}x^2 - x + 2\sqrt{x} - \ln|x| + C$；

(6) $x - \arctan x + C$；(7) $\sin x - \cos x + C$；(8) $-\cot x - \tan x + C$.

5. 收益函数 $R(x) = 12x - 3x^2 + x^3$，平均收益函数 $\overline{R}(x) = 12 - 3x + x^2$.

习题 3.2

1. (1) -1；(2) $\dfrac{1}{10}$；(3) $\dfrac{1}{12}$；(4) $\dfrac{1}{\ln 3}$；(5) $-\dfrac{1}{2}$；(6) 1；(7) $\dfrac{1}{3}$；(8) $\dfrac{1}{3}$.

2. (1) $-\ln|1-x| + C$；(2) $\dfrac{1}{2}\ln|3 + 2x| + C$；(3) $\ln(x^2 + 2) + C$；(4) $-\dfrac{1}{198}(1 + x^2)^{-99} + C$；(5) $-\dfrac{1}{18}(1 - 4x^3)^{\frac{3}{2}} + C$；(6) $\dfrac{10^{2\arcsin x}}{2\ln 10} + C$；(7) $-\dfrac{1}{3}\cot 3x + C$；(8) $\dfrac{1}{2}\sin(2x + 1) + C$；(9) $\dfrac{1}{3}e^{x^3} + C$；(10) $-\dfrac{1}{2}e^{-x^2} + C$；(11) $\dfrac{1}{3}\sin x^3 + C$；(12) $-\dfrac{1}{4}\cos(2x^2 - 1) + C$；(13) $-\dfrac{1}{4}\sqrt{3 - 2x^4} + C$；(14) $\dfrac{1}{2}\ln|1 + 2\ln x| + C$.

3. (1) $\dfrac{2}{3}\sqrt{3x - 7} + C$；(2) $2\sqrt{x} - 2\arctan\sqrt{x} + C$；(3) $\ln(1 + e^x) + C$；(4) $\dfrac{1}{\cos x} + C$；(5) $\dfrac{(x-1)^{102}}{102} + \dfrac{(x-1)^{101}}{101} + C$；(6) $\dfrac{1}{2}\tan^2 x + \ln|\cos x| + C$；(7) $\arcsin\dfrac{x}{a} + C$；(8) $\dfrac{x}{\sqrt{1 + x^2}} + C$.

4. (1) $\dfrac{1}{2}x^2\ln(2x) - \dfrac{1}{4}x^2 + C$；(2) $\dfrac{1}{3}(x - 2)\cos 3x - \dfrac{1}{9}\sin 3x + C$；(3) $-e^{-x}(x + 1) + C$；(4) $\dfrac{1}{2}(\sin x - \cos x)e^{-x} + C$；(5) $x\arcsin x + \sqrt{1 - x^2} + C$；(6) $x(\ln x)^2 - 2x\ln x + 2x + C$.

5. $-2e^{-\sqrt{x}}(\sqrt{x} + 1) + C$.

6. $\cos x - \dfrac{2\sin x}{x} + C$.

习题 3.3

1. $\displaystyle\int_0^{\frac{\pi}{2}}(\cos x + 1)\,\mathrm{d}x$.

2. (1) $\dfrac{1}{2}$；(2) $\dfrac{\pi}{4}$.

3. $-2m - 3n$.

4. (1) $\displaystyle\int_0^{\frac{\pi}{4}}\sin x\,\mathrm{d}x < \int_0^{\frac{\pi}{4}}\cos x\,\mathrm{d}x$；(2) $\displaystyle\int_0^1 e^x\,\mathrm{d}x > \int_0^1 x\,\mathrm{d}x$.

习题 3.4

1. (1) $\dfrac{x\sin x}{1 + \cos^2 x}$；(2) $-e^{-x^2}$.

2. （1）0；（2）2.

3. （1）$1-e^{-1}$；（2）$-\ln 2$；（3）$\dfrac{271}{6}$；（4）1；（5）4；（6）4.

4. $\dfrac{8}{3}$.

5. （1）$\dfrac{51}{512}$；（2）1；（3）$\dfrac{1}{4}$；（4）$\dfrac{\sqrt{3}}{2}$；（5）$\dfrac{1}{2}$；（6）$\dfrac{\ln 2}{2}$；（7）$4-3\ln 3$；

（8）$\dfrac{8}{3}$；（9）$\dfrac{3}{2}$；（10）$\dfrac{\pi}{6}-\dfrac{\sqrt{3}}{8}$；（11）$2(\sqrt{3}-1)$；（12）$\dfrac{\pi^3}{324}$；（13）$\dfrac{\pi}{6}$；

（14）$\dfrac{2}{3}(2\sqrt{2}-1)$；（15）$\dfrac{\pi}{2}$；（16）$2-\dfrac{\pi}{2}$.

6. （1）0；（2）0；（3）$\dfrac{2}{3}$；（4）3.

7. （1）-2；（2）$\dfrac{1}{2}(e^{\frac{\pi}{2}}+1)$；（3）$e-2$；（4）$\dfrac{1+e^2}{4}$；

（5）$\dfrac{\pi}{4}-\dfrac{1}{2}$；（6）$\dfrac{\pi}{12}+\dfrac{\sqrt{3}}{2}-1$；（7）1；（8）2.

习题 3.5

（1）发散；（2）发散；（3）$\dfrac{\pi}{2}$；（4）发散.

习题 3.6

1. （1）$2\pi+\dfrac{4}{3}$，$6\pi-\dfrac{4}{3}$；（2）$\dfrac{3}{2}-\ln 2$；（3）$e+\dfrac{1}{e}-2$；

（4）$b-a$；（5）$\dfrac{1}{2}\pi-1$；（6）4.

2. $\dfrac{\pi}{2}$.

3. $\dfrac{\pi}{2}$.

4. 9 000 N.

5. 2.45 J.

测试题三

一、选择题

1. C. 2. A. 3. B. 4. A. 5. B. 6. D. 7. A. 8. B. 9. C. 10. C.

二、填空题

1. $xe^{-x^2}+C$. 2. $-2\sqrt{3}$. 3. $2x-\sin x$. 4. 1. 5. π.

三、判断题

1. ×. 2. ×. 3. √. 4. √. 5. √.

四、计算题

1. $\dfrac{(x-2)^3}{3}+c$. 2. $2\sqrt{x}-2\ln|1+\sqrt{x}|+c$. 3. xe^x-e^x+c.

4. $1-e^{-1}$. 5. $\dfrac{1}{2}\ln 2$. 6. $\dfrac{1}{4}(e^2+1)$.

五、应用题

$t=\dfrac{1}{2}$.

习题 4.1

1. (1) -2; (2) $ab(b-a)$; (3) x^3-x-1; (4) 0; (5) 15; (6) 0.

2. (1) $\begin{cases} x_1=\dfrac{-12}{7}, \\ x_2=\dfrac{27}{7}; \end{cases}$ (2) $\begin{cases} x_1=a\cos\theta+b\sin\theta, \\ x_2=b\cos\theta-a\sin\theta; \end{cases}$

   (3) $\begin{cases} x=1, \\ y=0, \\ z=-1; \end{cases}$ (4) $\begin{cases} x=1, \\ y=2, \\ z=1. \end{cases}$

3. (1) 1, 2.   (2) -1, 1, -2, 2.

4. 提示：有两种情况（1）有无穷多解；（2）无解.

习题 4.2

1. (1) 4; (2) 0; (3) $(a-b)^3$; (4) $4abcdef$; (5) -40;

   (6) 18; (7) -136; (8) x^4; (9) $n+1$.

2. 略.

3. $m=-4$, $k=-2$.

习题 4.3

1. (1) $x=1$, $y=2$, $z=3$; (2) $x=-a$, $y=b$, $z=c$;

   (3) $x_1=1$, $x_2=-1$, $x_3=-1$, $x_4=1$; (4) $x_1=x_2=x_3=x_4=0$;

   (5) $x_1=1$, $x_2=2$, $x_3=3$, $x_4=-1$; (6) $x_1=\dfrac{-151}{211}$, $x_2=\dfrac{161}{211}$, $x_3=\dfrac{-109}{211}$, $x_4=\dfrac{64}{211}$.

2. (1) $k\neq-2$ 且 $k\neq1$; (2) $k=0$, 2 或 3.

3. $p(x)=x^3-x^2+x-1$.

习题 4.4

1. (1) $\begin{bmatrix} 3 & 2 & 1 \\ 6 & 4 & 2 \\ 9 & 6 & 3 \end{bmatrix}$; (2) $[10]$; (3) $\begin{bmatrix} 10 & 4 & -1 \\ 4 & -3 & -1 \end{bmatrix}$;

(4) $\begin{bmatrix} 1 & \sin2\theta \\ \sin2\theta & 1 \end{bmatrix}$; (5) $\begin{bmatrix} x_1 + 2x_2 + 3x_3 \\ 4x_1 + 5x_2 + 6x_3 \\ 7x_1 + 8x_2 + 9x_3 \end{bmatrix}$; (6) $\begin{bmatrix} -2 & 0 \\ 1 & 0 \\ -3 & 0 \end{bmatrix}$.

2. $\dfrac{1}{2}\begin{bmatrix} 8 & 3 & -2 \\ -2 & 5 & 2 \\ 7 & 11 & 5 \end{bmatrix}$.

3. $\boldsymbol{AB} = \begin{bmatrix} 13 & -1 \\ 0 & -5 \end{bmatrix}$; $\boldsymbol{BA} = \begin{bmatrix} -1 & 1 & 3 \\ 8 & -3 & 6 \\ 4 & 0 & 12 \end{bmatrix}$.

4. $(\boldsymbol{AB})^{\mathrm{T}} = \boldsymbol{B}^{\mathrm{T}}\boldsymbol{A}^{\mathrm{T}} = \begin{bmatrix} 0 & 17 \\ 14 & 13 \\ -3 & 10 \end{bmatrix}$.

5. (1) 矩阵 S 中的 "10" 表示本周订单中需要古式的椅子 10 把;

(2) 均为 4×3 矩阵;

(3) $\begin{bmatrix} 10 & 10 & 14 \\ 30 & 13 & 14 \\ 15 & 38 & 15 \\ 18 & 16 & 22 \end{bmatrix}$, 它表示按订货量售出后, 本周末仓库中现存的货量;

(4) $T - \dfrac{3}{2}S$.

习题 4.5

1. 阶梯形矩阵 $\begin{bmatrix} 1 & 2 & 3 & 4 \\ 0 & 1 & -1 & 2 \\ 0 & 0 & 0 & 0 \end{bmatrix}$, 简化阶梯形矩阵 $\begin{bmatrix} 1 & 0 & 5 & 0 \\ 0 & 1 & -2 & 1 \\ 0 & 0 & 0 & 0 \end{bmatrix}$,

标准形 $\begin{bmatrix} 1 & 0 & 0 & 0 \\ 0 & 1 & 0 & 0 \\ 0 & 0 & 0 & 0 \end{bmatrix}$.

2. (1) 2; (2) 2; (3) 3; (4) 2.

3. $r(\boldsymbol{A}) = 1$ 时, $k = 2$; $r(\boldsymbol{A}) = 3$ 时, $k = -6$.

4. 当 $a \neq -1$ 且 $b \neq 1$ 时, $r(\boldsymbol{A}) = 4$;

当 $a \neq -1$ 且 $b = 1$ 或 $a = -1$ 且 $b \neq 1$ 时, $r(\boldsymbol{A}) = 3$;

当 $a = -1$ 且 $b = 1$ 时, $r(\boldsymbol{A}) = 2$;

习题 4.6

1. $(AB)^{-1} = \begin{bmatrix} 2 & 35 & 1 \\ 14 & 35 & 34 \\ 23 & 12 & 70 \end{bmatrix}$, $(3A)^{-1} = \begin{bmatrix} \frac{1}{3} & \frac{2}{3} & \frac{5}{3} \\ 1 & \frac{1}{3} & 2 \\ \frac{2}{3} & \frac{8}{3} & \frac{1}{3} \end{bmatrix}$, $(A^T)^{-1} = \begin{bmatrix} 1 & 3 & 2 \\ 2 & 1 & 8 \\ 5 & 6 & 1 \end{bmatrix}$.

2. E.

3. (1) $\begin{bmatrix} 1 & 0 & 0 \\ -2 & 1 & 0 \\ 5 & -4 & 1 \end{bmatrix}$; (2) $\begin{bmatrix} 1 & -2 & 0 \\ 3 & -3 & -1 \\ -6 & 7 & 2 \end{bmatrix}$; (3) $= \begin{bmatrix} -\frac{9}{2} & 7 & -\frac{3}{2} \\ -2 & 4 & -1 \\ \frac{3}{2} & -2 & \frac{1}{2} \end{bmatrix}$.

4. (1) $X = \begin{bmatrix} 10 & 2 \\ -15 & -3 \\ 12 & 4 \end{bmatrix}$; (2) $X = \begin{bmatrix} -7 & -2 & 9 \\ 5 & 1 & -5 \end{bmatrix}$.

习题 4.7

1. (1) $\begin{cases} x_1 = 9, \\ x_2 = -1, \\ x_3 = -6; \end{cases}$ (2) $\begin{cases} x_1 = \frac{1}{2}(7 + x_2), \\ x_3 = -2 \end{cases}$ $(x_2 \in \mathbf{R})$;

(3) $\begin{cases} x_1 = -\frac{7}{5}x_3 + x_4 + 2, \\ x_2 = \frac{4}{5}x_3 + 1 \end{cases}$ $(x_3, x_4 \in \mathbf{R})$; (4) 无解;

(5) $\begin{cases} x_1 = \frac{3}{17}x_3 - \frac{13}{17}x_4, \\ x_2 = \frac{19}{17}x_3 - \frac{20}{17}x_4 \end{cases}$ $(x_3, x_4 \in \mathbf{R})$;

(6) $\begin{cases} x_1 = -\frac{1}{5}x_3, \\ x_2 = -\frac{3}{10}x_3 \end{cases}$ $(x_3 \in \mathbf{R})$; (7) 无解.

2. (1) $\mu = 0$ 或 $\lambda = 1$, $\mu \neq \frac{1}{2}$; (2) $\lambda \neq 1$, $\mu \neq 0$; (3) $\lambda = 1$, $\mu = \frac{1}{2}$.

3. $a \neq -2$ 且 $a \neq 1$.

测试题四

一、选择题

1~5. CDCDB   6~10. ABBCA

二、填空题

1. 6.   2. $\begin{bmatrix} 3 & 7 \\ 6 & 5 \end{bmatrix}$.   3. $k = -2$.   4. -14.   5. $r+1$.

三、判断题

1~5. × × √ × √

四、解答题

1. -2.   2. 5.   3. $[0 \quad 3 \quad 3]$.   4. $\begin{bmatrix} 1 & 3 & -2 \\ -\dfrac{3}{2} & -3 & \dfrac{5}{2} \\ 1 & 1 & -1 \end{bmatrix}$.   5. 1 或 3.

6. $\begin{bmatrix} x_1 \\ x_2 \\ x_3 \\ x_4 \\ x_5 \end{bmatrix} = k_1 \begin{bmatrix} 1 \\ -2 \\ 1 \\ 0 \\ 0 \end{bmatrix} + k_2 \begin{bmatrix} 1 \\ -2 \\ 0 \\ 1 \\ 0 \end{bmatrix} + k_3 \begin{bmatrix} 5 \\ -6 \\ 0 \\ 0 \\ 1 \end{bmatrix} + \begin{bmatrix} -16 \\ 23 \\ 0 \\ 0 \\ 0 \end{bmatrix}$ $(k_1, k_2, k_3 \in \mathbf{R})$.

五、应用题

(1) A 者的得分为 $8 \times 30\% + 7 \times 20\% + 9 \times 50\% = 8.3$ 分;

(2) $[30\% \quad 20\% \quad 50\%] \begin{bmatrix} 8 & 8 & 6 & 9 & 10 & 8 \\ 7 & 6 & 8 & 10 & 10 & 7 \\ 9 & 10 & 10 & 7 & 6 & 8 \end{bmatrix} = [8.3 \quad 8.6 \quad 8.4 \quad 8.2 \quad 8 \quad 7.2]$,

名次排序为 B C A D E F.

习题 5.1

1. (1) $\Omega = \{(HT),(HH),(TH),(TT)\}$;

   (2) $\Omega = \{(1,1),(1,2),(1,3),(1,4),(1,5),(1,6),(2,3),(2,4),(2,5),\cdots\}$;

   (3) $\Omega = \{0, 1, 2, 3, \cdots\}$.

2. (1) ABC; (2) $A+B+C$;

   (3) $\overline{A}\overline{B}\overline{C}$;   (4) $\overline{A}\,\overline{B}\,\overline{C}$;

   (5) $AB\overline{C} + A\overline{B}C + \overline{A}BC$;

   (6) $AB \cup BC \cup CA = ABC \cup \overline{A}BC \cup A\overline{B}C \cup AB\overline{C}$;

   (7) $\overline{AB} + \overline{BC} + \overline{CA}$.

3. (1) 不成立;   (2) 成立;   (3) 不成立;   (4) 成立.

4. 对立事件 A, B 需要满足两个条件: $A + B = \Omega$, $AB = \Phi$.

互斥事件 A，B 只需要满足一个条件：$AB = \Phi$.

5．（1）$\overline{A}$；（2）$\overline{A} + \overline{B}$.

6．（1）被选出的是大一的男生且是校礼仪队的；（2）被选出的是大一的男生且不是校礼仪队的.

7．（1）不都是正面；（2）4 个都不合格.

习题 5.2

1．（1）$\dfrac{3}{8}$；（2）$\dfrac{15}{28}$；（3）$\dfrac{3}{28}$.

2．（1）0.1；（2）0.3.

3．（1）$P(\overline{A}) = 0.6$，$P(\overline{B}) = 0.4$；（2）$P(AB) = 0.4$；（3）$P(A \cup B) = 0.6$；
（4）$P(\overline{A}B) = 0.2$；（5）$P(\overline{AB}) = 0.4$.

4．$P(A) = 0.7$，$P(\overline{A}) = 0.3$，$P(B|\overline{A}) = 0.8$，$P(B|A) = 0.95$，

$P(\overline{B}|\overline{A}) = 0.2$，$P(\overline{B}|A) = 0.05$.

5．0.5.

6．（1）0.67；（2）0.68.

7．（1）0.042；（2）0.47.

8．（1）$\dfrac{28}{45}$；（2）$\dfrac{1}{45}$；（3）$\dfrac{8}{45}$.

9．2.625%．

10．0.038.

11．（1）0.56；（2）0.24；（3）0.14.

12．0.992.

13．10.

习题 5.3

1.

X	-1	0	1
$P\{X = x_i\}$	$\dfrac{1}{6}$	$\dfrac{1}{3}$	$\dfrac{1}{2}$

2．0.1.

3.

X	0	1	2
$P\{X = x_i\}$	$\dfrac{7}{15}$	$\dfrac{7}{15}$	$\dfrac{1}{15}$

4. （1）

X	0	1	…	k	…	300
$P\{X=x_i\}$	0.99^{300}	$C_{300}^1 0.01^1 0.99^{299}$	…	$C_{300}^k 0.01^k 0.99^{300-k}$	…	0.01^{300}

（2）$P\{X>2\}=1-P\{X\leqslant 2\}=1-0.99^{300}-C_{300}^1 0.01^1 0.99^{299}-C_{300}^2 0.01^2 0.99^{298}=0.578.$

5. 0.034 1.

6. （1）$k=2$；（2）0.8；（3）0.25.

7. e^{-1}.

8. （1）0.617 9；（2）$1-0.691\ 5=0.308\ 5$；（3）0.309 4.

9. （1）0.579 3；（2）$1-0.788\ 1=0.211\ 9$；（3）0.234 7.

10. $P\{X>0.65\}=0.742\ 2.$

测试题五

一、单项选择题

1～5. BAADC　6～10. DCDBC

二、填空题

1. $A+B$ 表示"掷两枚硬币，至少出现一个正面".

2. AB 表示"掷两枚硬币，都出现正面".

3. $A\bar{B}$ 表示"掷两枚硬币，第一个出现一个正面，第二个出现反面".

4. $\overline{AB}$ 表示"掷两枚硬币，都出现反面".

5. $\bar{A}+\bar{B}$ 表示"掷两枚硬币，至少出现一个反面".

三、判断题

1～5 √√×× √

四、解答题

1. 0.012 5.

2. （1）. $a=1$；（2）0.5.

3. 15 件.

4. （1）0.955；（2）0.95；（3）0.818 5.

5. 0.224.

参 考 文 献

［1］朱双荣. 经济数学 ［M］. 武汉：华中师范大学出版社，2011.

［2］陈笑缘. 经济数学 ［M］. 北京：高等教育出版社，2014.

［3］李长伟. 高等数学 ［M］. 北京：北京交通大学出版社，2012.

［4］同济大学应用数学系. 高等数学 ［M］. 第 5 版. 北京：高等教育出版社，2002.

［5］张洪安. 高等数学 ［M］. 武汉：武汉理工大学出版社，2011.

［6］谭雪梅. 高等数学 ［M］. 武汉：华中师范大学出版社，2019.